#개념원리
#개념완전정복

개념
해결의 법칙

Chunjae
Makes
Chunjae

[개념 해결의 법칙] 초등 수학 2-2

기획총괄 김안나
편집개발 한인숙, 홍은지
디자인총괄 김희정
표지디자인 윤순미, 여화경
내지디자인 박희춘, 이혜미
제작 황성진, 조규영

발행일 2024년 3월 15일 개정초판 2024년 3월 15일 1쇄
발행인 (주)천재교육
주소 서울시 금천구 가산로9길 54
신고번호 제2001-000018호
고객센터 1577-0902

모든 개념을 다 보는 해결의 법칙

수학

2·2

스케줄표

2-2

1일차 월 일	2일차 월 일	3일차 월 일	4일차 월 일	5일차 월 일
1. 네 자리 수 8쪽 ~ 11쪽	1. 네 자리 수 12쪽 ~ 15쪽	1. 네 자리 수 16쪽 ~ 19쪽	1. 네 자리 수 20쪽 ~ 23쪽	1. 네 자리 수 24쪽 ~ 27쪽
6일차 월 일	**7일차 월 일**	**8일차 월 일**	**9일차 월 일**	**10일차 월 일**
2. 곱셈구구 30쪽 ~ 35쪽	2. 곱셈구구 36쪽 ~ 39쪽	2. 곱셈구구 40쪽 ~ 45쪽	2. 곱셈구구 46쪽 ~ 49쪽	2. 곱셈구구 50쪽 ~ 55쪽
11일차 월 일	**12일차 월 일**	**13일차 월 일**	**14일차 월 일**	**15일차 월 일**
2. 곱셈구구 56쪽 ~ 59쪽	2. 곱셈구구 60쪽 ~ 63쪽	3. 길이 재기 66쪽 ~ 69쪽	3. 길이 재기 70쪽 ~ 73쪽	3. 길이 재기 74쪽 ~ 77쪽
16일차 월 일	**17일차 월 일**	**18일차 월 일**	**19일차 월 일**	**20일차 월 일**
3. 길이 재기 78쪽 ~ 81쪽	3. 길이 재기 82쪽 ~ 85쪽	4. 시각과 시간 90쪽 ~ 95쪽	4. 시각과 시간 96쪽 ~ 99쪽	4. 시각과 시간 100쪽 ~ 103쪽
21일차 월 일	**22일차 월 일**	**23일차 월 일**	**24일차 월 일**	**25일차 월 일**
4. 시각과 시간 104쪽 ~ 107쪽	4. 시각과 시간 108쪽 ~ 111쪽	5. 표와 그래프 114쪽 ~ 119쪽	5. 표와 그래프 120쪽 ~ 123쪽	5. 표와 그래프 124쪽 ~ 127쪽
26일차 월 일	**27일차 월 일**	**28일차 월 일**	**29일차 월 일**	**30일차 월 일**
5. 표와 그래프 128쪽 ~ 131쪽	6. 규칙 찾기 134쪽 ~ 139쪽	6. 규칙 찾기 140쪽 ~ 143쪽	6. 규칙 찾기 144쪽 ~ 149쪽	6. 규칙 찾기 150쪽 ~ 153쪽

스케줄표 활용법

1 먼저 스케줄표에 공부할 날짜를 적습니다.
2 날짜에 따라 스케줄표에 제시한 부분을 공부합니다.
3 채점을 한 후 확인란에 부모님이나 선생님께 확인을 받습니다.

예

1일차 월 일
1. 네 자리 수 8쪽 ~ 11쪽

모든 개념을 다 보는 해결의 법칙

개념 받아쓰기 와 개념 받아쓰기 문제 를 풀면서
개념을 내 것으로 만들자!

1 STEP

개념 파헤치기

교과서 개념원리를 꼼꼼하게 익히고, 기본 문제를 풀면서 개념을 제대로 이해했는지 확인할 수 있어요.

개념 동영상 강의 제공

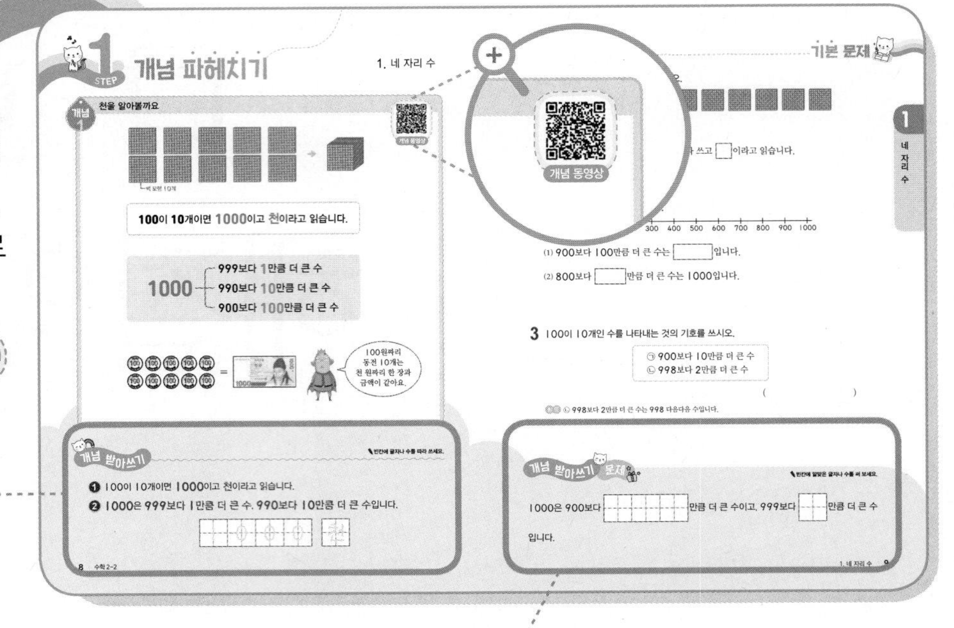

개념을 정리하고 받아쓰기 연습도 같이 할 수 있어요.

2 STEP

개념 확인하기

다양한 교과서, 익힘책 문제를 풀면서 앞에서 배운 개념을 완전히 내 것으로 만들어 보세요.

게임 학습

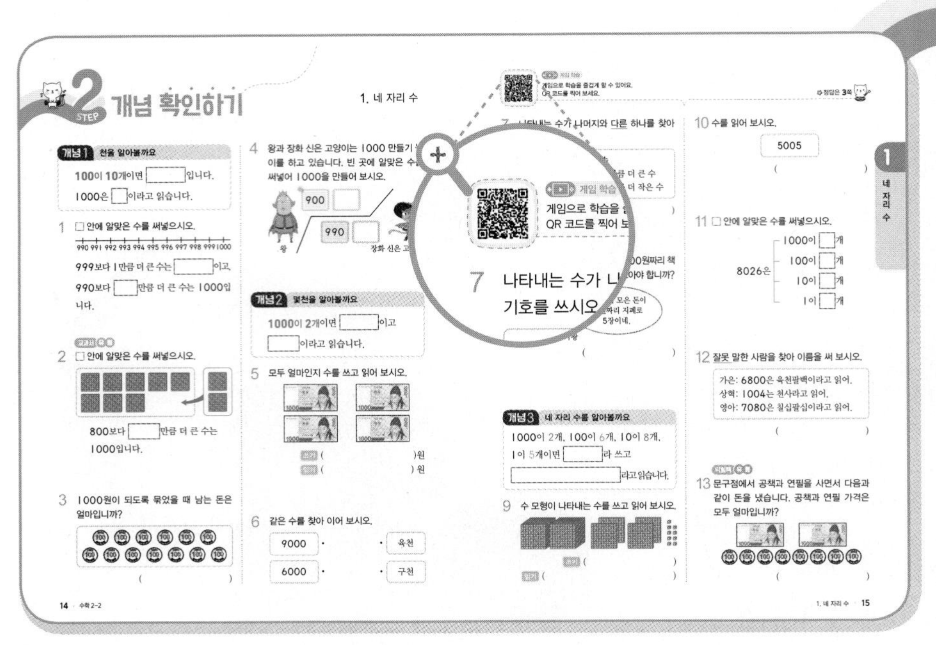

모든 개념을 다 보는
해결의 법칙

3 STEP

단원 마무리 평가

단원 마무리 평가를 풀면서 앞에서 공부한 내용을 정리해 보세요.

유사 문제 제공

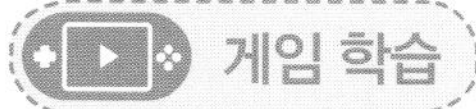

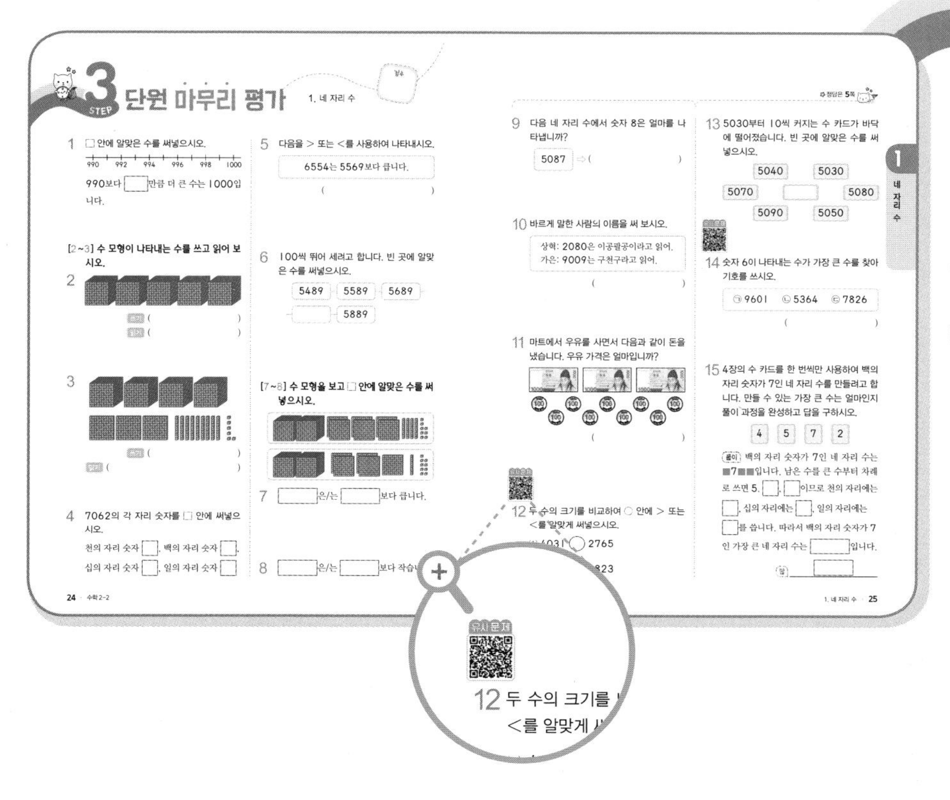
3 STEP 단원 마무리 평가 1. 네 자리 수

1 □ 안에 알맞은 수를 써넣으시오.
990 992 994 996 998 1000
990보다 □만큼 더 큰 수는 1000입니다.

[2~3] 수 모형이 나타내는 수를 쓰고 읽어 보시오.

2 쓰기 ( ) 읽기 ( )

3 쓰기 ( ) 읽기 ( )

4 7062의 각 자리 숫자를 □ 안에 써넣으시오.
천의 자리 숫자 □, 백의 자리 숫자 □,
십의 자리 숫자 □, 일의 자리 숫자 □

5 다음을 > 또는 <를 사용하여 나타내시오.
6554는 5569보다 큽니다.
( )

6 100씩 뛰어 세려고 합니다. 빈 곳에 알맞은 수를 써넣으시오.
5489 5589 5689 □ 5889

[7~8] 수 모형을 보고 □ 안에 알맞은 수를 써넣으시오.

7 □은/는 □보다 큽니다.

8 □은/는 □보다 작습니다.

9 다음 네 자리 수에서 숫자 8은 얼마를 나타냅니까?
5087 ⇨ ( )

10 바르게 말한 사람의 이름을 써 보시오.
상혁: 2080은 이공팔공이라고 읽어.
가은: 9009는 구천구라고 읽어.
( )

11 마트에서 우유를 사면서 다음과 같이 돈을 냈습니다. 우유 가격은 얼마입니까?
( )

12 두 수의 크기를 비교하여 ○ 안에 > 또는 <를 알맞게 써넣으시오.

13 5030부터 10씩 커지는 수 카드가 바닥에 떨어졌습니다. 빈 곳에 알맞은 수를 써넣으시오.
5040 5030 5070 5080 5090 5050

14 숫자 6이 나타내는 수가 가장 큰 수를 찾아 기호를 쓰시오.
㉠ 9601 ㉡ 5364 ㉢ 7826
( )

15 4장의 수 카드를 한 번씩만 사용하여 백의 자리 숫자가 7인 네 자리 수를 만들려고 합니다. 만들 수 있는 가장 큰 수는 얼마인지 풀이 과정을 완성하고 답을 구하시오.
4 5 7 2

24 수학 2-2 / 1. 네 자리 수 25

유사 문제
12 두 수의 크기를 비교하여
<를 알맞게 써넣으시오.

마무리 개념완성

문제를 풀면서 단원에서 배운 개념을 완성하여 내 것으로 만들어 보세요.

마무리 개념완성

1 100이 10개이면 □이라 쓰고 □이라고 읽습니다.

2 1000이 2개이면 □, 5개이면 □, 8개이면 □입니다.

3 4035는 사천영백삼십오라고 읽습니다. (○, ×)

4 9932에서 천의 자리 숫자는 9이고 900을 나타냅니다. (○, ×)

5 4825에서 8은 □의 자리 숫자이고, □을 나타냅니다.

6 10씩 뛰어 세기
7990 □ □ 8020 □

7 2590은 1345보다 큽니다. (○, ×)

8 2037 ○ 2027

1. 네 자리 수 27

개념 동영상 강의 제공

개념에 대해 선생님의 더 자세한 설명을 듣고 싶을 때 찍어 보세요. 교재 내 QR 코드를 통해 개념 동영상 강의를 무료로 제공하고 있어요.

유사 문제 제공

3단계에서 비슷한 유형의 문제를 더 풀어 보고 싶다면 QR 코드를 찍어 보세요. 추가로 제공되는 유사 문제를 풀면서 앞에서 공부한 내용을 정리할 수 있어요.

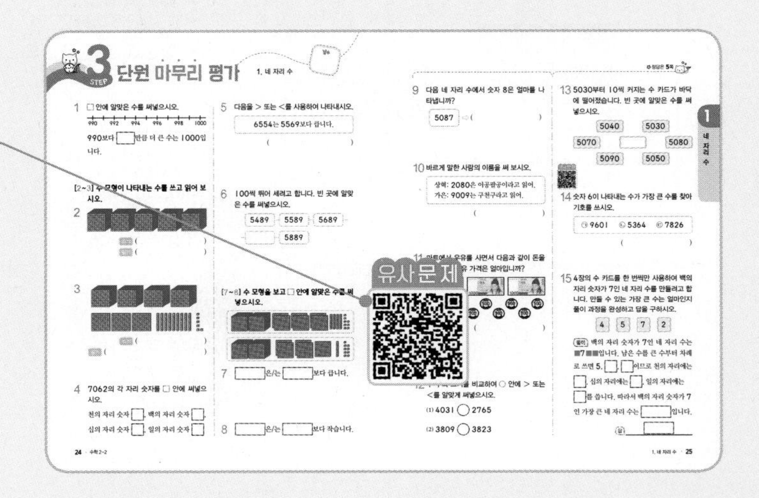

게임 학습

2단계의 시작 부분과 3단계의 끝 부분에 있는 QR 코드를 찍어 보세요. 게임을 하면서 개념을 정리할 수 있어요.

2-2

1 네 자리 수

제1화 대마법사의 결혼식

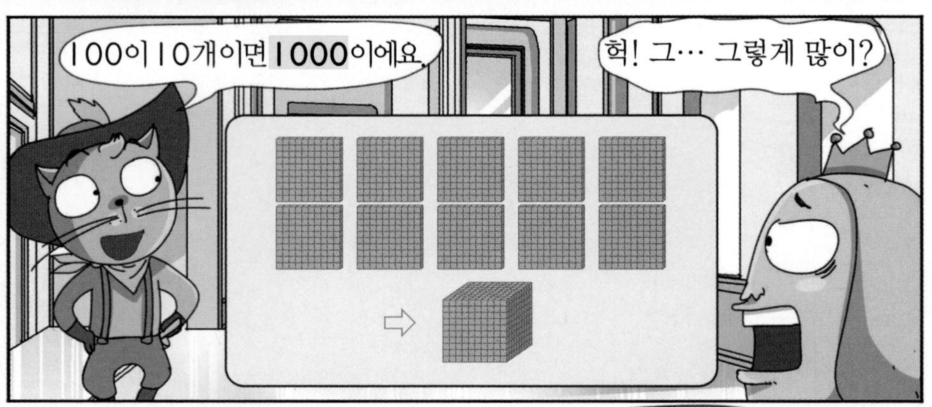

이전에 배운 내용	이번에 배울 내용	앞으로 배울 내용
[2-1 세 자리 수] • 백, 몇백 알아보기 • 세 자리 수 쓰고 읽기 • 각 자리의 숫자가 나타내는 수 • 뛰어 세기와 수의 크기 비교하기	• 천, 몇천 알기 • 네 자리 수 쓰고 읽기 • 각 자리의 숫자가 나타내는 수 • 뛰어 세기와 수의 크기 비교하기	[3-1 덧셈과 뺄셈] • 세 자리 수의 덧셈과 뺄셈 [4-1 큰 수] • 큰 수

개념 파헤치기

개념 1 천을 알아볼까요

개념 동영상

백 모형 10개

100이 10개이면 1000이고 천이라고 읽습니다.

1000 — 999보다 1만큼 더 큰 수
— 990보다 10만큼 더 큰 수
— 900보다 100만큼 더 큰 수

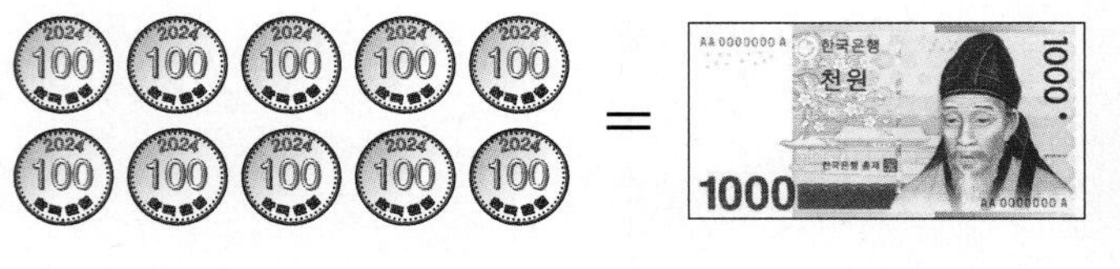

100원짜리 동전 10개는 천 원짜리 한 장과 금액이 같아요.

빈칸에 글자나 수를 따라 쓰세요.

❶ 100이 10개이면 1000이고 천이라고 읽습니다.

❷ 1000은 999보다 1만큼 더 큰 수, 990보다 10만큼 더 큰 수입니다.

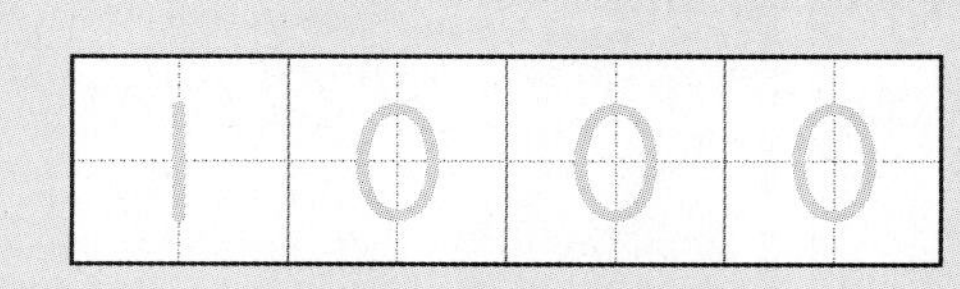

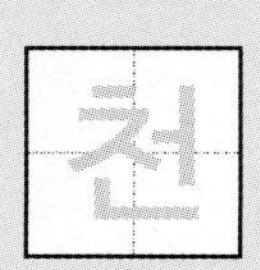

1 □ 안에 알맞은 수나 말을 써넣으시오.

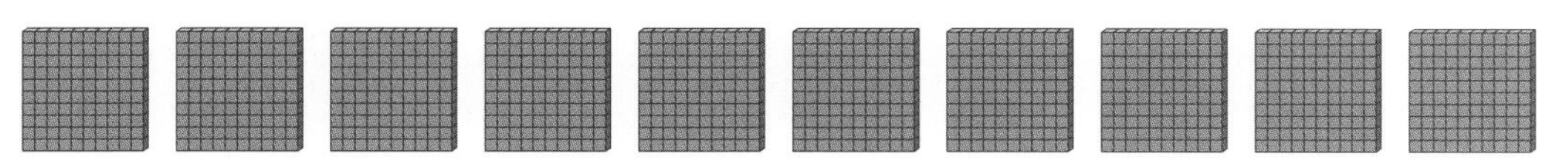

(1) 백 모형이 □ 개입니다.

(2) 그림이 나타내는 수는 □ 이라 쓰고 □ 이라고 읽습니다.

2 □ 안에 알맞은 수를 써넣으시오.

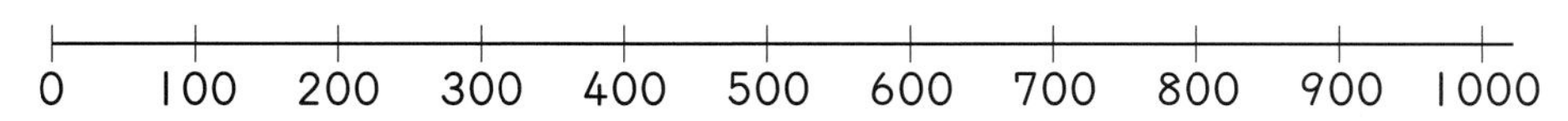

(1) 900보다 100만큼 더 큰 수는 □ 입니다.

(2) 800보다 □ 만큼 더 큰 수는 1000입니다.

3 100이 10개인 수를 나타내는 것의 기호를 쓰시오.

㉠ 900보다 10만큼 더 큰 수
㉡ 998보다 2만큼 더 큰 수

( )

힌트 ㉡ 998보다 2만큼 더 큰 수는 998 다음다음 수입니다.

빈칸에 알맞은 글자나 수를 써 보세요.

1000은 900보다 □ 만큼 더 큰 수이고, 999보다 □ 만큼 더 큰 수입니다.

개념 파헤치기

개념 2 몇천을 알아볼까요

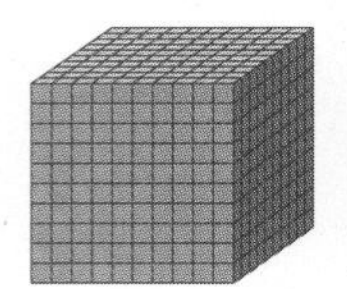 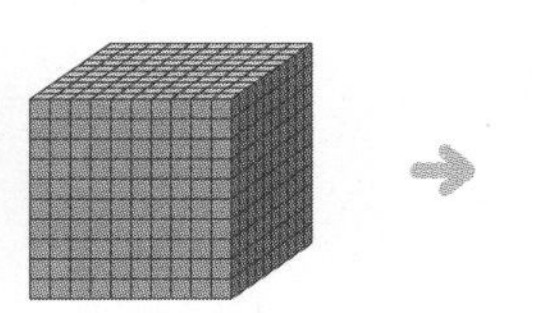

1000이 2개이면 2000이고 이천이라고 읽습니다.

1000이 3개	
3000	삼천

1000이 4개	
4000	사천

1000이 5개	
5000	오천

1000이 6개	
6000	육천

1000이 7개	
7000	칠천

1000이 8개	
8000	팔천

1000이 9개	
9000	구천

1000이 ■개이면 ■000이에요.

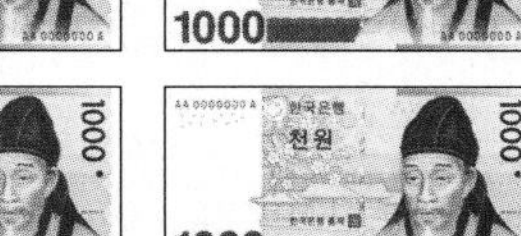 

1000원짜리 지폐가 6장이면 6000원이에요.

2000 → 이천, 3000 → 삼천, 4000 → 사천,

5000 → 오천, 6000 → 육천, 7000 → 칠천,

8000 → 팔천, 9000 → 구천

1 □ 안에 알맞은 수나 말을 써넣으시오.

(1)

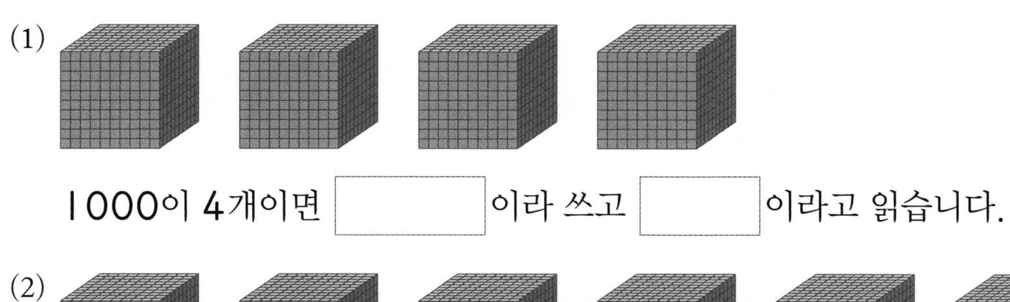

1000이 4개이면 □이라 쓰고 □이라고 읽습니다.

(2)

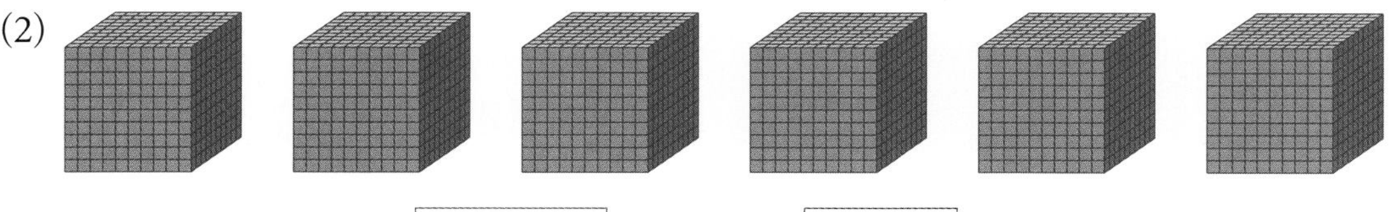

1000이 6개이면 □이라 쓰고 □이라고 읽습니다.

2 수로 나타내 보시오.

(1) 팔천

( )

(2) 칠천

( )

3 수를 쓰고 읽어 보시오.

(1) 1000이 5개인 수

쓰기 ( )

읽기 ( )

(2) 1000이 9개인 수

쓰기 ( )

읽기 ( )

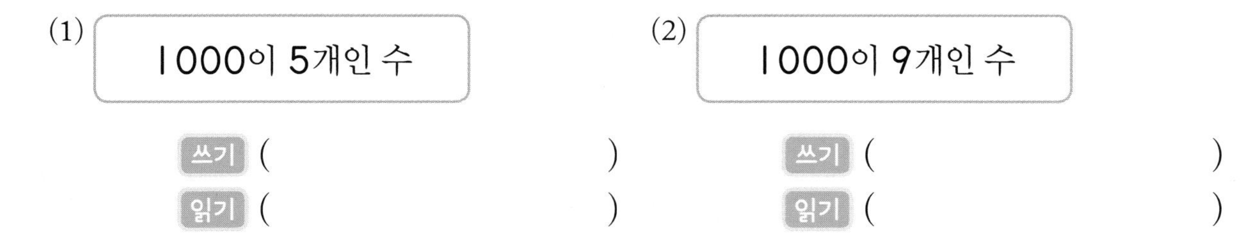

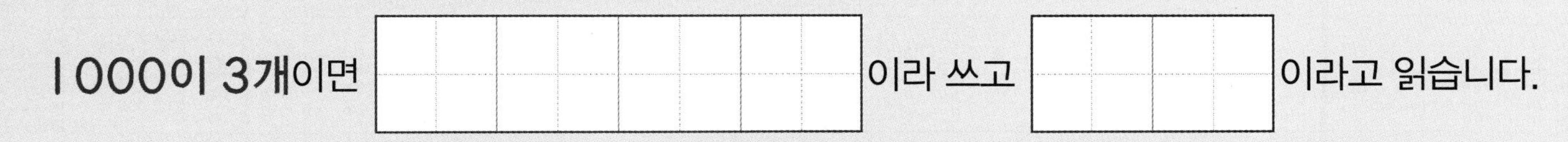

STEP 1 개념 파헤치기

개념 3 네 자리 수를 알아볼까요

• 3457 알아보기

천 모형	백 모형	십 모형	일 모형

1000이 3개, 100이 4개, 10이 5개, 1이 7개이면 3457입니다.
3457은 삼천사백오십칠이라고 읽습니다.

3457은
- 1000이 3개 → 삼천
- 100이 4개 → 사백
- 10이 5개 → 오십
- 1이 7개 → 칠

3457
삼천사백오십칠

주의

3407

~~삼천사백영십칠~~
~~삼천사백영칠~~
삼천사백칠

개념 받아쓰기

❶ 1446은 **천사백사십육**이라고 읽습니다.

❷ 3034는 **삼천삼십사**라고 읽습니다.

천	사	백	사	십	육

삼	천	삼	십	사

1 □ 안에 알맞은 수를 써넣으시오.

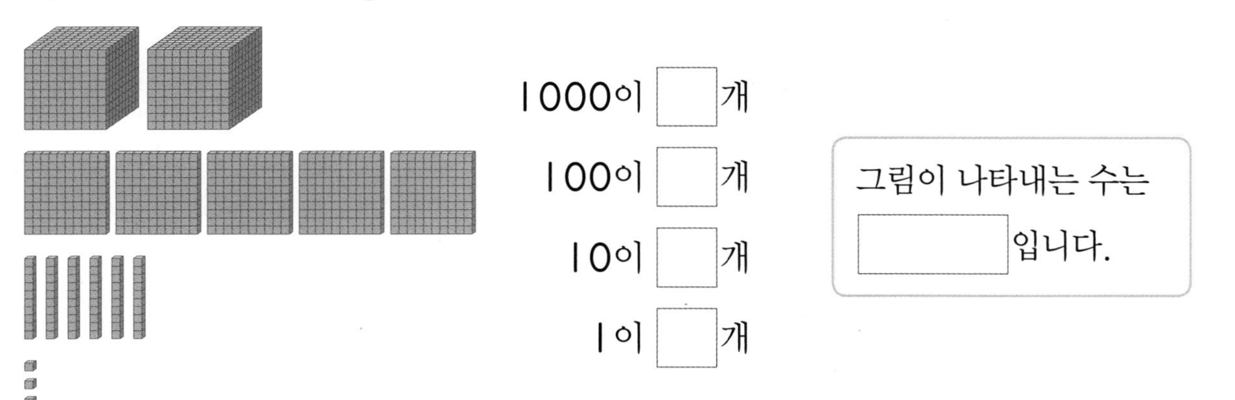

2 수를 읽어 보시오.

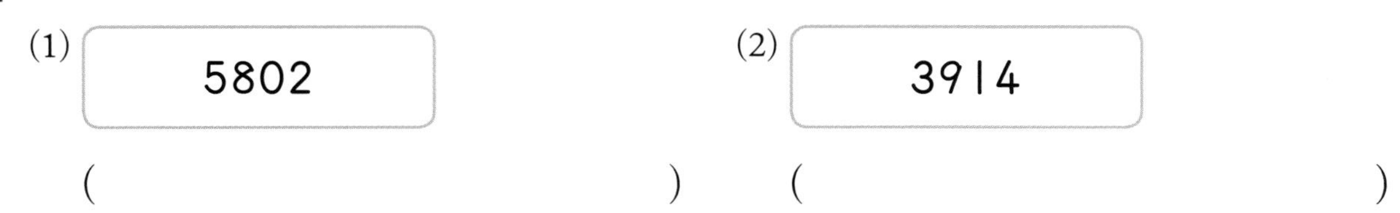

(1) (　　　　　　　　)　(2) (　　　　　　　　)

3 □ 안에 알맞은 수를 써넣으시오.

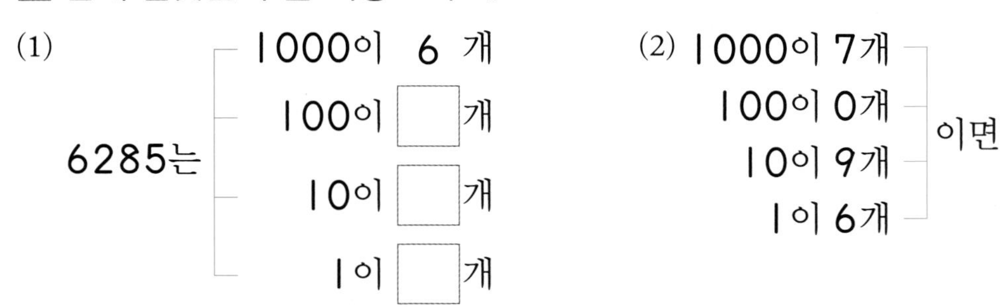

1000이 5개, 100이 3개, 10이 9개, 1이 2개이면 5392라 쓰고

□□□□□□□□□□□□□□ 라고 읽습니다.

개념 확인하기

개념 1 천을 알아볼까요

100이 10개이면 [ ]입니다.

1000은 [ ]이라고 읽습니다.

1 □ 안에 알맞은 수를 써넣으시오.

990 991 992 993 994 995 996 997 998 999 1000

999보다 1만큼 더 큰 수는 [ ]이고,

990보다 [ ]만큼 더 큰 수는 1000입니다.

교과서 유형

2 □ 안에 알맞은 수를 써넣으시오.

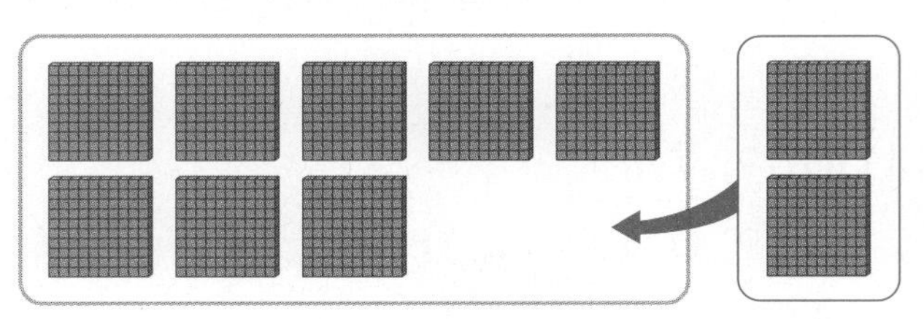

800보다 [ ]만큼 더 큰 수는 1000입니다.

3 1000원이 되도록 묶었을 때 남는 돈은 얼마입니까?

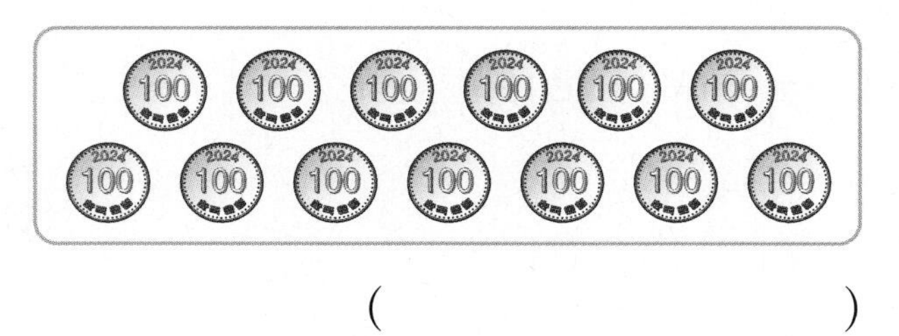

( )

4 왕과 장화 신은 고양이는 1000 만들기 놀이를 하고 있습니다. 빈 곳에 알맞은 수를 써넣어 1000을 만들어 보시오.

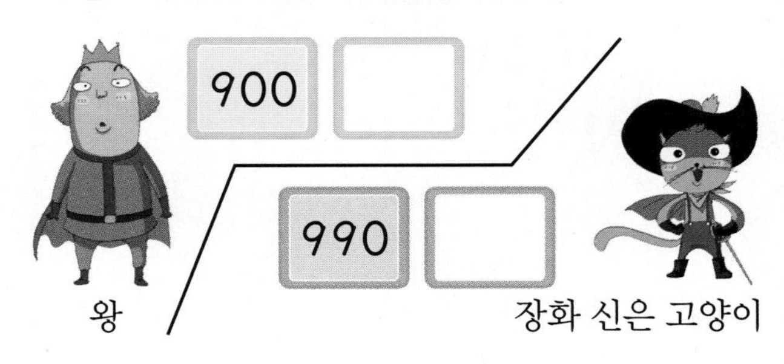

개념 2 몇천을 알아볼까요

1000이 2개이면 [ ]이고

[ ]이라고 읽습니다.

5 모두 얼마인지 수를 쓰고 읽어 보시오.

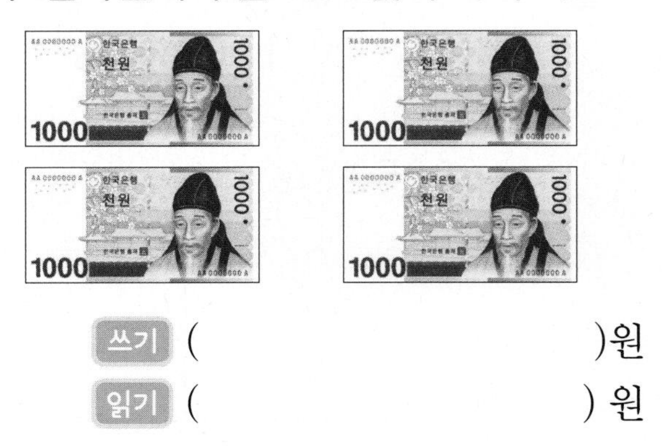

쓰기 ( )원

읽기 ( )원

6 같은 수를 찾아 이어 보시오.

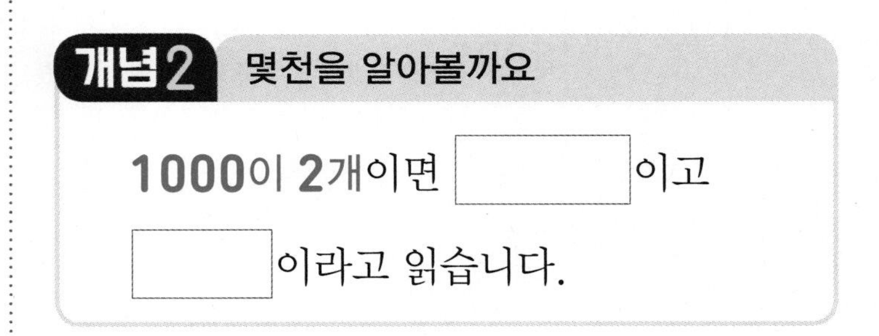

게임 학습

게임으로 학습을 즐겁게 할 수 있어요.
QR 코드를 찍어 보세요.

정답은 3쪽

7 나타내는 수가 나머지와 다른 하나를 찾아 기호를 쓰시오.

㉠ 1000이 6개인 수
㉡ 5000보다 1000만큼 더 큰 수
㉢ 9000보다 2000만큼 더 작은 수

( )

익힘책 유형

8 마왕은 마법을 배울 수 있는 8000원짜리 책을 사려고 합니다. 얼마를 더 모아야 합니까?

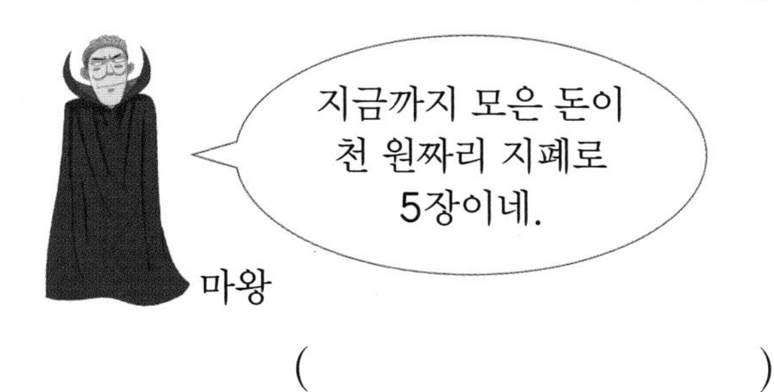

( )

개념 3 네 자리 수를 알아볼까요

1000이 2개, 100이 6개, 10이 8개, 1이 5개이면 [ ] 라 쓰고 [ ] 라고 읽습니다.

9 수 모형이 나타내는 수를 쓰고 읽어 보시오.

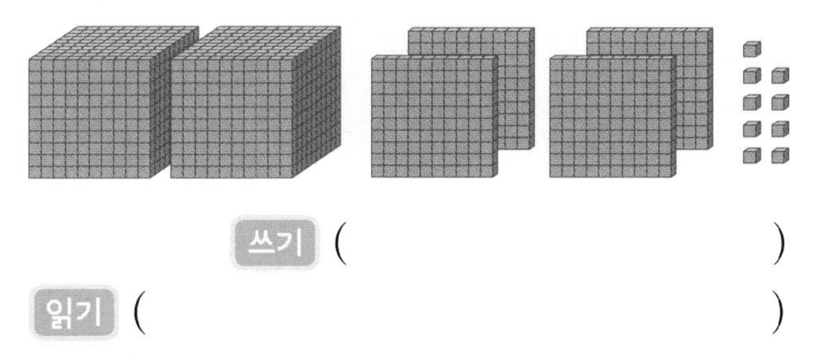

쓰기 ( )

읽기 ( )

10 수를 읽어 보시오.

5005

( )

11 □ 안에 알맞은 수를 써넣으시오.

8026은
- 1000이 □개
- 100이 □개
- 10이 □개
- 1이 □개

12 잘못 말한 사람을 찾아 이름을 써 보시오.

가은: 6800은 육천팔백이라고 읽어.
상혁: 1004는 천사라고 읽어.
영아: 7080은 칠십팔십이라고 읽어.

( )

익힘책 유형

13 문구점에서 공책과 연필을 사면서 다음과 같이 돈을 냈습니다. 공책과 연필 가격은 모두 얼마입니까?

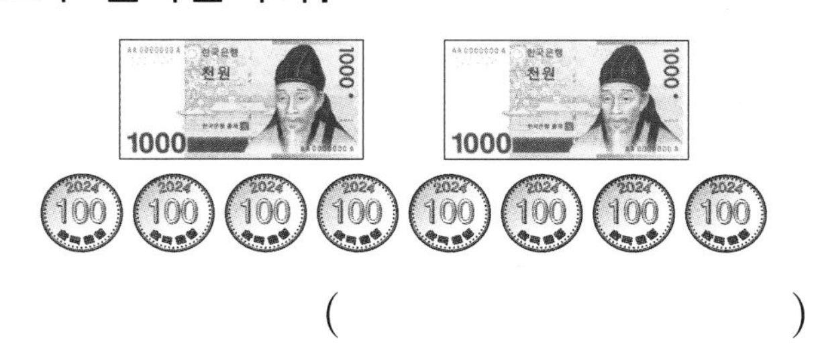

( )

1 네 자리 수

개념 파헤치기

각 자리의 숫자는 얼마를 나타낼까요

• 4462에서 각 자리의 숫자 알아보기

천의 자리	백의 자리	십의 자리	일의 자리
4	4	6	2

↓

4	0	0	0
	4	0	0
		6	0
			2

4462에서

- 4는 **천**의 자리 숫자이고 **4000**을 나타냅니다.
- 4는 **백**의 자리 숫자이고 **400**을 나타냅니다.
- 6은 **십**의 자리 숫자이고 **60**을 나타냅니다.
- 2는 **일**의 자리 숫자이고 **2**를 나타냅니다.

4462=4000+400+60+2

빈칸에 글자나 수를 따라 쓰세요.

❶ 6935에서 6은 **천의 자리 숫자**이고 6000을 나타냅니다.

❷ 8932에서 9는 **백의 자리 숫자**이고 900을 나타냅니다.

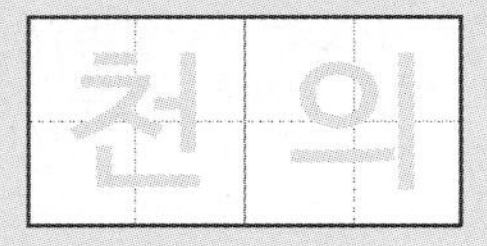 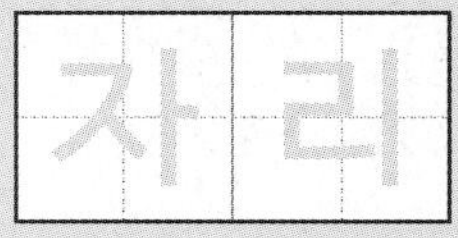,  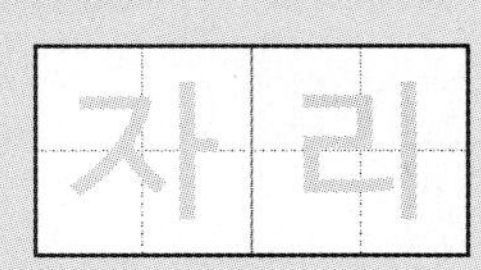

정답은 4쪽

1 수를 보고 □ 안에 알맞은 수를 써넣으시오.

6829

(1) 천의 자리 숫자는 6이고 □을 나타냅니다.

(2) 백의 자리 숫자는 8이고 □을 나타냅니다.

(3) 십의 자리 숫자는 □이고 □을 나타냅니다.

(4) 일의 자리 숫자는 □이고 □를 나타냅니다.

2 밑줄 친 숫자 3이 300을 나타내는 수에 ○표 하시오.

53<u>1</u>7	67<u>3</u>0
( )	( )

힌트 같은 숫자라도 어느 자리에 있느냐에 따라 나타내는 수가 다릅니다.

3 다음 네 자리 수에서 숫자 6은 얼마를 나타냅니까?

(1) 3067

(   )

(2) 6041

(   )

개념 받아쓰기 문제

빈칸에 알맞은 글자나 수를 써 보세요.

8825에서 2는 □의 자리 숫자이고 □을 나타냅니다.

개념 파헤치기

개념 5 뛰어 세어 볼까요

• 1000씩 뛰어 세기

1000씩 뛰어 세면 천의 자리 수가 **1씩** 커집니다.

2000－3000－4000－5000－6000－7000

• 100씩 뛰어 세기

100씩 뛰어 세면 백의 자리 수가 **1씩** 커집니다.

7400－7500－7600－7700－7800－7900

• 10씩 뛰어 세기

10씩 뛰어 세면 십의 자리 수가 **1씩** 커집니다.

7910－7920－7930－7940－7950－7960

• 1씩 뛰어 세기

1씩 뛰어 세면 일의 자리 수가 **1씩** 커집니다. 천, 백, 십의 자리 수는 변하지 않아요.

7963－7964－7965－7966－7967－7968

개념 받아쓰기

❶ 1000씩 뛰어 세면 [천]의 자리 수가 [1]씩 커집니다.

❷ 100씩 뛰어 세면 [백]의 자리 수가 [1]씩 커집니다.

1 뛰어 센 것을 보고 □ 안에 알맞은 말이나 수를 써넣으시오.

1000 — 2000 — 3000 — 4000 — 5000 — 6000 — 7000 — 8000 — 9000

(1) □의 자리 수가 □씩 커집니다.

(2) □, □, 일의 자리 수는 변하지 않습니다.

2 100씩 뛰어 세려고 합니다. 빈 곳에 알맞은 수를 써넣으시오.

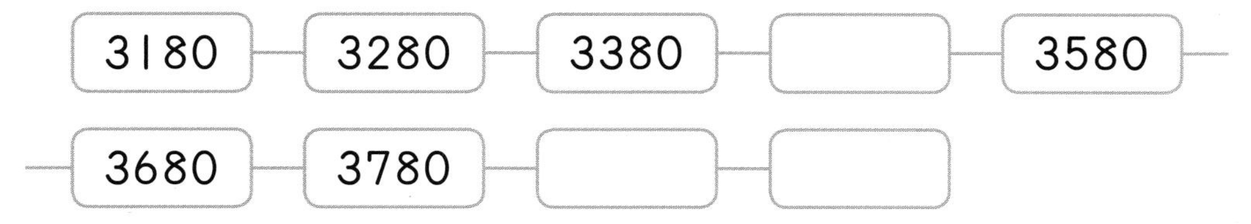

3180 — 3280 — 3380 — □ — 3580 — 3680 — 3780 — □ — □

3 빈 곳에 알맞은 수를 써넣으시오.

3236 — 3246 — 3256 — 3266 — □

- **10씩 뛰어 세면** □의 자리 수가 □씩 커집니다.
- **1씩 뛰어 세면** □의 자리 수가 □씩 커집니다.

STEP 1 개념 파헤치기

개념 6 수의 크기를 비교해 볼까요

• 3216과 1347의 크기 비교

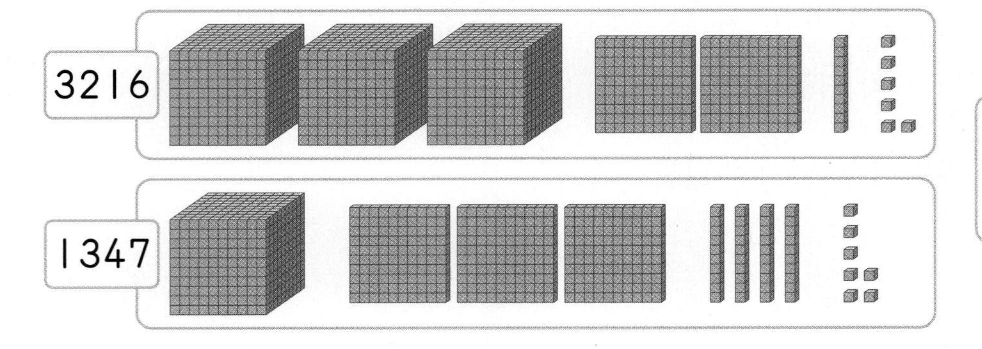

3216>1347
3>1

천의 자리 수가 클수록 큰 수입니다. — 3216<4752 (3<4)

↓ 천의 자리 수가 같으면?

백의 자리 수가 클수록 큰 수입니다. — 7266<7952 (2<9)

↓ 백의 자리 수가 같으면?

십의 자리 수가 클수록 큰 수입니다. — 2160>2142 (6>4)

↓ 십의 자리 수가 같으면?

일의 자리 수가 클수록 큰 수입니다. — 5028>5023 (8>3)

개념 받아쓰기

❶ 천의 자리 수가 같으면 [백]의 자리 수가 클수록 [큰] 수입니다.

❷ 천, 백의 자리 수가 같으면 [십]의 자리 수가 클수록 [큰] 수입니다.

1 5420과 4371의 크기를 비교하려고 합니다. 물음에 답하시오.

(1) 5420의 각 자리 숫자를 □ 안에 써넣으시오.

천의 자리	백의 자리	십의 자리	일의 자리
5	□	□	□

(2) 4371의 각 자리 숫자를 □ 안에 써넣으시오.

천의 자리	백의 자리	십의 자리	일의 자리
□	□	□	□

(3) □ 안에 알맞은 수를 써넣으시오.

5420의 천의 자리 숫자는 5, 4371의 천의 자리 숫자는 □이므로 천의 자리 숫자를 비교하면 □ > □입니다.

(4) ○ 안에 >, <를 알맞게 써넣으시오.

5420 ○ 4371

2 수 모형을 보고 □ 안에 알맞은 수를 써넣으시오.

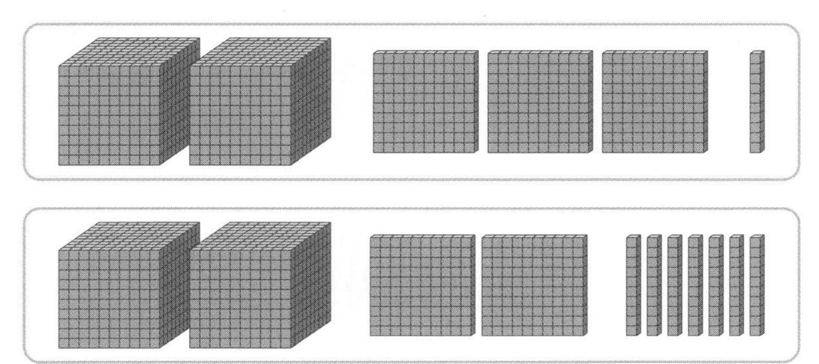

□은 □보다 큽니다.

• 6256 ○ 5321 → 6256은 5321보다 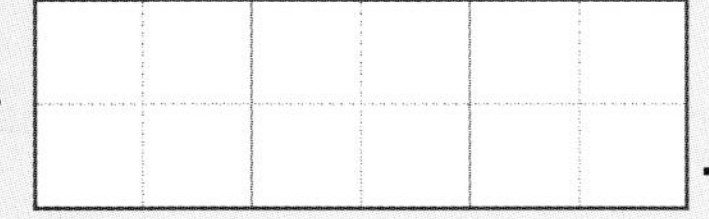.

└→ >, <를 알맞게 써넣기

• 1256 ○ 1903 → 1256은 1903보다 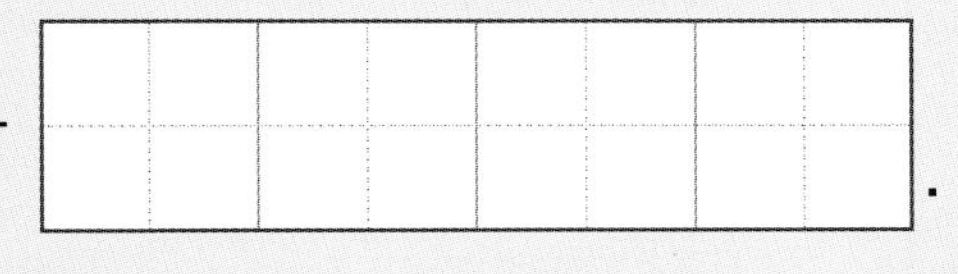.

└→ >, <를 알맞게 써넣기

STEP 2 개념 확인하기

개념 4 각 자리의 숫자는 얼마를 나타낼까요

1748에서
- 1은 천의 자리 숫자, 1000을 나타냅니다.
- 7은 □의 자리 숫자, 700을 나타냅니다.
- 4는 십의 자리 숫자, □을 나타냅니다.
- 8은 □의 자리 숫자, 8을 나타냅니다.

1 □ 안에 알맞은 수를 써넣으시오.

5609에서
- 천의 자리 숫자는 □
- 백의 자리 숫자는 □
- 십의 자리 숫자는 □
- 일의 자리 숫자는 □

2 밑줄 친 숫자 5가 500을 나타내는 수를 찾아 쓰시오.

40<u>5</u>1	6<u>5</u>87	<u>5</u>923

( )

익힘책 유형

3 9657을 보기와 같이 나타내 보시오.

보기
4638=4000+600+30+8

9657
=□+□+□+□

4 숫자 7이 나타내는 수가 가장 큰 수를 찾아 기호를 쓰시오.

㉠ 3754 ㉡ 2687
㉢ 7351 ㉣ 5970

( )

개념 5 뛰어 세어 볼까요

- 1000씩 뛰어 세기
  천의 자리 수가 □씩 커집니다.
- 100씩 뛰어 세기
  □의 자리 수가 1씩 커집니다.

교과서 유형

[5~6] 뛰어 세려고 합니다. 빈 곳에 알맞은 수를 써넣으시오.

5

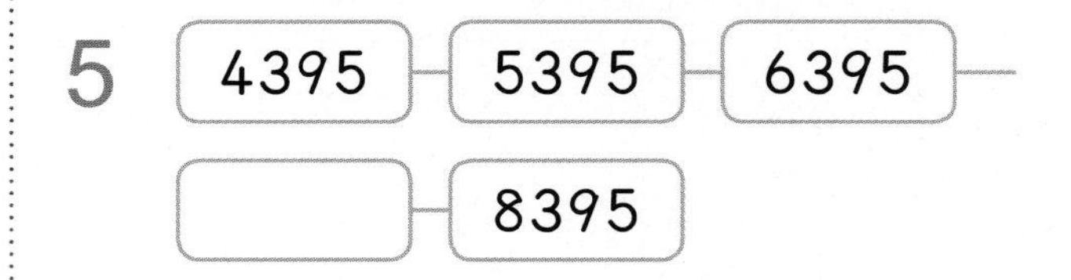

6

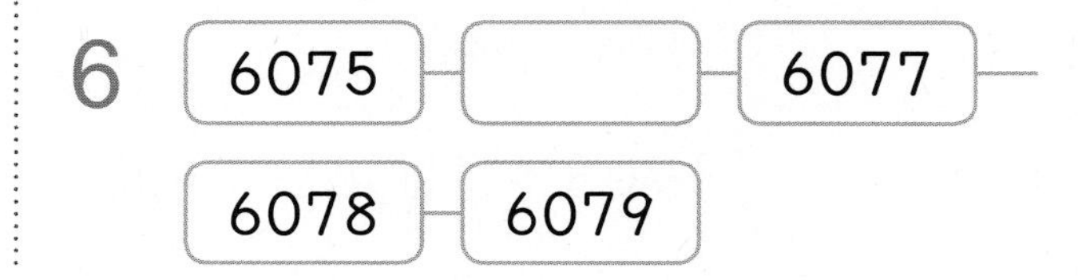

게임 학습
게임으로 학습을 즐겁게 할 수 있어요.
QR 코드를 찍어 보세요.

정답은 4쪽

7 수 배열표를 보고 □ 안에 알맞은 수를 써넣으시오.

1400	1500	1600	1700	1800
2400	2500	2600	2700	2800
3400	3500	3600	3700	3800
4400	4500	4600	4700	4800

➡는 □씩 뛰어 세었고,

⬇는 □씩 뛰어 세었습니다.

개념6 수의 크기를 비교해 볼까요

네 자리 수 ① ② ③ ④ 의 크기 비교는
① 천의 자리 수 → ② □의 자리 수 →
③ □의 자리 수 → ④ □의 자리 수
의 순서로 비교합니다.

8 □ 안에 알맞은 수를 써넣고, 두 수의 크기를 비교하여 ○ 안에 > 또는 <를 알맞게 써넣으시오.

	천의 자리	백의 자리	십의 자리	일의 자리
4983 ⇨	□	□	□	□
4975 ⇨	□	□	□	□

4983 ○ 4975

[9~10] **두 수의 크기를 비교하여 ○ 안에 > 또는 <를 알맞게 써넣으시오.**

9 5050 ○ 5150

10 9008 ○ 9005

익힘책 유형

11 수의 크기를 비교하여 가장 큰 수에 ○표 하시오.

7766　　7650　　6789

12 ㉠과 ㉡ 중에서 더 큰 수의 기호를 쓰시오.

㉠ 1000이 4개, 100이 3개, 10이 7개, 1이 9개인 수
㉡ 사천오백칠십구

(　　　　　)

3 STEP 단원 마무리 평가

1. 네 자리 수

점수

1 □ 안에 알맞은 수를 써넣으시오.

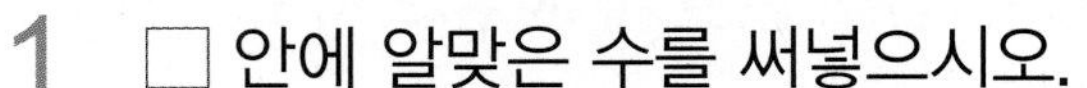

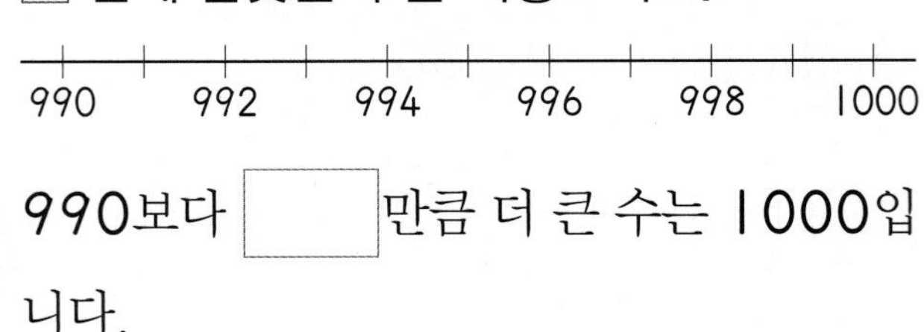

990보다 □ 만큼 더 큰 수는 1000입니다.

[2~3] 수 모형이 나타내는 수를 쓰고 읽어 보시오.

2

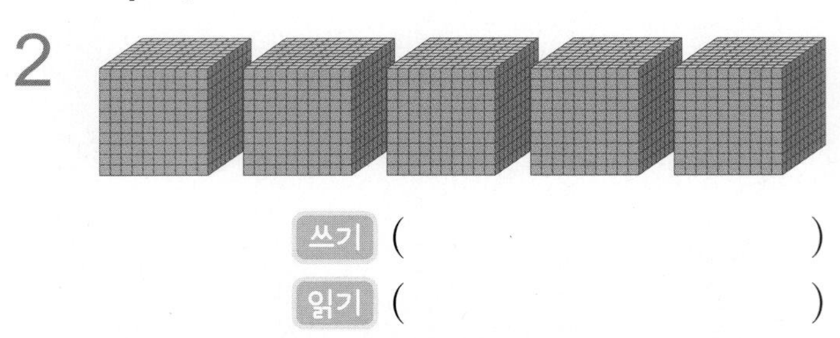

쓰기 (　　　　　　)

읽기 (　　　　　　)

3

쓰기 (　　　　　　)

읽기 (　　　　　　)

4 7062의 각 자리 숫자를 □ 안에 써넣으시오.

천의 자리 숫자 □, 백의 자리 숫자 □,

십의 자리 숫자 □, 일의 자리 숫자 □

5 다음을 > 또는 <를 사용하여 나타내시오.

6554는 5569보다 큽니다.

(　　　　　　)

6 100씩 뛰어 세려고 합니다. 빈 곳에 알맞은 수를 써넣으시오.

5489 — 5589 — 5689 — □ — 5889

[7~8] 수 모형을 보고 □ 안에 알맞은 수를 써넣으시오.

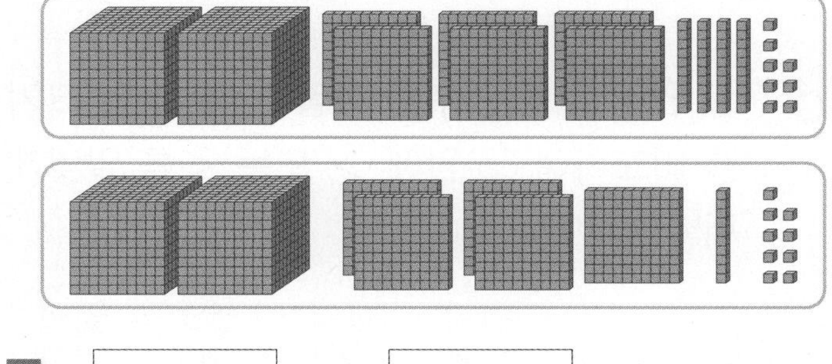

7 □ 은/는 □ 보다 큽니다.

8 □ 은/는 □ 보다 작습니다.

9 다음 네 자리 수에서 숫자 8은 얼마를 나타냅니까?

5087 ⇨ (   )

10 바르게 말한 사람의 이름을 써 보시오.

상혁: 2080은 이공팔공이라고 읽어.
가은: 9009는 구천구라고 읽어.

(   )

11 마트에서 우유를 사면서 다음과 같이 돈을 냈습니다. 우유 가격은 얼마입니까?

(   )

유사문제

12 두 수의 크기를 비교하여 ○ 안에 > 또는 <를 알맞게 써넣으시오.

(1) 4031 ○ 2765

(2) 3809 ○ 3823

13 5030부터 10씩 커지는 수 카드가 바닥에 떨어졌습니다. 빈 곳에 알맞은 수를 써넣으시오.

5040 5030

5070 [ ] 5080

5090 5050

유사문제

14 숫자 6이 나타내는 수가 가장 큰 수를 찾아 기호를 쓰시오.

㉠ 9601 ㉡ 5364 ㉢ 7826

(   )

15 4장의 수 카드를 한 번씩만 사용하여 백의 자리 숫자가 7인 네 자리 수를 만들려고 합니다. 만들 수 있는 가장 큰 수는 얼마인지 풀이 과정을 완성하고 답을 구하시오.

4 5 7 2

풀이 백의 자리 숫자가 7인 네 자리 수는 ■7■■입니다. 남은 수를 큰 수부터 차례로 쓰면 5, [ ], [ ]이므로 천의 자리에는 [ ], 십의 자리에는 [ ], 일의 자리에는 [ ]를 씁니다. 따라서 백의 자리 숫자가 7인 가장 큰 네 자리 수는 [ ]입니다.

답 [ ]

1 네 자리 수

[16~17] 수 배열표를 보고 물음에 답하시오.

4850	4860	4870	4880	4890
5850	5860	5870	5880	5890
6850	6860	6870	6880	6890
7850	7860	7870	7880	♥
8850	★	8870	8880	8890

16 ➡, ⬇는 각각 얼마씩 뛰어 세었는지 풀이 과정을 완성하고 답을 구하시오.

풀이 ➡에서 5850−5860−5870−5880−5890은 □의 자리 수가 1씩 커지고 있으므로 □씩 뛰어 세었습니다.
⬇에서 4850−5850−6850−7850−8850은 □의 자리 수가 1씩 커지고 있으므로 □씩 뛰어 세었습니다.

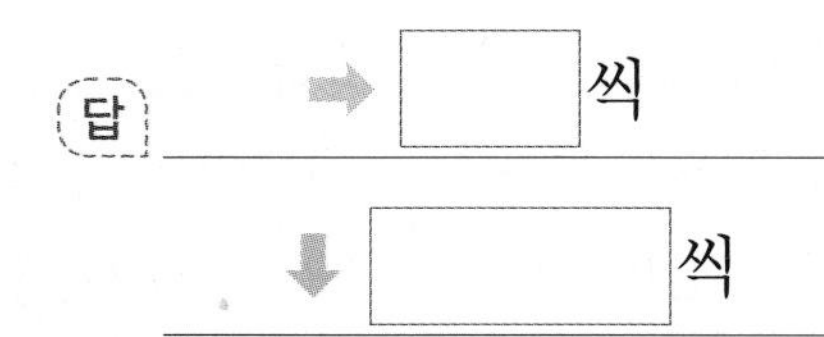

답 ➡ □씩
⬇ □씩

17 ♥와 ★에 알맞은 수는 각각 얼마입니까?

♥ (　　　　　　　　)
★ (　　　　　　　　)

[18~19] 뛰어 센 것을 보고 물음에 답하시오.

7486 − 7487 − 7488 − ㉠

7468 − 7478 − ㉡ − 7498

18 ㉠과 ㉡에 알맞은 수를 각각 구하시오.

㉠ (　　　　　　　　)
㉡ (　　　　　　　　)

19 ㉠과 ㉡에 알맞은 수 중에서 더 큰 수의 기호를 쓰시오.

(　　　　　　　　)

20 0부터 9까지의 수 중에서 □ 안에 들어갈 수 있는 수는 모두 몇 개입니까?

8571 > 8□73

(　　　　　　　　)

QR 코드를 찍어 게임을 해 보고 이번 단원을 확실히 익혀 보세요!

정답은 6쪽

1 100이 10개이면 [   ]이라 쓰고 [   ]이라고 읽습니다.

2 1000이 2개이면 [   ], 5개이면 [   ], 8개이면 [   ]입니다.

3 4035는 사천영백삼십오라고 읽습니다. (○ , ×)

숫자가 0인 자리는 읽지 않습니다.

4 9932에서 천의 자리 숫자는 9이고 900을 나타냅니다. (○ , ×)

5 4825에서 8은 [   ]의 자리 숫자이고, [   ]을 나타냅니다.

6 10씩 뛰어 세기

10씩 뛰어 세면 십의 자리 수가 1씩 커집니다.

7 2590은 1345보다 큽니다. (○ , ×)

천의 자리 수가 클수록 큰 수입니다.

8 2037 ◯ 2027

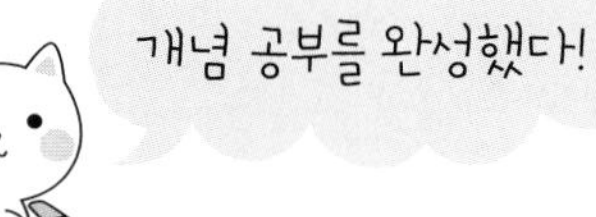

2 곱셈구구

제2화 괴물한테 붙잡힌 사람을 구출하라!

농부 아저씨가 배와 사과를 주셨네.
몇 개 주셨어?

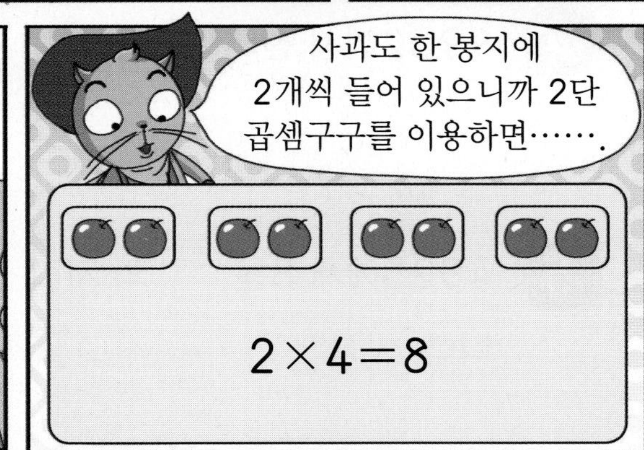

이전에 배운 내용	이번에 배울 내용	앞으로 배울 내용
[2-1 곱셈] • 묶어 세기와 뛰어 세기 • 몇의 몇 배 알아보기 • 곱셈 알아보기 • 곱셈식으로 나타내기	• 2~9단 곱셈구구 • 1단 곱셈구구와 0의 곱 • 곱셈표 만들기 • 곱셈구구를 이용하여 문제 해결하기	[3-1 나눗셈] • 똑같이 나누기 • 곱셈과 나눗셈의 관계 [3-1 곱셈] • (두 자리 수)×(한 자리 수)

STEP 1 개념 파헤치기

개념 1 2단 곱셈구구를 알아볼까요

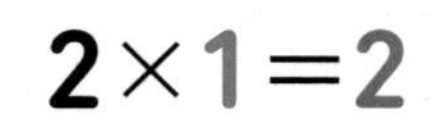

$2\times1=2$
$2\times2=4$
$2\times3=6$
$2\times4=8$
$2\times5=10$
$2\times6=12$
$2\times7=14$
$2\times8=16$
$2\times9=18$

개념 동영상

· 2×8을 계산하는 방법

방법 1 2씩 8번 더합니다.

$2\times8=2+2+2+2+2+2+2+2$
$=16$

방법 2 2×7에 2를 더합니다.

$2\times7=14$
$2\times8=16$ (+2)

· 2단 곱셈구구

×	1	2	3	4	5	6	7	8	9
2	2	4	6	8	10	12	14	16	18

+2 +2 +2 +2 +2 +2 +2 +2

2단 곱셈구구에서 곱하는 수가 1씩 커지면 그 **곱은 2씩 커집니다.**

개념 받아쓰기

빈칸에 글자나 수를 따라 쓰세요.

2단 곱셈구구에서 곱하는 수가 1씩 커지면 그 곱은 2씩 커집니다.

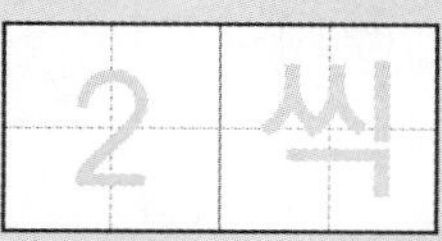
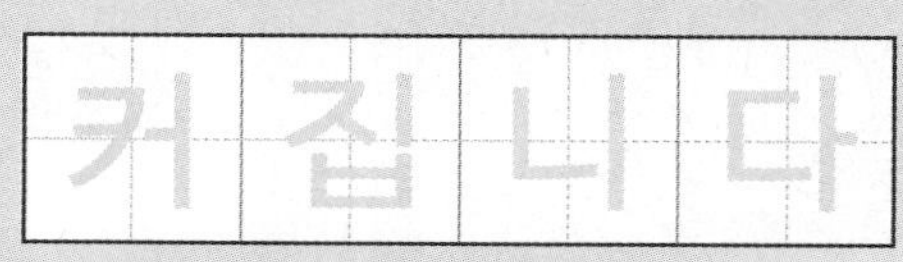.

기본 문제

1 그림을 보고 □ 안에 알맞은 수를 써넣으시오.

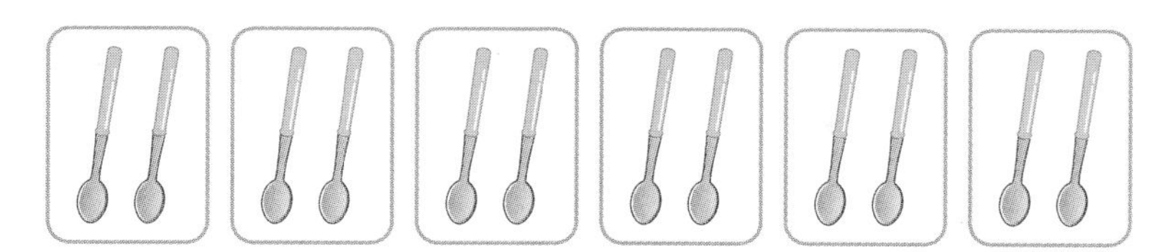

(1) 숟가락이 한 묶음에 2개씩 □ 묶음 있습니다.

(2) $2+2+2+2+2+2=$ □

(3) $2\times6=$ □

[2~3] 그림을 보고 □ 안에 알맞은 수를 써넣으시오.

2

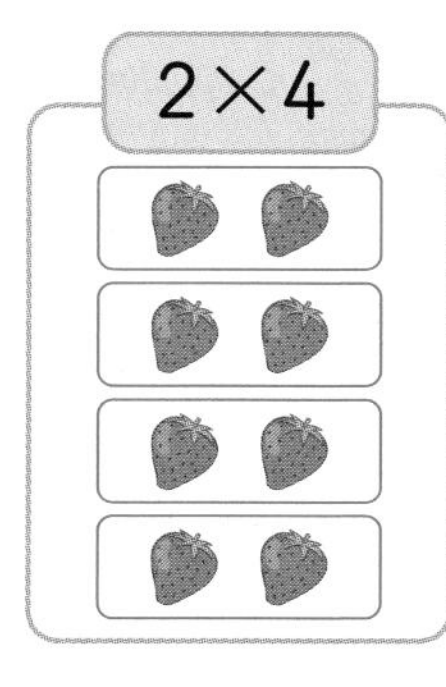

2×4 　 2×㉠

(1) ㉠에 알맞은 수는 □ 입니다.

(2) 2×5는 2×4보다 □ 만큼 더 큽니다.

⇨ $2\times4=$ □, $2\times5=$ □

3

2×6 　 2×㉡

(1) ㉡에 알맞은 수는 □ 입니다.

(2) 2×7은 2×6보다 □ 만큼 더 큽니다.

⇨ $2\times6=$ □, $2\times7=$ □

✎ 빈칸에 알맞은 글자나 수를 써 보세요.

• $2\times1=2$이므로 $2\times2=$ □ 입니다.

• $2\times2=$ □ 이므로 $2\times3=$ □ 입니다.

STEP 1 개념 파헤치기

개념 2 5단 곱셈구구를 알아볼까요

$5\times1=5$
$5\times2=10$
$5\times3=15$
$5\times4=20$
$5\times5=25$
$5\times6=30$
$5\times7=35$
$5\times8=40$
$5\times9=45$

• 5×7을 계산하는 방법

방법 1 5씩 7번 더합니다.

$5\times7=5+5+5+5+5+5+5$
$=35$

방법 2 5×6에 5를 더합니다.

$5\times6=30$
$5\times7=35$ (+5)

• 5단 곱셈구구

×	1	2	3	4	5	6	7	8	9
5	5	10	15	20	25	30	35	40	45

+5 +5 +5 +5 +5 +5 +5 +5

5단 곱셈구구에서 곱하는 수가 1씩 커지면 그 **곱은 5씩 커집니다.**

5단 곱셈구구에서 곱하는 수가 **1씩 커지면** 그 **곱은 5씩 커집니다.**

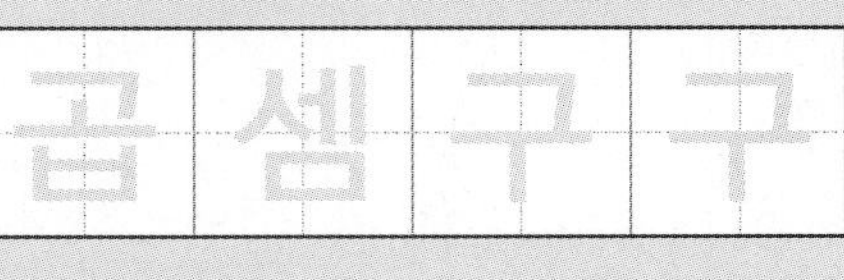

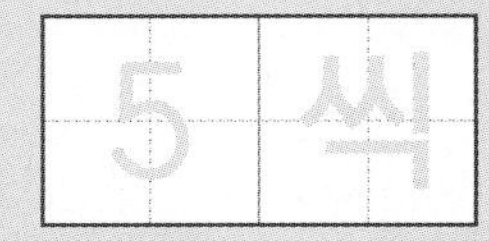

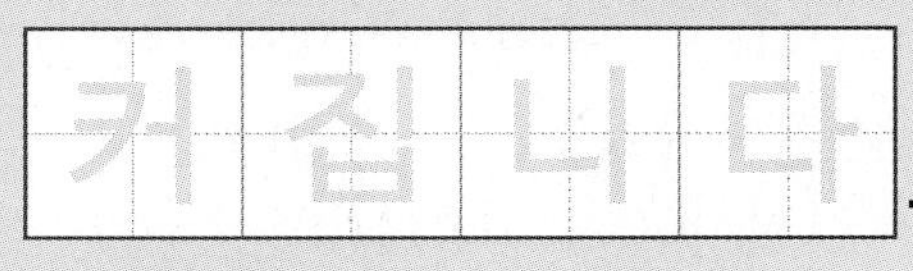

.

1 그림을 보고 □ 안에 알맞은 수를 써넣으시오.

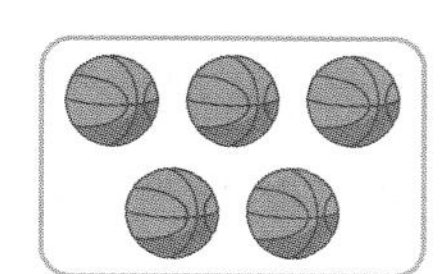 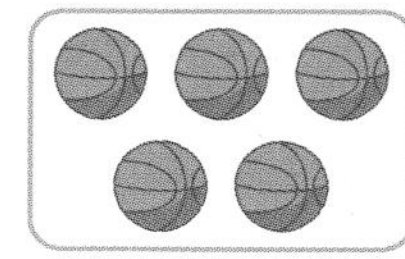 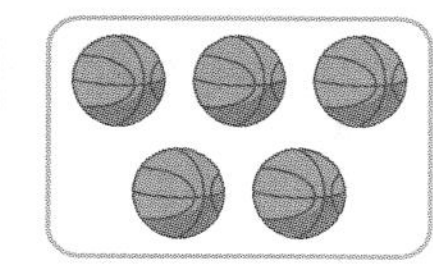 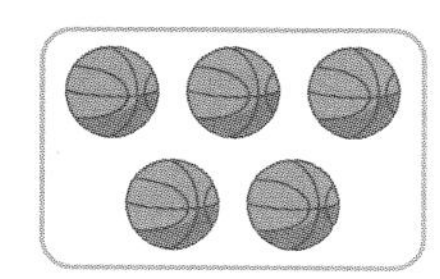

(1) 농구공이 한 묶음에 5개씩 □ 묶음 있습니다.

(2) $5+5+5+5=$ □

(3) $5\times4=$ □

[2~3] 그림을 보고 □ 안에 알맞은 수를 써넣으시오.

2

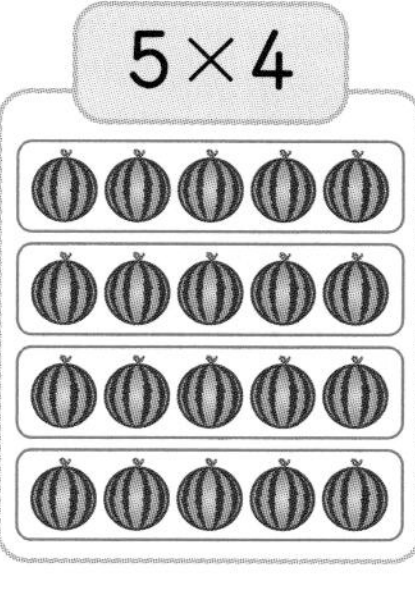

5×4 / 5×㉠

(1) ㉠에 알맞은 수는 □ 입니다.

(2) 5×5는 5×4보다 □ 만큼 더 큽니다.

⇨ $5\times4=$ □, $5\times5=$ □

3

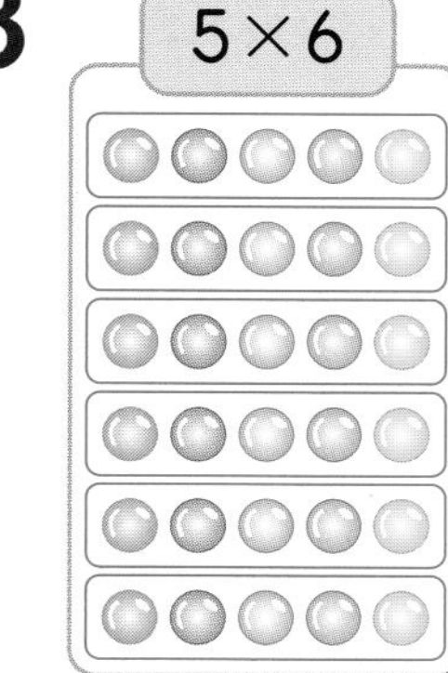

5×6 / 5×㉡

(1) ㉡에 알맞은 수는 □ 입니다.

(2) 5×7은 5×6보다 □ 만큼 더 큽니다.

⇨ $5\times6=$ □, $5\times7=$ □

2 곱셈구구

개념 받아쓰기 문제

• $5\times1=5$이므로 $5\times2=$ □ 입니다.

• $5\times2=$ □ 이므로 $5\times3=$ □ 입니다.

개념 파헤치기

개념 3 3단 곱셈구구를 알아볼까요

$3 \times 1 = 3$
$3 \times 2 = 6$
$3 \times 3 = 9$
$3 \times 4 = 12$
$3 \times 5 = 15$
$3 \times 6 = 18$
$3 \times 7 = 21$
$3 \times 8 = 24$
$3 \times 9 = 27$

• 3×8을 계산하는 방법

방법 1 3씩 8번 더합니다.

$3 \times 8 = 3+3+3+3+3+3+3+3$
$= 24$

방법 2 3×7에 3을 더합니다.

$3 \times 7 = 21$
$3 \times 8 = 24$ (+3)

• 3단 곱셈구구

×	1	2	3	4	5	6	7	8	9
3	3	6	9	12	15	18	21	24	27

+3 +3 +3 +3 +3 +3 +3 +3

3단 곱셈구구에서 곱하는 수가 1씩 커지면 그 곱은 3씩 커집니다.

3단 곱셈구구에서 곱하는 수가 1씩 커지면 그 곱은 3씩 커집니다.

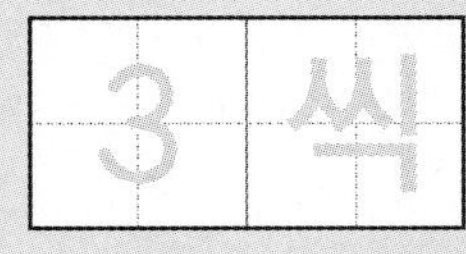

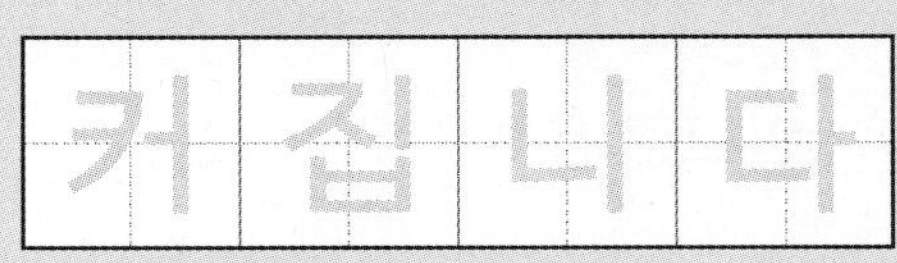

.

1 그림을 보고 □ 안에 알맞은 수를 써넣으시오.

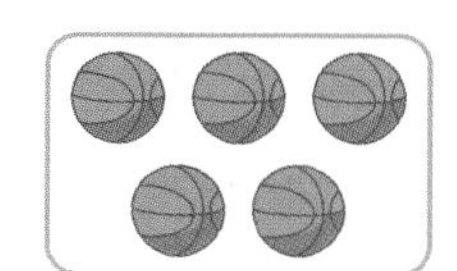
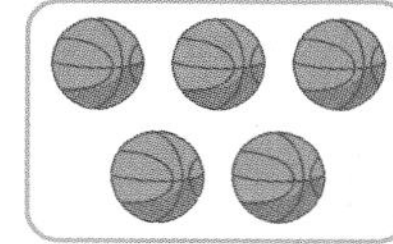
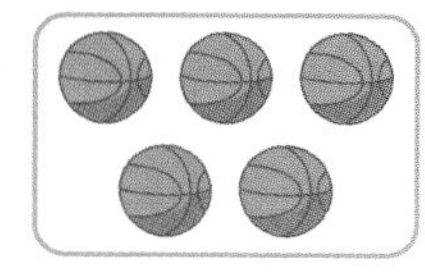
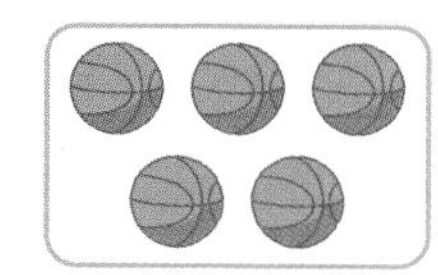

(1) 농구공이 한 묶음에 5개씩 □ 묶음 있습니다.

(2) $5+5+5+5=$ □

(3) $5\times4=$ □

[2~3] 그림을 보고 □ 안에 알맞은 수를 써넣으시오.

2

5×4

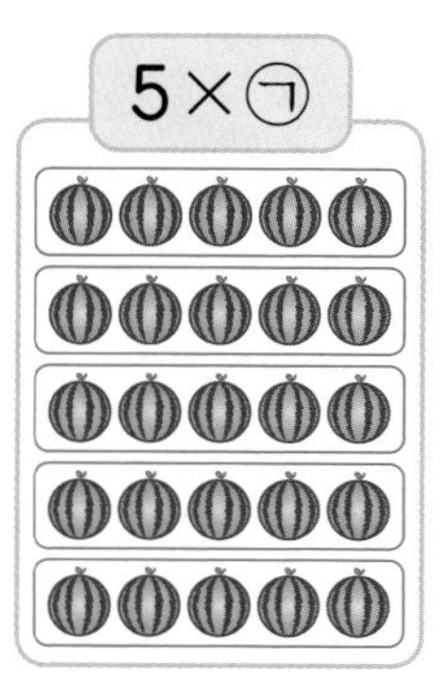

(1) ㉠에 알맞은 수는 □ 입니다.

(2) 5×5는 5×4보다 □ 만큼 더 큽니다.

⇨ $5\times4=$ □ , $5\times5=$ □

3

5×6

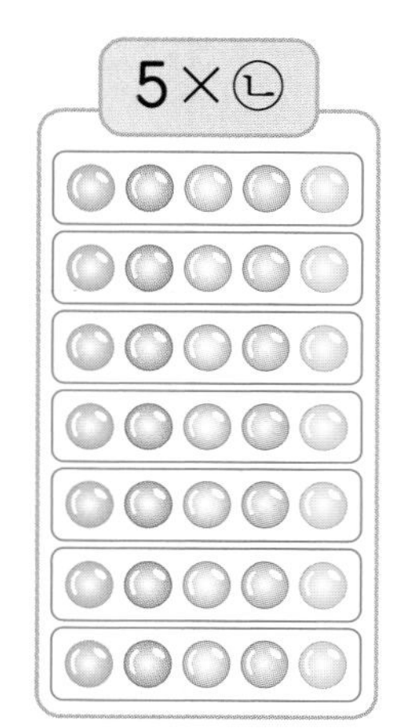

(1) ㉡에 알맞은 수는 □ 입니다.

(2) 5×7은 5×6보다 □ 만큼 더 큽니다.

⇨ $5\times6=$ □ , $5\times7=$ □

개념 받아쓰기 문제

• $5\times1=5$이므로 $5\times2=$ □ 입니다.

• $5\times2=$ □ 이므로 $5\times3=$ □ 입니다.

개념 파헤치기

개념 3 3단 곱셈구구를 알아볼까요

$3\times1=3$
$3\times2=6$
$3\times3=9$
$3\times4=12$
$3\times5=15$
$3\times6=18$
$3\times7=21$
$3\times8=24$
$3\times9=27$

• 3×8을 계산하는 방법

방법 1 3씩 8번 더합니다.

$3\times8=3+3+3+3+3+3+3+3$
$=24$

방법 2 3×7에 3을 더합니다.

$3\times7=21$
$3\times8=24$ (+3)

• 3단 곱셈구구

×	1	2	3	4	5	6	7	8	9
3	3	6	9	12	15	18	21	24	27

+3 +3 +3 +3 +3 +3 +3 +3

3단 곱셈구구에서 곱하는 수가 1씩 커지면 그 곱은 3씩 커집니다.

3단 곱셈구구에서 곱하는 수가 1씩 커지면 그 곱은 3씩 커집니다.

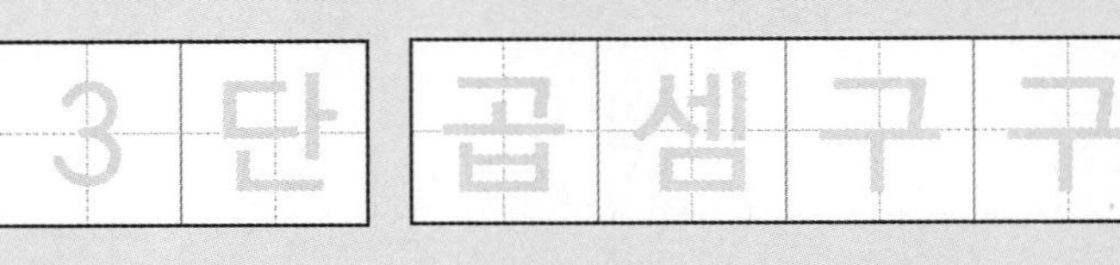

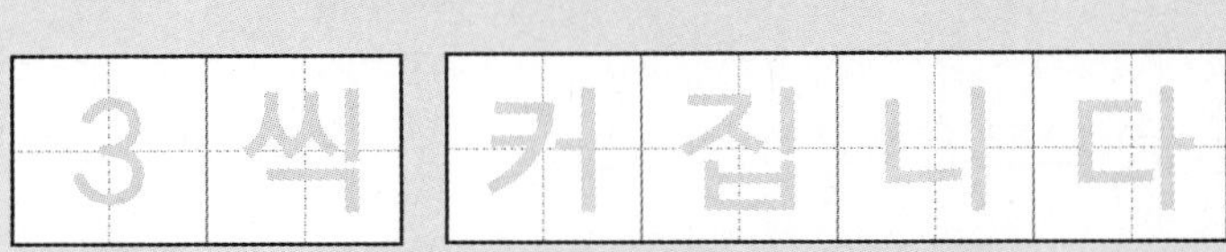

기본 문제

1 그림을 보고 □ 안에 알맞은 수를 써넣으시오.

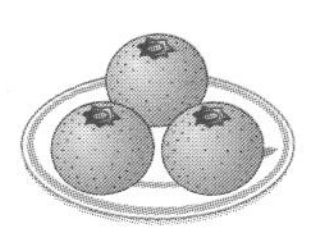  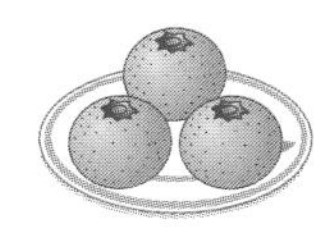 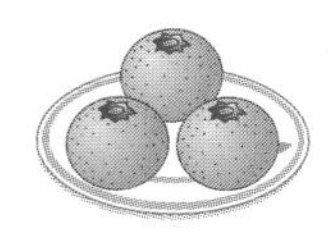 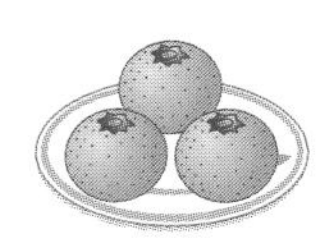 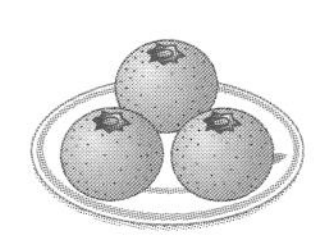

(1) 접시 하나에 귤이 3개씩 담겨 있고 접시는 □개 있습니다.

(2) $3+3+3+3+3+3=$ □

(3) $3\times6=$ □

[2~3] 그림을 보고 □ 안에 알맞은 수를 써넣으시오.

2

3×4   3×㉠

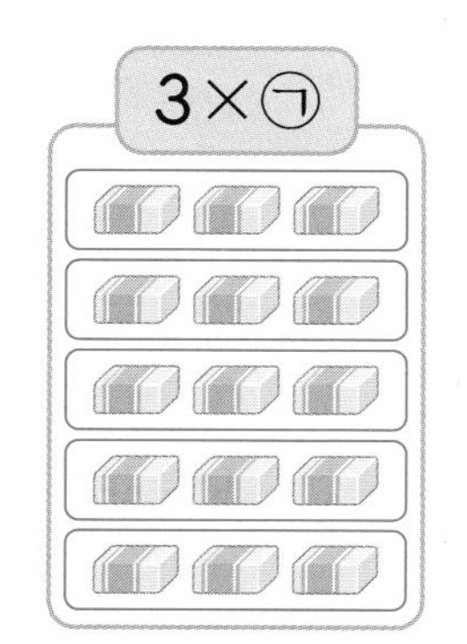

(1) ㉠에 알맞은 수는 □입니다.

(2) 3×5는 3×4보다 □만큼 더 큽니다.

⇨ $3\times4=$ □, $3\times5=$ □

3

3×6   3×㉡

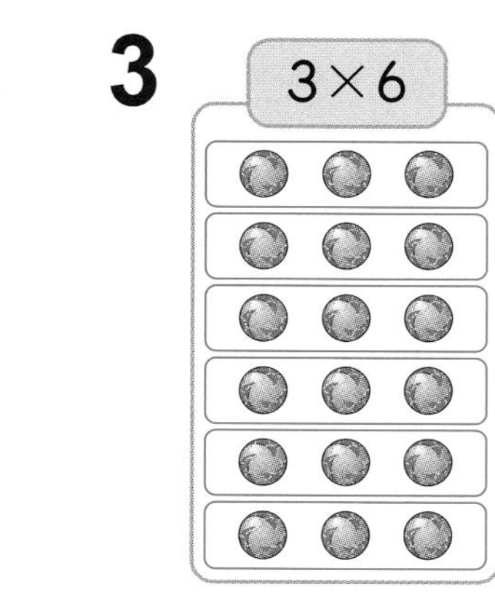

(1) ㉡에 알맞은 수는 □입니다.

(2) 3×7은 3×6보다 □만큼 더 큽니다.

⇨ $3\times6=$ □, $3\times7=$ □

개념 받아쓰기 문제

• $3\times1=3$이므로 $3\times2=$ □입니다.

• $3\times2=$ □이므로 $3\times3=$ □입니다.

개념 파헤치기

개념 4 6단 곱셈구구를 알아볼까요

개념 동영상

$6\times1=6$
$6\times2=12$
$6\times3=18$
$6\times4=24$
$6\times5=30$
$6\times6=36$
$6\times7=42$
$6\times8=48$
$6\times9=54$

• 6×7을 계산하는 방법

방법 1 6씩 7번 더합니다.

$6\times7=6+6+6+6+6+6+6$
$=42$

방법 2 6×6에 6을 더합니다.

$6\times6=36$
$6\times7=42$ (+6)

• 6단 곱셈구구

×	1	2	3	4	5	6	7	8	9
6	6	12	18	24	30	36	42	48	54

+6 +6 +6 +6 +6 +6 +6 +6

6단 곱셈구구에서 곱하는 수가 1씩 커지면 그 **곱은 6씩 커집니다.**

개념 받아쓰기

6단 **곱셈구구**에서 곱하는 수가 **1씩 커지면 그 곱은 6씩 커집니다.**

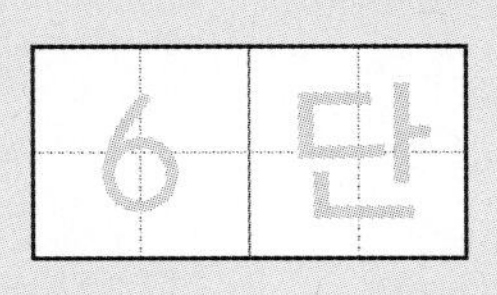
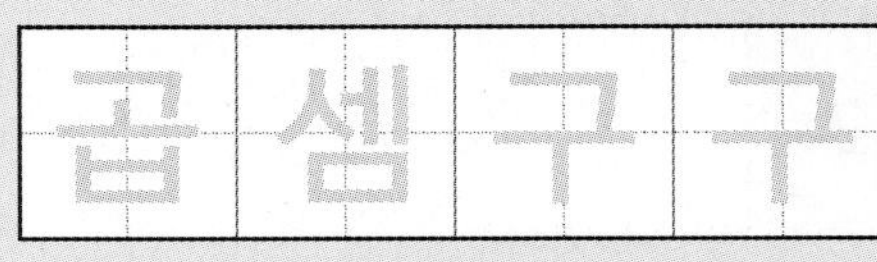

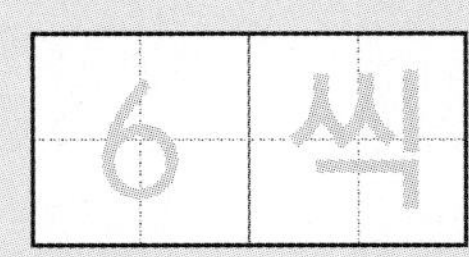
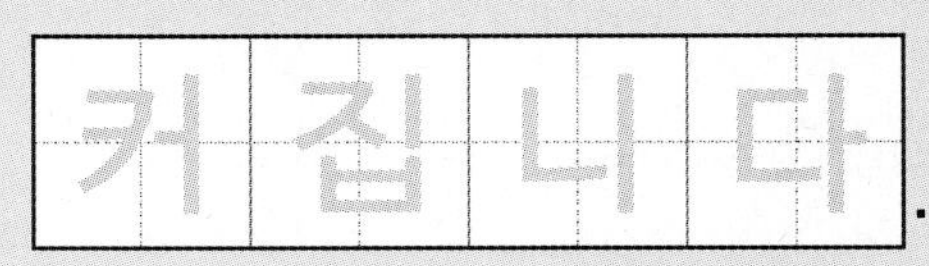.

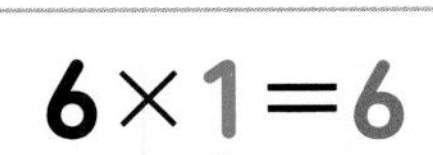

1 그림을 보고 □ 안에 알맞은 수를 써넣으시오.

(1) 컵라면이 한 묶음에 6개씩 □ 묶음 있습니다.

(2) $6+6+6+6=$ □

(3) $6\times4=$ □

2 그림을 보고 □ 안에 알맞은 수를 써넣으시오.

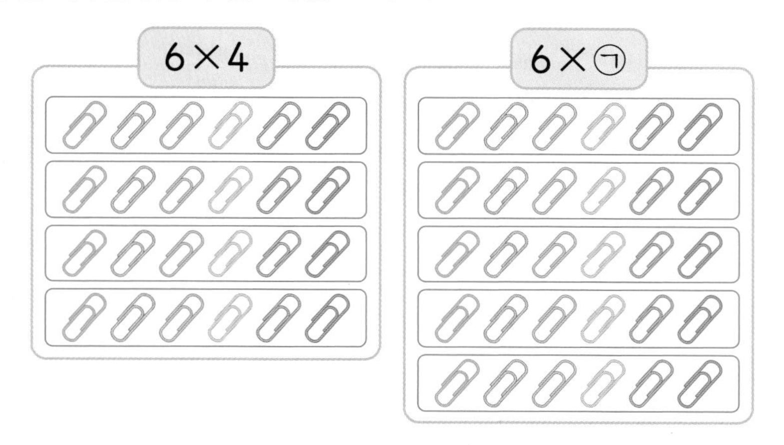

(1) ㉠에 알맞은 수는 □ 입니다.

(2) 6×5는 6×4보다 □ 만큼 더 큽니다. ⇨ $6\times4=$ □, $6\times5=$ □

• $6\times1=6$이므로 $6\times2=$ □ 입니다.

• $6\times2=$ □ 이므로 $6\times3=$ □ 입니다.

개념 1 2단 곱셈구구를 알아볼까요

×	5	6	7	8	9
2	10	12	□	□	□

➔ 곱이 □씩 커집니다.

1 □ 안에 알맞은 수를 써넣으시오.

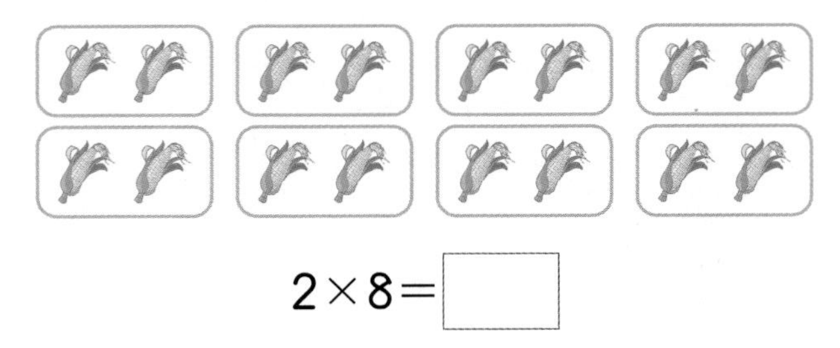

$2 \times 8 = \square$

2 2단 곱셈구구의 값을 찾아 선으로 이어 보시오.

2×6 •　　　　• 18

2×9 •　　　　• 14

　　　　　　　• 12

교과서 유형

3 꽃이 모두 몇 송이인지 곱셈식으로 나타내시오.

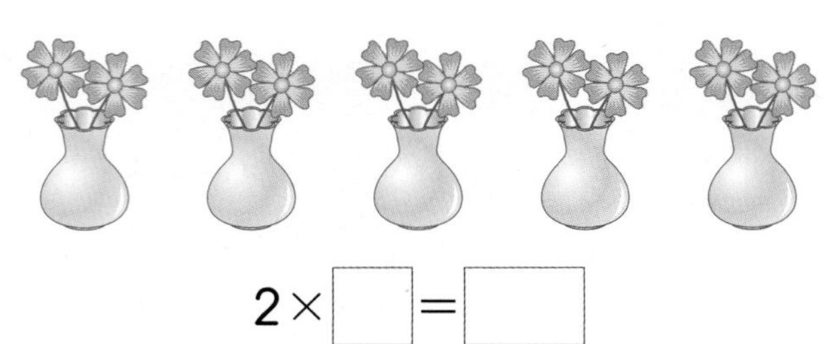

$2 \times \square = \square$

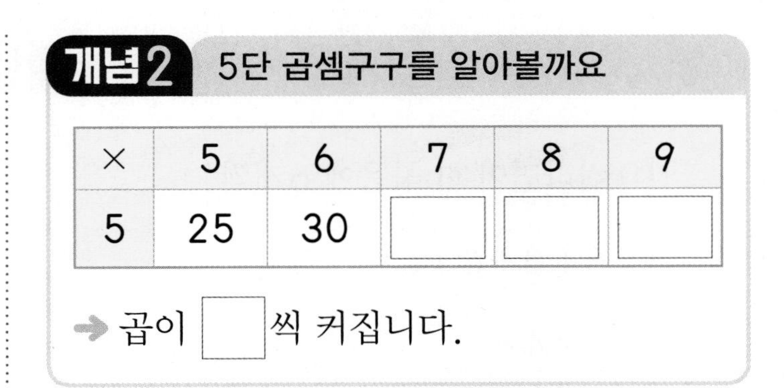

개념 2 5단 곱셈구구를 알아볼까요

×	5	6	7	8	9
5	25	30	□	□	□

➔ 곱이 □씩 커집니다.

4 □ 안에 알맞은 수를 써넣으시오.

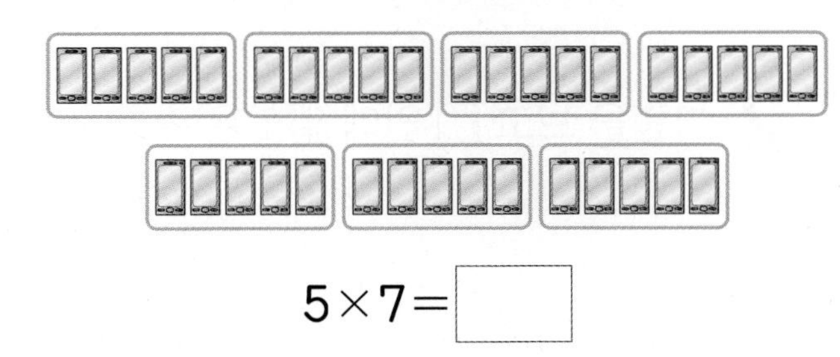

$5 \times 7 = \square$

5 5단 곱셈구구의 값을 찾아 선으로 이어 보시오.

6 빈 곳에 알맞은 수를 써넣으시오.

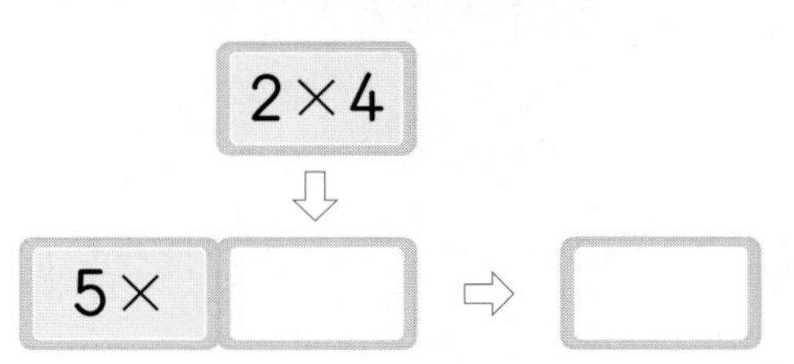

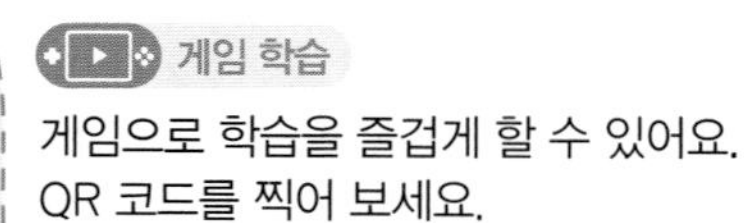

게임으로 학습을 즐겁게 할 수 있어요.
QR 코드를 찍어 보세요.

정답은 8쪽

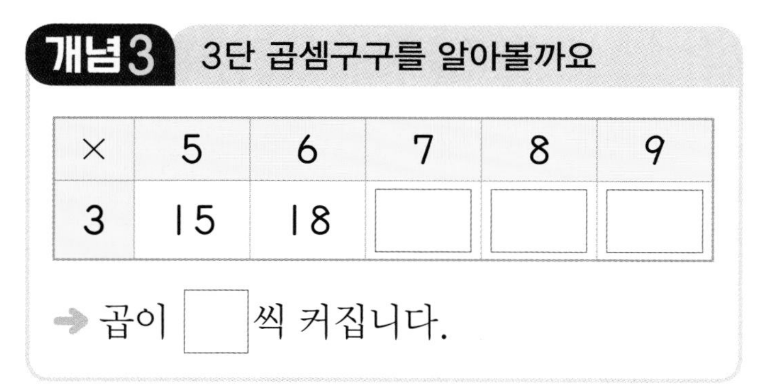

개념3 3단 곱셈구구를 알아볼까요

×	5	6	7	8	9
3	15	18	□	□	□

➔ 곱이 □씩 커집니다.

7 □ 안에 알맞은 수를 써넣으시오.

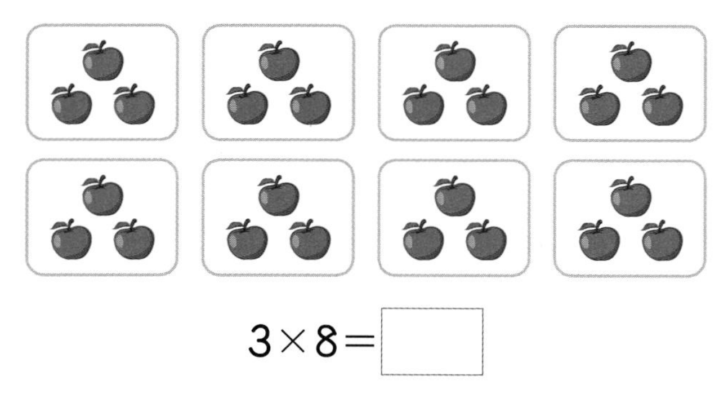

$3\times8=$ □

8 3단 곱셈구구의 값을 찾아 선으로 이어 보시오.

9 빈 곳에 알맞은 수를 써넣으시오.

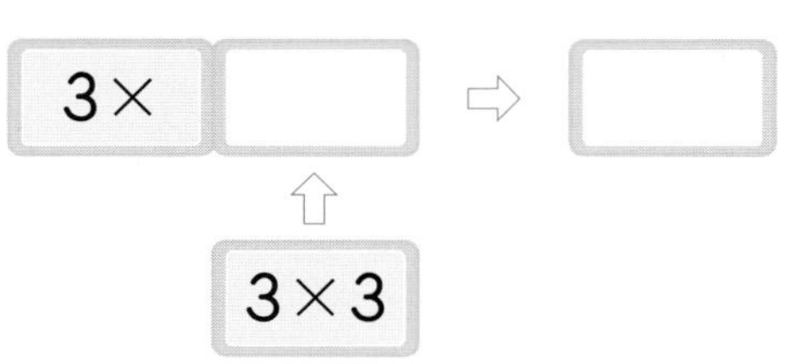

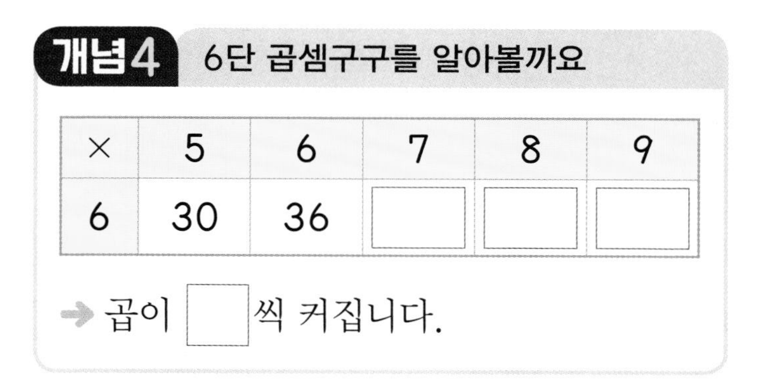

개념4 6단 곱셈구구를 알아볼까요

×	5	6	7	8	9
6	30	36	□	□	□

➔ 곱이 □씩 커집니다.

10 □ 안에 알맞은 수를 써넣으시오.

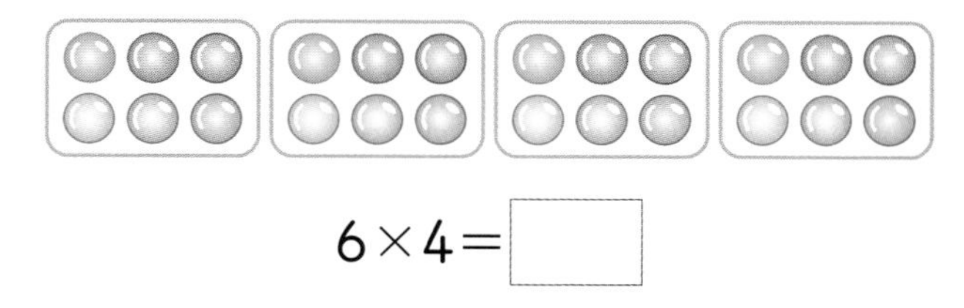

$6\times4=$ □

11 6단 곱셈구구의 값을 찾아 선으로 이어 보시오.

익힘책 유형

12 그림을 보고 잘못 말한 사람을 찾아 ×표 하시오.

가은: 6×3을 이용해서 구해야지. (   )
상혁: 6×2에 6을 더해서 구해야지. (   )
영아: 6×6을 이용해서 구해야지. (   )

2 곱셈구구

개념 5 4단 곱셈구구를 알아볼까요

$4\times1=4$
$4\times2=8$
$4\times3=12$
$4\times4=16$
$4\times5=20$
$4\times6=24$
$4\times7=28$
$4\times8=32$
$4\times9=36$

• 4×8을 계산하는 방법

방법 1 4씩 8번 더합니다.

$4\times8=4+4+4+4+4+4+4+4$
$=32$

방법 2 4×7에 4를 더합니다.

$4\times7=28$
$4\times8=32$ (+4)

• 4단 곱셈구구

×	1	2	3	4	5	6	7	8	9
4	4	8	12	16	20	24	28	32	36

+4 +4 +4 +4 +4 +4 +4 +4

4단 곱셈구구에서 곱하는 수가 1씩 커지면 그 **곱은 4씩 커집니다.**

✎ 빈칸에 글자나 수를 따라 쓰세요.

4단 곱셈구구에서 곱하는 수가 1씩 커지면 그 곱은 4씩 커집니다.

1 그림을 보고 □ 안에 알맞은 수를 써넣으시오.

(1) 잠자리 한 마리에 날개가 4장씩 □마리 있습니다.

(2) $4+4+4+4+4+4=$□

(3) $4\times6=$□

[2~3] 그림을 보고 □ 안에 알맞은 수를 써넣으시오.

2

4×4 　 4×㉠

(1) ㉠에 알맞은 수는 □입니다.

(2) 4×5는 4×4보다 □만큼 더 큽니다.

⇨ $4\times4=$□, $4\times5=$□

3

4×6 　 4×㉡

(1) ㉡에 알맞은 수는 □입니다.

(2) 4×7은 4×6보다 □만큼 더 큽니다.

⇨ $4\times6=$□, $4\times7=$□

빈칸에 알맞은 글자나 수를 써 보세요.

- $4\times1=4$이므로 $4\times2=$□입니다.
- $4\times2=$□이므로 $4\times3=$□입니다.

STEP 1 개념 파헤치기

개념 6 8단 곱셈구구를 알아볼까요

8×1=8
8×2=16
8×3=24
8×4=32
8×5=40
8×6=48
8×7=56
8×8=64
8×9=72

• 8×7을 계산하는 방법

방법 1 8씩 7번 더합니다.

$8 \times 7 = 8+8+8+8+8+8+8$
$= 56$

방법 2 8×6에 8을 더합니다.

$8 \times 6 = 48$
$8 \times 7 = 56$ (+8)

• 8단 곱셈구구

×	1	2	3	4	5	6	7	8	9
8	8	16	24	32	40	48	56	64	72

+8 +8 +8 +8 +8 +8 +8 +8

8단 곱셈구구에서 곱하는 수가 1씩 커지면 그 **곱은 8씩 커집니다.**

8단 곱셈구구에서 곱하는 수가 1씩 커지면 그 곱은 8씩 커집니다.

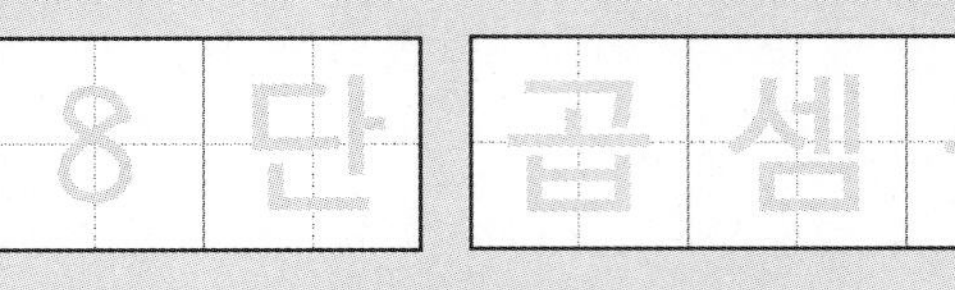

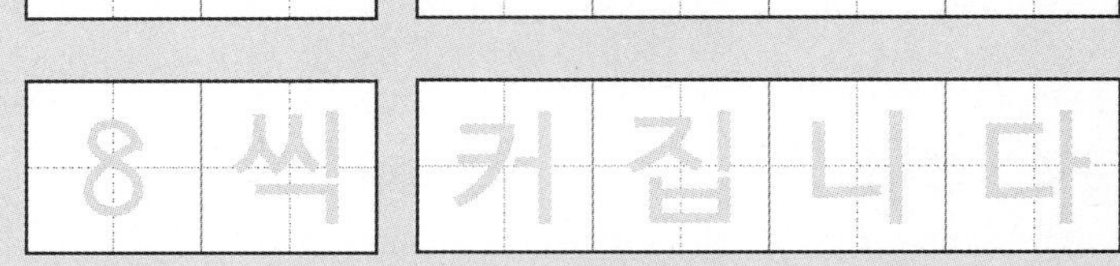

1 그림을 보고 □ 안에 알맞은 수를 써넣으시오.

(1) 배구공이 한 묶음에 8개씩 □ 묶음 있습니다.

(2) $8+8+8+8=$ □

(3) $8\times4=$ □

2 그림을 보고 □ 안에 알맞은 수를 써넣으시오.

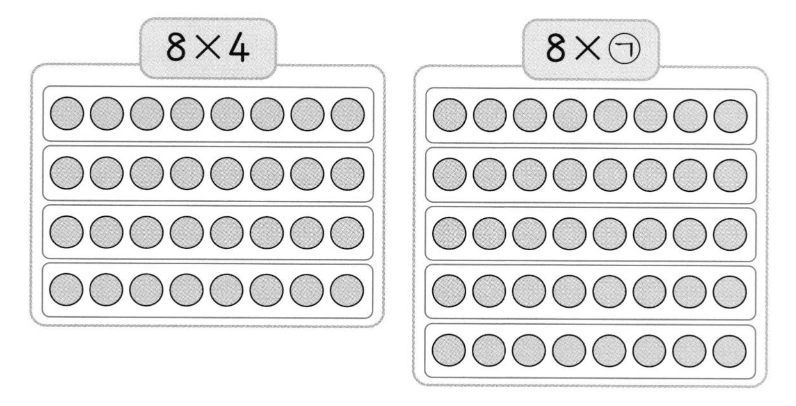

(1) ㉠에 알맞은 수는 □ 입니다.

(2) 8×5는 8×4보다 □ 만큼 더 큽니다. ⇨ $8\times4=$ □, $8\times5=$ □

- $8\times1=8$이므로 $8\times2=$ □ 입니다.
- $8\times2=$ □ 이므로 $8\times3=$ □ 입니다.

개념 7 7단 곱셈구구를 알아볼까요

$7\times1=7$
$7\times2=14$
$7\times3=21$
$7\times4=28$
$7\times5=35$
$7\times6=42$
$7\times7=49$
$7\times8=56$
$7\times9=63$

- **7×6을 계산하는 방법**

방법 1 7씩 6번 더합니다.

$7\times6=7+7+7+7+7+7$
$=42$

방법 2 7×5에 7을 더합니다.

$7\times5=35$
$7\times6=42$ ($+7$)

- **7단 곱셈구구**

$\times$	1	2	3	4	5	6	7	8	9
7	7	14	21	28	35	42	49	56	63

$+7$ $+7$ $+7$ $+7$ $+7$ $+7$ $+7$ $+7$

7단 곱셈구구에서 곱하는 수가 1씩 커지면 그 **곱은 7씩 커집니다.**

7단 곱셈구구에서 곱하는 수가 **1씩 커지면** 그 곱은 **7씩 커집니다.**

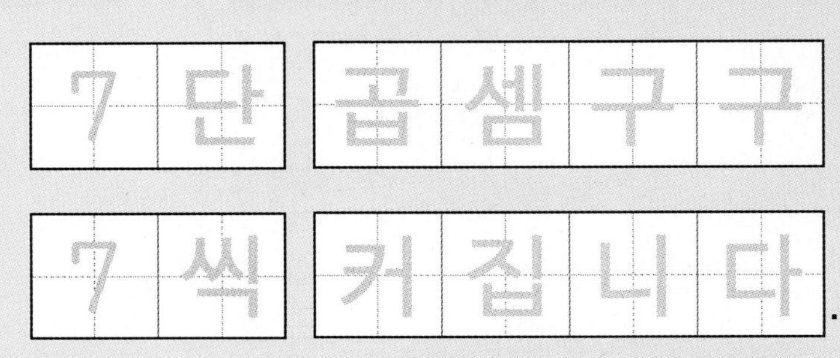

1 그림을 보고 □ 안에 알맞은 수를 써넣으시오.

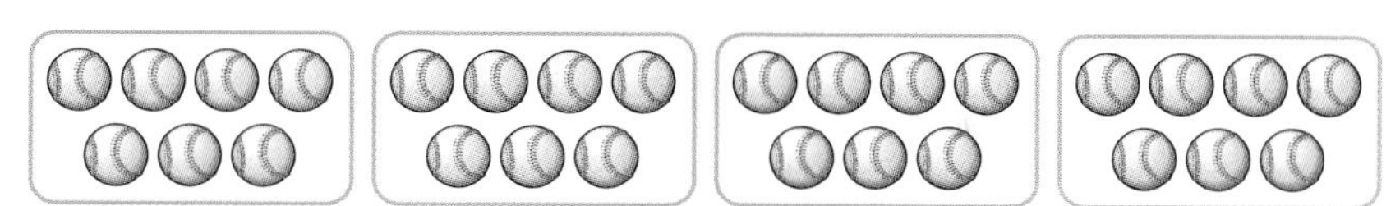

(1) 야구공이 한 묶음에 7개씩 □묶음 있습니다.

(2) $7+7+7+7=$□

(3) $7\times4=$□

2 그림을 보고 □ 안에 알맞은 수를 써넣으시오.

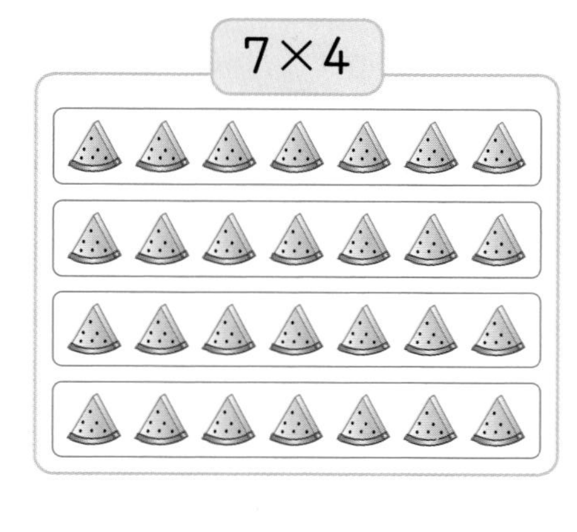

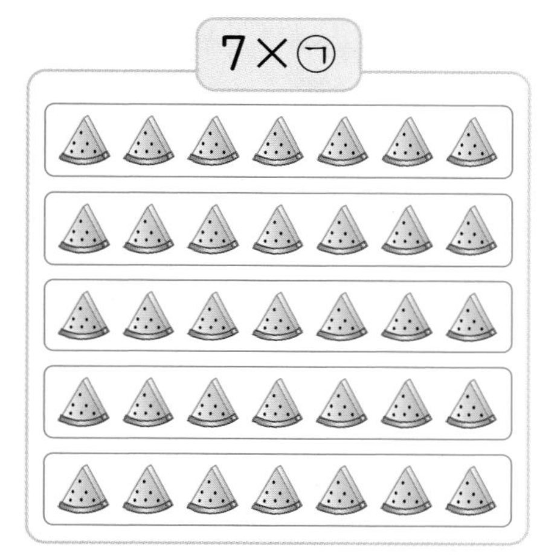

(1) ㉠에 알맞은 수는 □입니다.

(2) 7×5는 7×4보다 □만큼 더 큽니다. ⇨ $7\times4=$□, $7\times5=$□

• $7\times1=7$이므로 $7\times2=$□입니다.

• $7\times2=$□이므로 $7\times3=$□입니다.

1 개념 파헤치기

개념 8 9단 곱셈구구를 알아볼까요

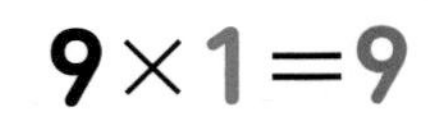

개념 동영상

9×1=9
9×2=18
9×3=27
9×4=36
9×5=45
9×6=54
9×7=63
9×8=72
9×9=81

• 9×8을 계산하는 방법

방법 1 9씩 8번 더합니다.

$9\times8=9+9+9+9+9+9+9+9$

$=72$

방법 2 9×7에 9를 더합니다.

$9\times7=63$

$9\times8=72$ (+9)

• 9단 곱셈구구

×	1	2	3	4	5	6	7	8	9
9	9	18	27	36	45	54	63	72	81

+9 +9 +9 +9 +9 +9 +9 +9

9단 곱셈구구에서 곱하는 수가 1씩 커지면 그 **곱은 9씩 커집니다.**

9단 **곱셈구구**에서 곱하는 수가 **1씩 커지면 그 곱은 9씩 커집니다.**

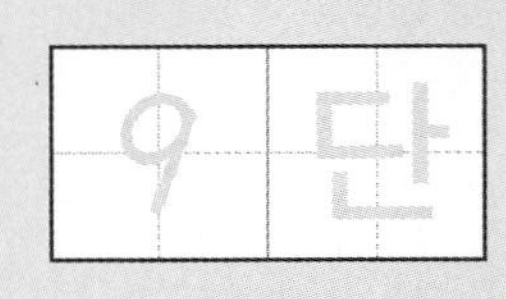

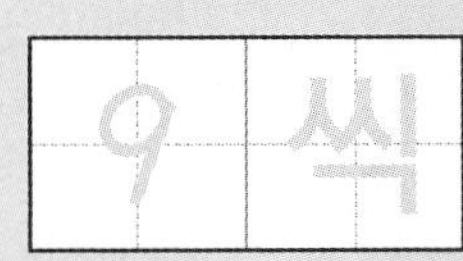

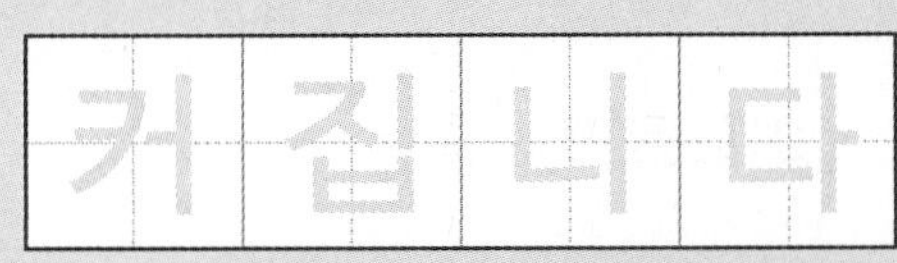

.

1 그림을 보고 □ 안에 알맞은 수를 써넣으시오.

(1) 방울토마토가 한 묶음에 9개씩 □ 묶음 있습니다.

(2) $9+9+9+9+9+9=$ □

(3) $9\times6=$ □

2 그림을 보고 □ 안에 알맞은 수를 써넣으시오.

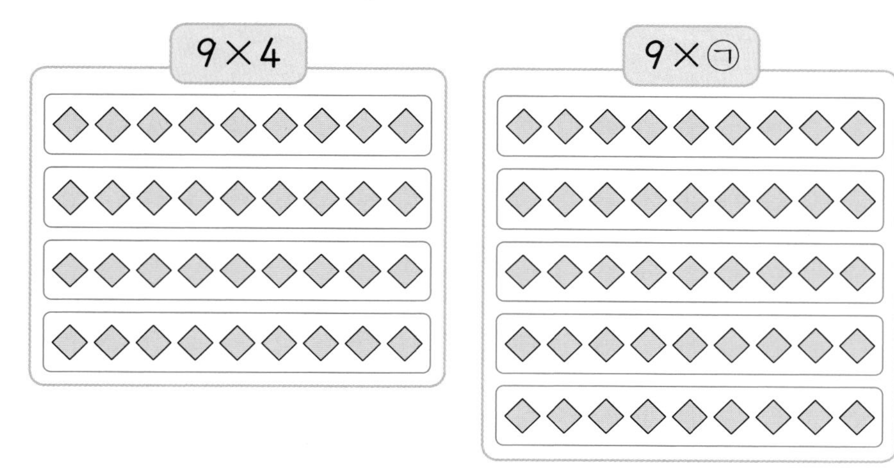

(1) ㉠에 알맞은 수는 □ 입니다.

(2) 9×5는 9×4보다 □ 만큼 더 큽니다. ⇨ $9\times4=$ □, $9\times5=$ □

- $9\times1=9$이므로 $9\times2=$ □ 입니다.

- $9\times2=$ □ 이므로 $9\times3=$ □ 입니다.

개념 확인하기

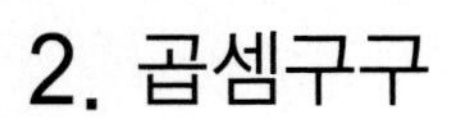

개념5 4단 곱셈구구를 알아볼까요

×	5	6	7	8	9
4	20	24	□	□	□

➜ 곱이 □씩 커집니다.

1 □ 안에 알맞은 수를 써넣으시오.

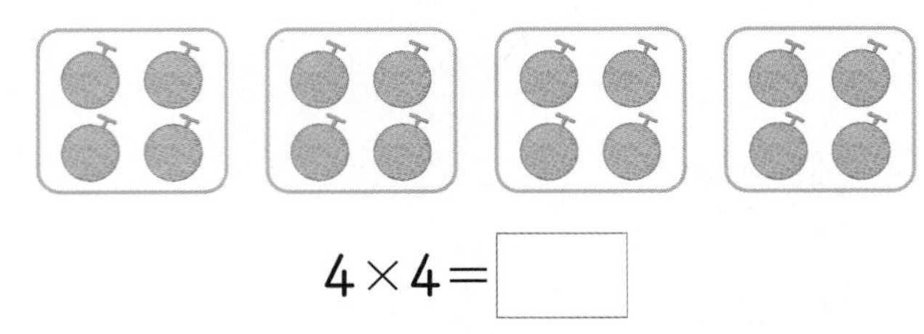

4×4=□

2 4단 곱셈구구의 값을 찾아 선으로 이어 보시오.

4×6 •　　　　• 32
4×8 •　　　　• 28
　　　　　　　• 24

교과서 유형

3 라면이 모두 몇 봉지인지 곱셈식으로 나타내시오.

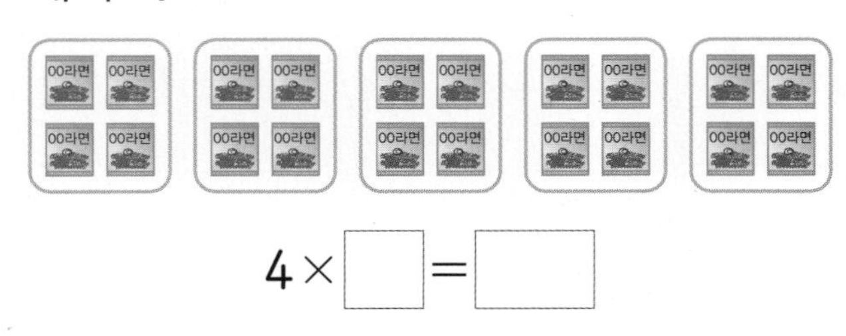

4×□=□

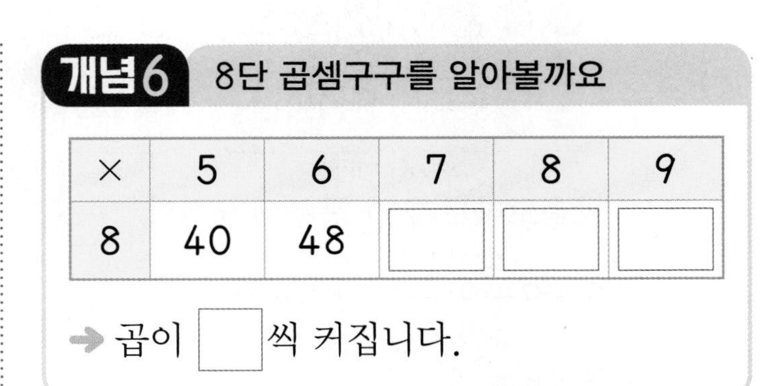

개념6 8단 곱셈구구를 알아볼까요

×	5	6	7	8	9
8	40	48	□	□	□

➜ 곱이 □씩 커집니다.

4 □ 안에 알맞은 수를 써넣으시오.

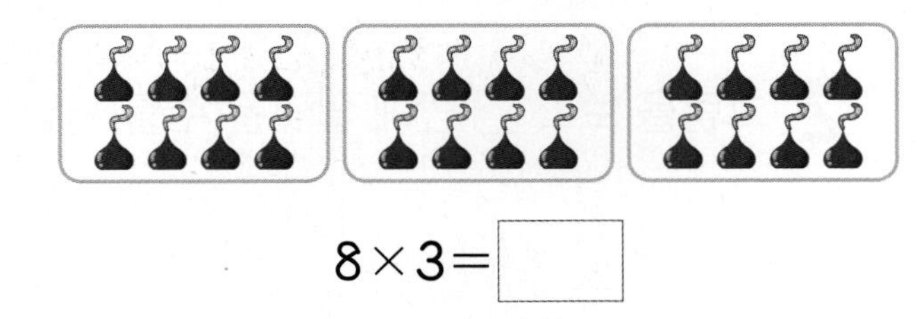

8×3=□

5 8단 곱셈구구의 값을 찾아 선으로 이어 보시오.

8×5 •　　　　• 40
8×7 •　　　　• 48
　　　　　　　• 56

6 탁구공이 모두 몇 개인지 곱셈식으로 나타내시오.

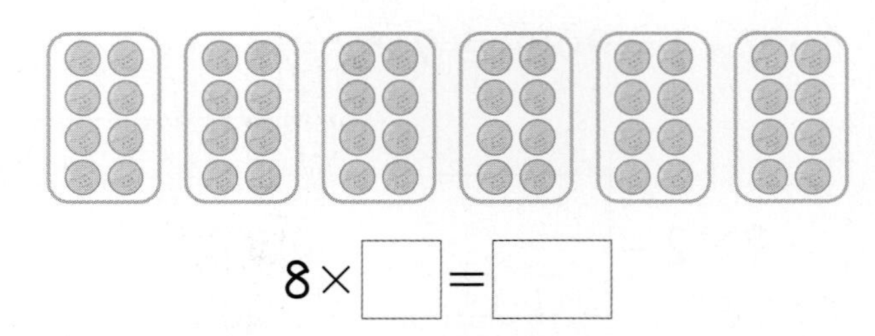

8×□=□

개념7 7단 곱셈구구를 알아볼까요

×	5	6	7	8	9
7	35	42	□	□	□

➜ 곱이 □씩 커집니다.

7 □ 안에 알맞은 수를 써넣으시오.

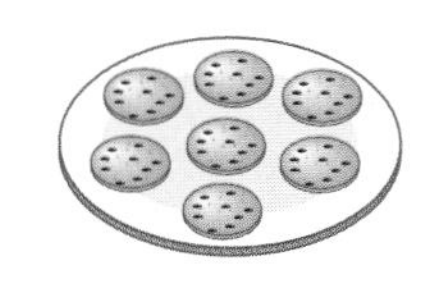
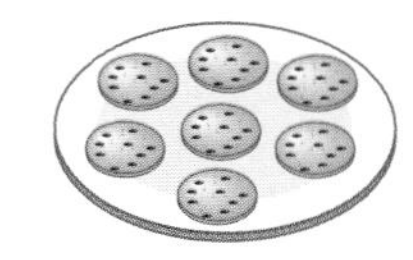

$7 \times 3 =$ □

8 7단 곱셈구구의 값을 찾아 선으로 이어 보시오.

7×7 •	• 49
7×9 •	• 56
	• 63

9 모형이 모두 몇 개인지 곱셈식으로 나타내시오.

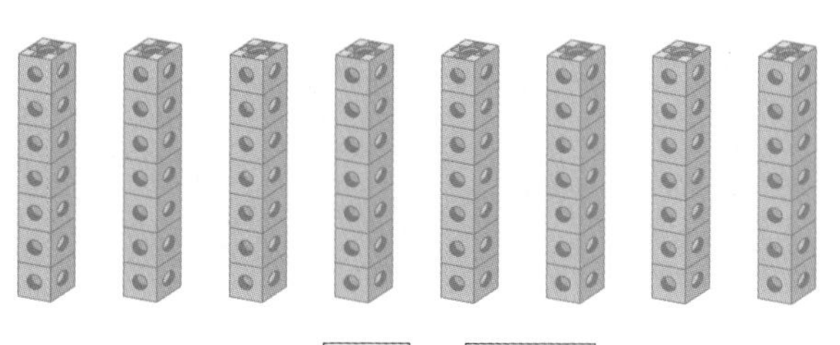

$7 \times$ □ $=$ □

개념8 9단 곱셈구구를 알아볼까요

×	5	6	7	8	9
9	45	54	□	□	□

➜ 곱이 □씩 커집니다.

10 □ 안에 알맞은 수를 써넣으시오.

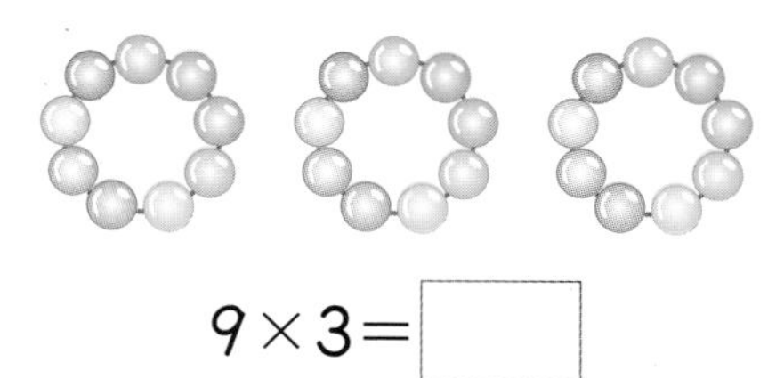

$9 \times 3 =$ □

11 9단 곱셈구구의 값을 찾아 선으로 이어 보시오.

	• 81
9×6 •	• 72
9×9 •	• 54

익힘책 유형

12 텔레비전이 모두 몇 대인지 두 가지 곱셈식으로 구하시오.

$4 \times$ □ $=$ □　　$9 \times$ □ $=$ □

1 STEP 개념 파헤치기

개념 9 1단 곱셈구구를 알아볼까요

• 1과 어떤 수의 곱

$1\times1=1$	$1\times2=2$	$1\times3=3$
$1\times4=4$	$1\times5=5$	$1\times6=6$
$1\times7=7$	$1\times8=8$	$1\times9=9$

접시 하나에 케이크가 1조각씩 4접시이면 $1\times4=4$(조각)

1과 어떤 수의 곱은 항상 어떤 수가 됩니다.

1×(어떤 수)=(어떤 수)

• 어떤 수와 1의 곱

어떤 수와 1의 곱은 항상 어떤 수가 됩니다.

(어떤 수)×1=(어떤 수)

빈칸에 글자나 수를 따라 쓰세요.

1. 1과 어떤 수의 곱은 항상 어떤 수가 됩니다.
2. 어떤 수와 1의 곱은 항상 어떤 수가 됩니다.

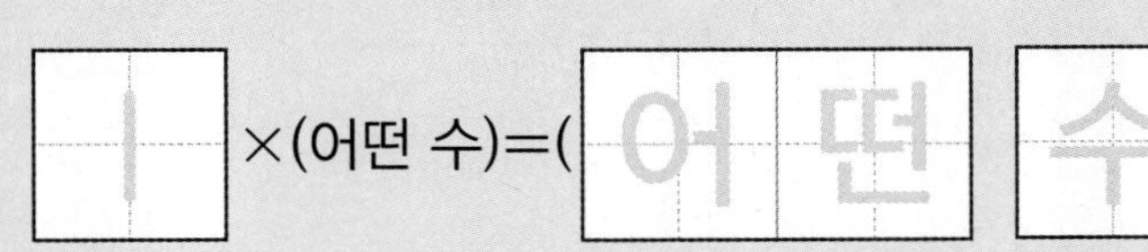

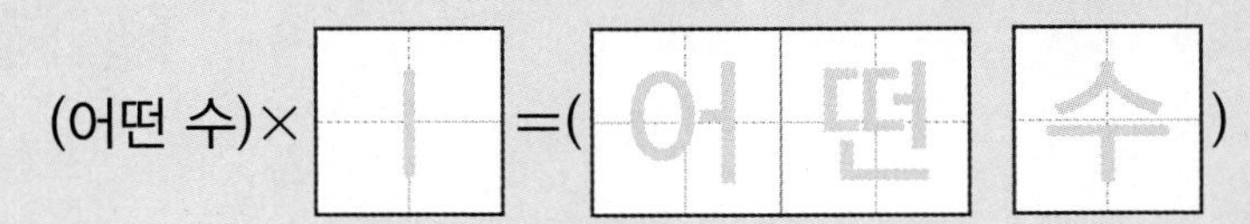

1 그림을 보고 □ 안에 알맞은 수를 써넣으시오.

(1) 접시 하나에 토마토가 □개씩 담겨 있습니다.

(2) 접시 3개에 담겨 있는 토마토는 □개입니다.

(3) $1 \times 3 = \square$

힌트 접시 하나에 담겨 있는 토마토가 몇 개이고 접시가 몇 개인지 알아봅니다.

2 상자 하나에 장난감을 1개씩 넣었습니다. 상자에 넣은 장난감이 모두 몇 개인지 곱셈식으로 나타내시오.

$1 \times \square = \square$

힌트 상자 하나에 들어 있는 장난감이 몇 개이고 상자가 몇 개인지 알아봅니다.

빈칸에 알맞은 글자나 수를 써 보세요.

• $1 \times$(어떤 수)=(어떤 수)이므로 $1 \times 2 = \square$입니다.

• (어떤 수)$\times 1$=(어떤 수)이므로 $5 \times 1 = \square$입니다.

2 곱셈구구

개념 파헤치기

개념 10

0의 곱을 알아볼까요

개념 동영상

• 0과 어떤 수의 곱

$0\times1=0$	$0\times2=0$	$0\times3=0$
$0\times4=0$	$0\times5=0$	$0\times6=0$
$0\times7=0$	$0\times8=0$	$0\times9=0$

0과 어떤 수의 곱은 항상 0입니다.

0×(어떤 수)=0

• 어떤 수와 0의 곱

$1\times0=0$	$2\times0=0$	$3\times0=0$
$4\times0=0$	$5\times0=0$	$6\times0=0$
$7\times0=0$	$8\times0=0$	$9\times0=0$

어떤 수와 0의 곱은 항상 0입니다.

(어떤 수)×0=0

1. 0과 어떤 수의 곱은 항상 0입니다.
2. 어떤 수와 0의 곱은 항상 0입니다.

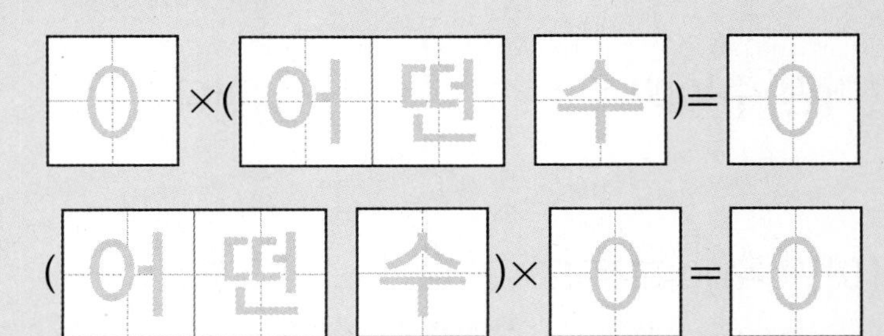

✿ 정답은 10쪽

기본 문제

1 상혁이는 원판을 돌렸다가 멈추게 했을 때, 📍가 가리키는 수만큼 점수를 얻는 놀이를 하였습니다. 상혁이가 원판을 4번 돌렸을 때 얻은 점수를 알아보시오.

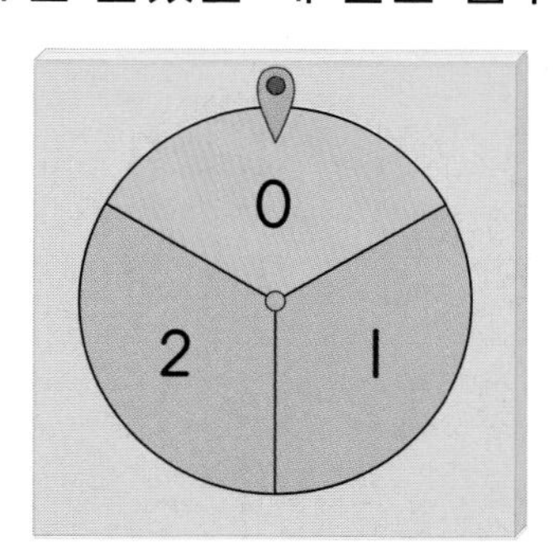

(1) 원판의 📍가 0을 3번 가리켰습니다. 얻은 점수는 몇 점인지 □ 안에 알맞은 수를 써넣으시오.

$$0\times\square=\square$$

(2) 원판의 📍가 1을 0번 가리켰습니다. 얻은 점수는 몇 점인지 □ 안에 알맞은 수를 써넣으시오.

$$1\times\square=\square$$

(3) 원판의 📍가 2를 1번 가리켰습니다. 얻은 점수는 몇 점인지 □ 안에 알맞은 수를 써넣으시오.

$$2\times\square=\square$$

(4) 상혁이가 원판을 4번 돌렸을 때 얻은 점수는 모두 몇 점입니까?

( )점

힌트 0×(어떤 수)=0, (어떤 수)×0=0

• 0×(어떤 수)=0이므로 0×4=□입니다.

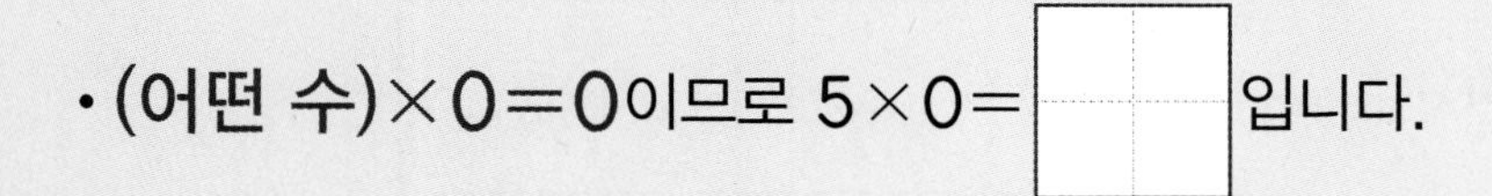

• (어떤 수)×0=0이므로 5×0=□입니다.

1 개념 파헤치기

개념 11 곱셈표를 만들어 볼까요

×	1	2	3	4	5	6	7	8	9
1	1	2	3	4	5	6	7	8	9
2	2	4	6	8	10	12	14	16	18
3	3	6	9	12	15	18	21	24	27
4	4	8	12	16	20	24	28	32	36
5	5	10	15	20	25	30	35	40	45
6	6	12	18	24	30	36	42	48	54
7	7	14	21	28	35	42	49	56	63
8	8	16	24	32	40	48	56	64	72
9	9	18	27	36	45	54	63	72	81

3단 곱셈구구에서는 곱이 3씩 커집니다.

5단 곱셈구구에서는 곱의 일의 자리 숫자가 5, 0으로 반복됩니다.

$8 \times 9 = 72$

$9 \times 8 = 72$

① ■단 곱셈구구에서는 곱이 ■씩 커집니다.
② 곱이 짝수인 곱셈구구는 2단, 4단, 6단, 8단입니다.
③ 곱셈표를 점선을 따라 접었을 때 만나는 수들은 서로 같습니다.
④ 곱셈에서 곱하는 두 수의 순서를 서로 바꾸어도 곱은 같습니다.
⑤ 점선이 지나가는 칸의 곱은 같은 수를 두 번 곱한 수입니다.

1 ■단 곱셈구구에서는 곱이 ■씩 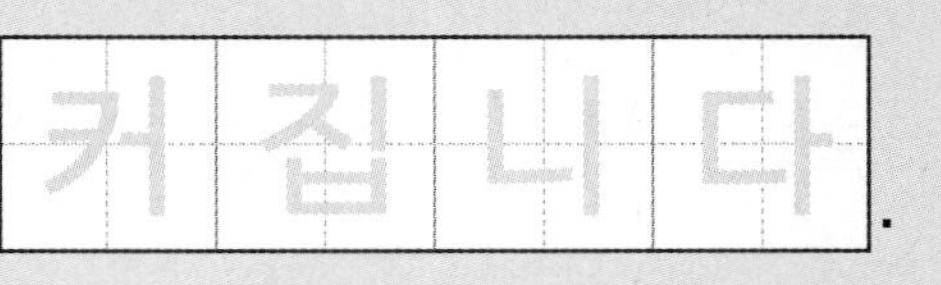

.

2 곱하는 두 수의 순서를 서로 바꾸어도 곱은 갈 습 니 다.

[1~3] 곱셈표를 보고 물음에 답하시오.

×	1	2	3	4	5	6	7	8	9
3	3	6	9	12	15	18	21	24	27
4	4	8	12	16	20	24	28	32	36
5	5	10	15	20	25	30	35	40	45
6	6	12	18	24	30	36	42	48	54

1 곱이 몇씩 커지는지 □ 안에 알맞은 수를 써넣으시오.

3단 곱셈구구에서는 곱이 □씩, 4단 곱셈구구에서는 곱이 □씩,

5단 곱셈구구에서는 곱이 □씩 커집니다.

2 □ 안에 알맞은 수를 써넣으시오.

6씩 커지는 곱셈구구는 □단입니다.

3 위 곱셈표에서 5×6과 6×5의 곱을 각각 찾아 색칠하고, □ 안에 알맞은 수를 써넣으시오.

곱셈표에서 5×6과 곱이 같은 곱셈구구는 6×□입니다.

• 7단 곱셈구구에서는 곱이 □씩 커집니다.

• 곱셈표에서 4×5와 곱이 같은 곱셈구구는 □×□입니다.

STEP 1 개념 파헤치기

개념 12 곱셈구구를 이용하여 문제를 해결해 볼까요

문제 접시 하나에 김밥이 8조각씩 담겨 있습니다. 접시 3개에 담겨 있는 김밥은 모두 몇 조각입니까?

풀이 ① 구하려는 것은?

접시 3개에 담겨 있는 김밥 조각의 수

② 알고 있는 것은?

접시 하나에 담겨 있는 김밥 조각의 수 ➔ 8조각

김밥이 담겨 있는 접시의 수 ➔ 3개

③ 구하는 방법은?

(접시 하나에 담겨 있는 김밥 조각의 수)×(김밥이 담겨 있는 접시의 수)

=(접시 3개에 담겨 있는 김밥 조각의 수)

➔ **8×3=24**

곱셈식을 만들 때는 몇씩 몇 묶음인지 알아봐요.

답 24조각

책꽂이가 한 줄에 7칸씩 2줄이 있을 때 전체 칸 수는

(한 줄에 있는 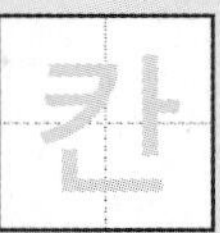 수)×(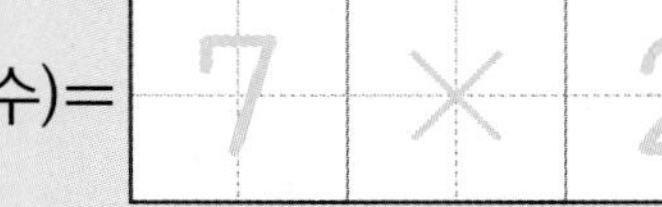 수)= 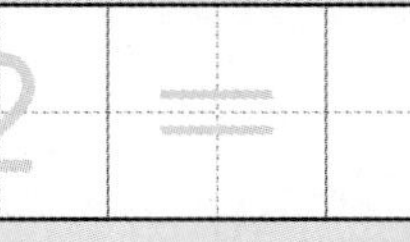 (칸)

입니다.

✿ 정답은 11쪽

기본 문제

1 접시 하나에 찐빵이 4개씩 담겨 있습니다. 접시 3개에 담겨 있는 찐빵은 모두 몇 개인지 □ 안에 알맞은 수나 말을 써넣으시오.

(1) 구하려는 것은 접시 □개에 담겨 있는 찐빵의 수입니다.

(2) 접시 하나에 담겨 있는 찐빵의 수와 찐빵이 담겨 있는 □의 수를 알고 있습니다.

(3) (접시 3개에 담겨 있는 찐빵의 수)

=(접시 하나에 담겨 있는 찐빵의 수)×(찐빵이 담겨 있는 □의 수)

=4×□=□

(4) 찐빵은 모두 □개입니다.

2

곱셈구구

2 접시 하나에 감자가 7개씩 담겨 있습니다. 접시 3개에 담겨 있는 감자는 모두 몇 개인지 알아보시오.

7×□=□ ⇨ □개

접시 하나에 쿠키가 5개씩 담겨 있을 때 접시 6개에 담겨 있는 쿠키 수는

(접시 하나에 담겨 있는 쿠키 수)×(쿠키가 담겨 있는 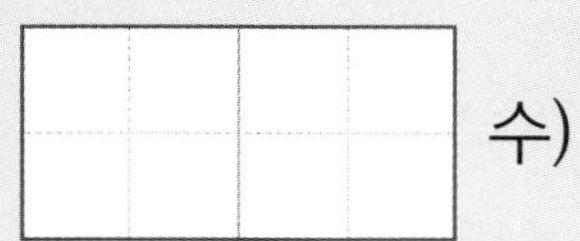 수)

=□×□=□(개)입니다.

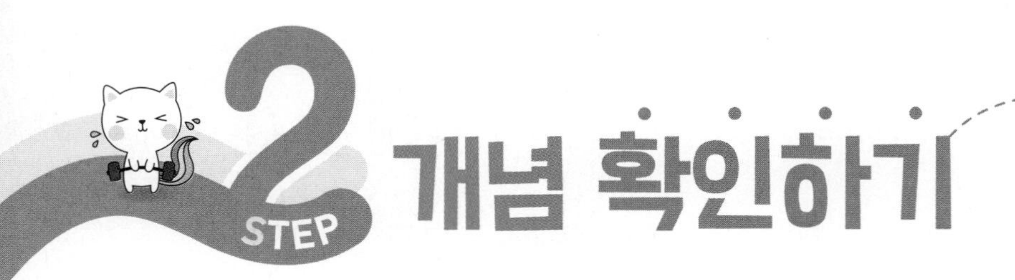

개념9 | 단 곱셈구구를 알아볼까요

×	1	2	3	4	5	6	7	8	9
1	1	2	3	4	5	6	7	8	9

→ □×■=■

1 선물 상자 하나에 선물을 1개씩 넣어서 포장했습니다. 포장한 선물은 모두 몇 개인지 □ 안에 알맞은 수를 써넣으시오.

1×□=□

2 1단 곱셈구구의 값을 찾아 선으로 이어 보시오.

1×5 •		• 1
1×8 •		• 5
		• 8

3 빈 곳에 알맞은 수를 써넣으시오.

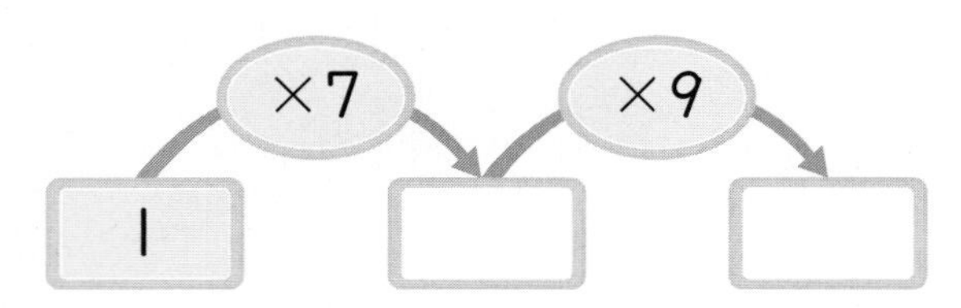

개념10 0의 곱을 알아볼까요

0×(어떤 수)=□

(어떤 수)×0=□

4 접시에 담겨 있는 만두는 모두 몇 개인지 □ 안에 알맞은 수를 써넣으시오.

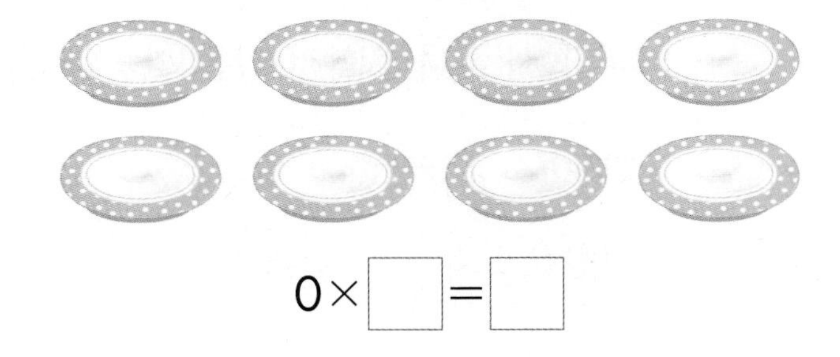

0×□=□

5 □ 안에 알맞은 수를 써넣으시오.

(1) 4×0=□　　(2) 0×7=□

(3) 5×□=0　　(4) □×9=0

익힘책 유형

6 □ 안에 같은 수를 써넣었더니 왕자와 장화 신은 고양이가 계산한 결과가 같았습니다. 0부터 9까지의 수 중에서 □ 안에 알맞은 수를 써넣으시오.

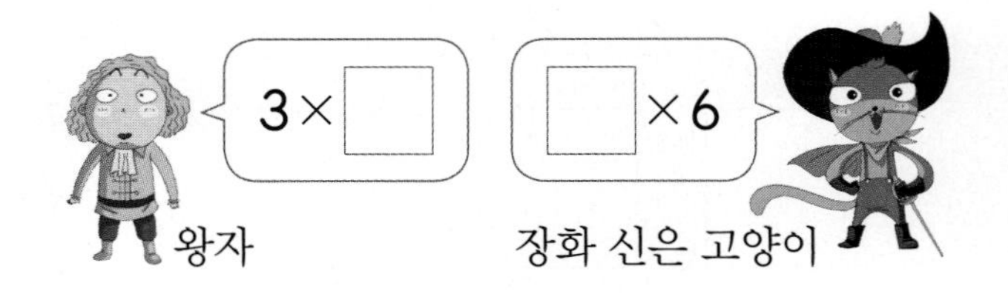

게임 학습

게임으로 학습을 즐겁게 할 수 있어요.
QR 코드를 찍어 보세요.

정답은 11~12쪽

개념 11 곱셈표를 만들어 볼까요

• 곱셈표에서 알 수 있는 내용

① ■단 곱셈구구에서는 곱이 □씩 커집니다.

② 곱하는 두 수의 순서를 서로 바꾸어도 곱은 □.

▲×●=●×▲

7 빈칸에 알맞은 수를 써넣어 곱셈표를 완성하시오.

(1)

×	0	1
0		
1		

(2)

×	2	4
2		
3		

8 빈칸에 알맞은 수를 써넣어 곱셈표를 완성하시오.

×	3	5	7
4			
6			
7			

9 곱셈표를 완성하고, 곱이 30보다 큰 곳에 모두 색칠하시오.

×	1	2	3	4	5	6	7	8	9
5									
8									

[10~11] 곱셈표를 보고 물음에 답하시오.

×	4	6	7	8	9
4					
6					
7					
8					
9					

10 위 곱셈표를 완성하시오.

익힘책 유형

11 위 곱셈표에서 4×9와 곱이 같은 곱셈구구를 모두 쓰시오.

9×□, 6×□

개념 12 곱셈구구를 이용하여 문제를 해결해 볼까요

12 접시 하나에 방울토마토가 9개씩 담겨 있습니다. 접시 3개에 담겨 있는 방울토마토는 모두 몇 개인지 알아보시오.

(1) 접시 하나에 방울토마토가 □개씩 담겨 있습니다.

(2) 접시 3개에 담겨 있는 방울토마토는 모두 몇 개인지 곱셈식을 이용하여 구하시오.

□×□=□ ⇨ □개

STEP 3 단원 마무리 평가

2. 곱셈구구

점수

1 그림을 보고 □ 안에 알맞은 수를 써넣으시오.

(1) $3+3+3+3+3=$ □

(2) $3\times5=$ □

2 케이크 상자 하나에 케이크를 1개씩 넣어서 포장했습니다. 포장한 케이크는 모두 몇 개인지 □ 안에 알맞은 수를 써넣으시오.

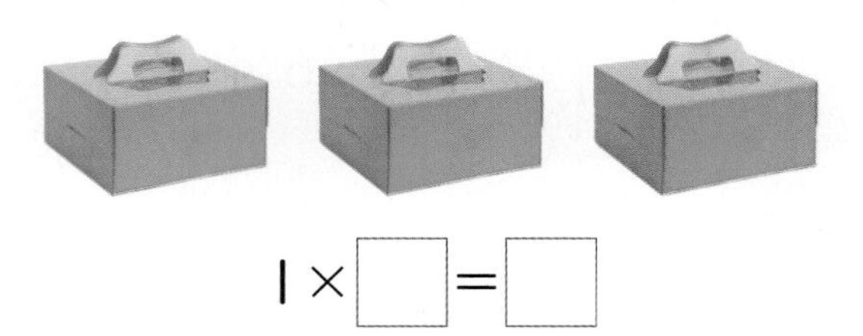

$1\times$ □ $=$ □

3 참치 통조림이 모두 몇 개인지 곱셈식으로 나타내려고 합니다. □ 안에 알맞은 수를 써넣으시오.

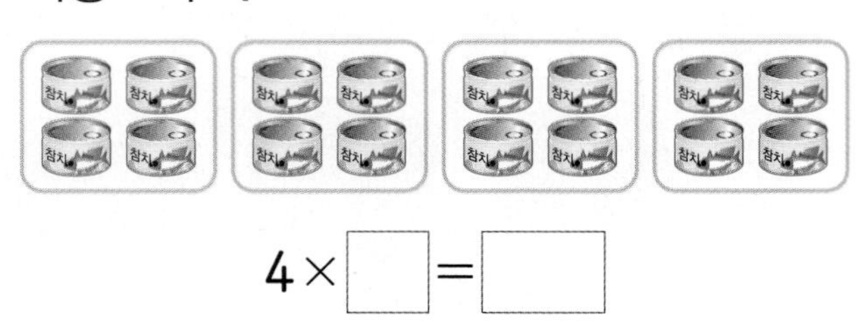

$4\times$ □ $=$ □

4 □ 안에 알맞은 수를 써넣으시오.

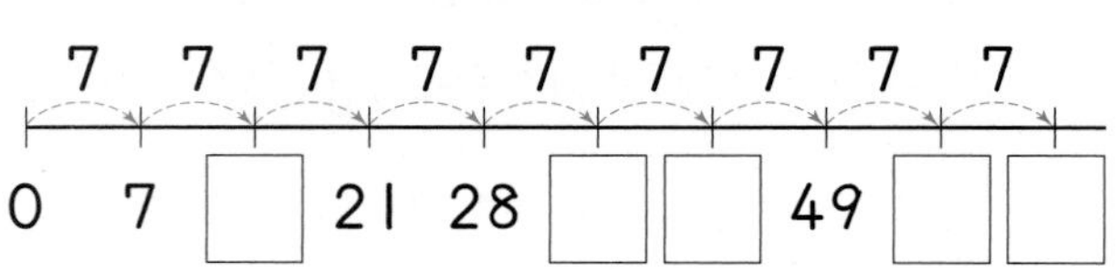

[5~6] **그림을 보고 물음에 답하시오.**

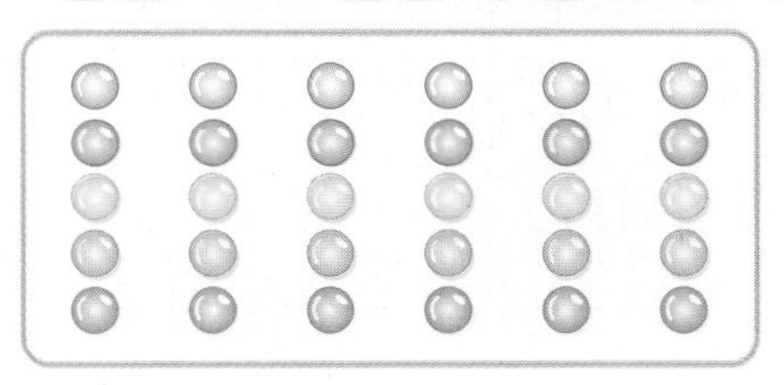

5 구슬을 5개씩 묶어 보시오.

6 구슬은 모두 몇 개인지 곱셈식으로 나타내시오.

$5\times$ □ $=$ □

7 □ 안에 알맞은 수를 써넣으시오.

(1) $2\times9=$ □

(2) $6\times7=$ □

8 □ 안에 알맞은 수를 써넣으시오.

(1) $8\times$ □ $=56$

(2) □ $\times6=54$

9 □ 안에 알맞은 수를 써넣으시오.

(1) $5 \times \square = 5$

(2) $\square \times 7 = 0$

13 농구 한 팀에 선수 5명이 있습니다. 8팀이 모여서 농구 경기를 한다면 선수는 모두 몇 명입니까?

(　　　　　　　　)

10 곱이 같은 것을 찾아 선으로 이어 보시오.

2×8 •	• 9×2
6×3 •	• 4×4

14 6단 곱셈구구의 값에 모두 색칠하시오.

24	21	46	25	12
5	18	50	42	40
8	22	54	44	49
10	48	56	36	13
30	11	9	35	6

11 곱셈식을 보고 빈 곳에 ○를 그려 보시오.

$3 \times 5 = 15$

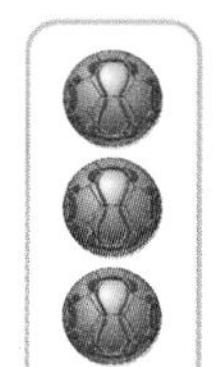
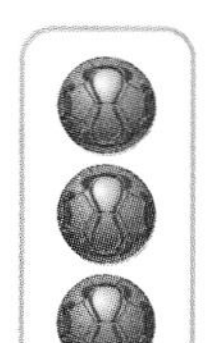
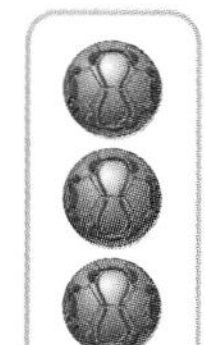
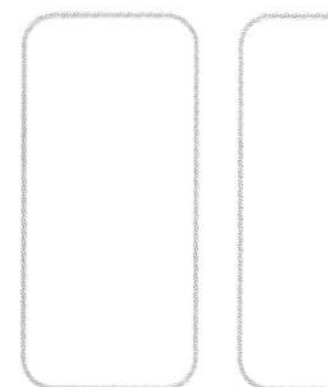

12 찐빵은 모두 몇 개인지 곱셈식으로 나타내시오.

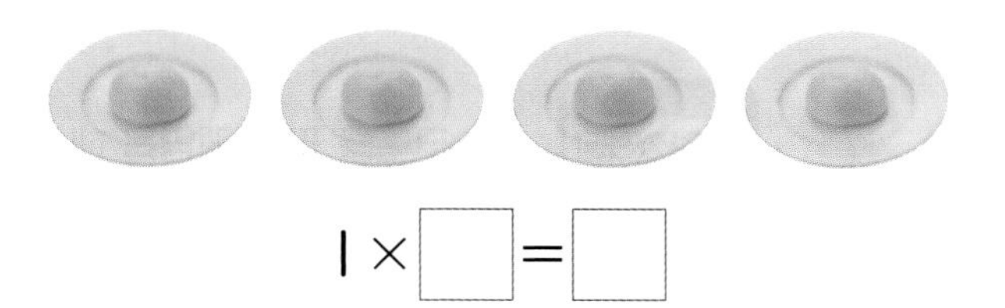

$1 \times \square = \square$

15 접시 하나에 케이크가 6조각씩 담겨 있습니다. 접시 4개에 담겨 있는 케이크는 모두 몇 조각인지 풀이 과정을 완성하고 답을 구하시오.

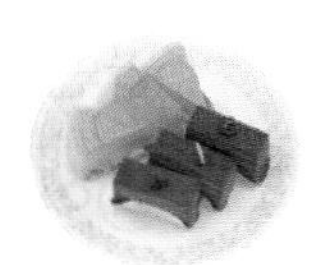

풀이 접시 하나에 담겨 있는 케이크가 □조각씩이므로 접시 4개에 담겨 있는 케이크는 모두 $\square \times 4 = \square$(조각)입니다.

답 □조각

2 곱셈구구

3 길이 재기

제3화 결혼식장 가는 길은 너무 힘들어!

이전에 배운 내용	이번에 배울 내용	앞으로 배울 내용
[2-1 길이 재기] • 여러 가지 단위로 길이 재기 • 1 cm 알아보기 • 자로 길이 재기 • 길이 어림하기	• cm보다 더 큰 단위 알아보기 • 자로 길이 재기 • 길이의 합과 차 구하기 • 길이 어림하기	[3-1 길이와 시간] • cm보다 작은 단위 알아보기 • m보다 큰 단위 알아보기 • 길이와 거리 어림하기

개념 파헤치기

개념 1 cm보다 더 큰 단위를 알아볼까요

개념 동영상

• 1 m 알아보기

100 cm는 1 m와 같습니다. 1 m는 1 미터라고 읽습니다.

100 cm=1 m

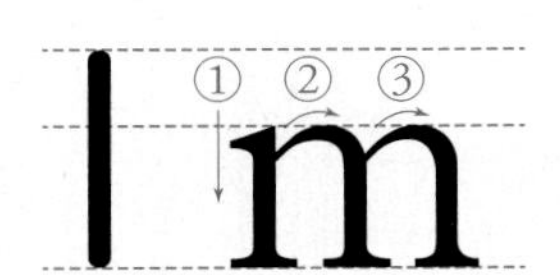

• 1 m가 넘는 길이 알아보기

120 cm는 1 m보다 20 cm 더 깁니다.

120 cm를 1 m 20 cm라고도 씁니다.

1 m 20 cm를 1 미터 20 센티미터라고 읽습니다.

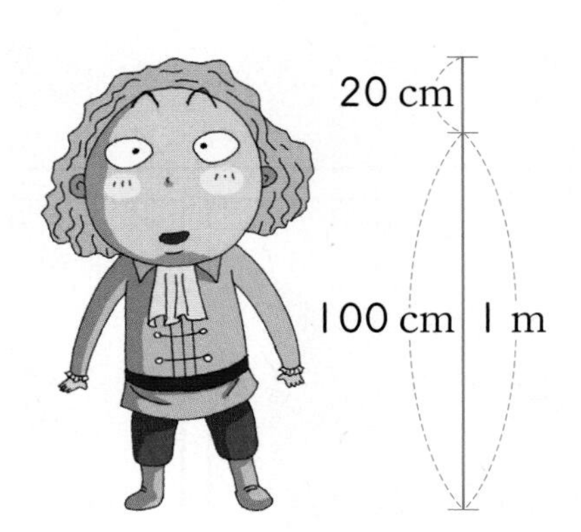

120 cm=1 m 20 cm

✎ 빈칸에 글자나 수를 따라 쓰세요.

❶ 100 cm는 1 m와 같습니다. 1 m는 1 미터라고 읽습니다.

❷ 130 cm를 1 m 30 cm라고도 씁니다. 1 m 30 cm를 1 미터 30 센티미터라고 읽습니다.

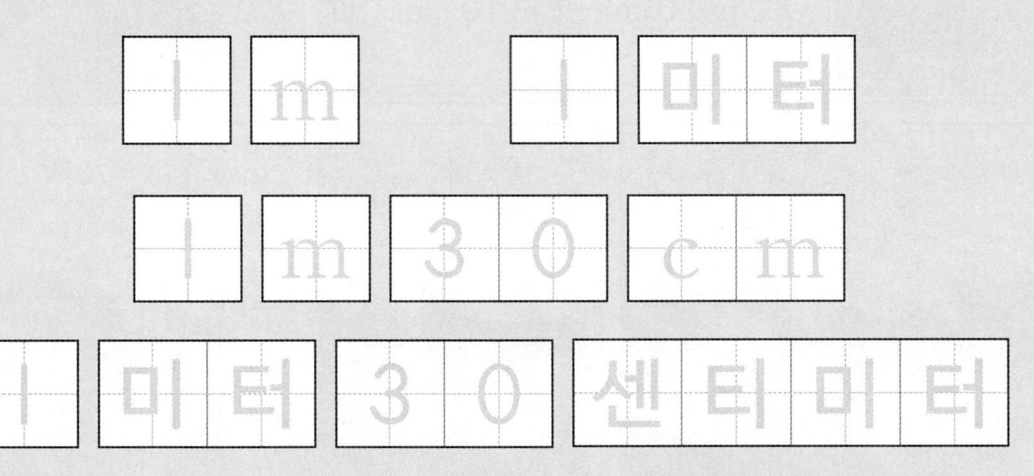

기본 문제

1 l m를 바르게 써 보시오.

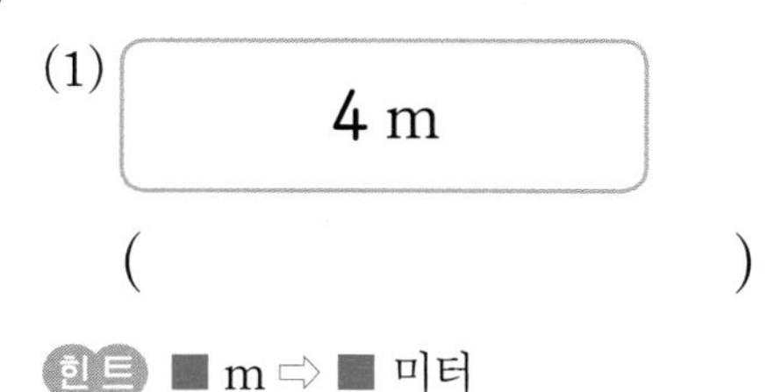

힌트 점선에 맞추어 씁니다.

2 길이를 바르게 읽어 보시오.

(1) 4 m

(　　　　　　　)

(2) 9 m 18 cm

(　　　　　　　)

힌트 ■ m ⇨ ■ 미터

3 □ 안에 알맞은 수를 써넣으시오.

(1) 500 cm=□ m

(2) 3 m=□ cm

4 □ 안에 알맞은 수를 써넣으시오.

(1) 420 cm=□ cm+20 cm
=□ m+20 cm
=□ m □ cm

(2) 5 m 17 cm=□ m+17 cm
=□ cm+17 cm
=□ cm

힌트 (1) 420 cm는 400 cm보다 20 cm 더 깁니다.

3 길이 재기

✎ 빈칸에 알맞은 글자나 수를 써 보세요.

3 m 40 cm를

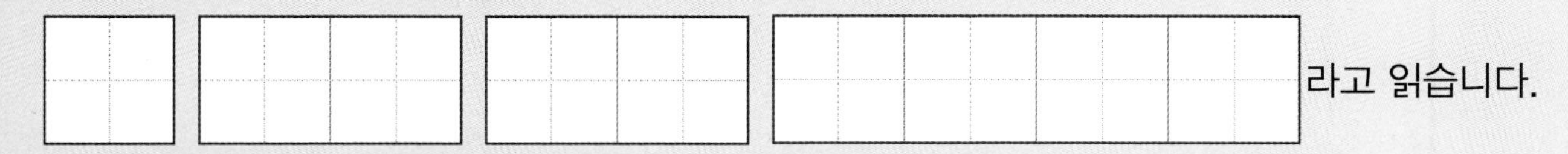

라고 읽습니다.

개념 파헤치기

개념 2 자로 길이를 재어 볼까요

• 줄자를 사용하여 길이를 재는 방법

① 책상의 **한끝을 줄자의 눈금 0**에 맞춥니다.

② 책상의 **다른 쪽 끝에 있는 줄자의 눈금**을 읽습니다.

➜ 눈금이 130이므로 책상의 길이는 **130** cm(=**1** m **30** cm)입니다.

참고

 줄자	 곧은 자
길이가 길고 접히거나 휘어지기 때문에 길이가 긴 물건의 길이를 잴 때 사용하면 편리합니다.	길이가 짧아서 책상처럼 긴 물건은 여러 번 재야 합니다.

1 물건의 한끝을 줄자의 눈금 [0]에 맞춥니다.

2 물건의 다른 쪽 끝에 있는 줄자의 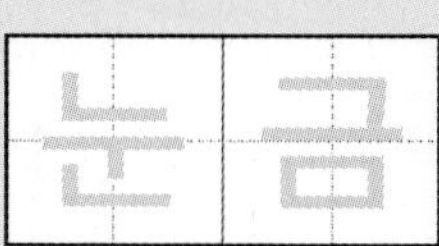을 읽습니다.

1 자의 눈곰을 읽어 보시오.

(1) □ cm

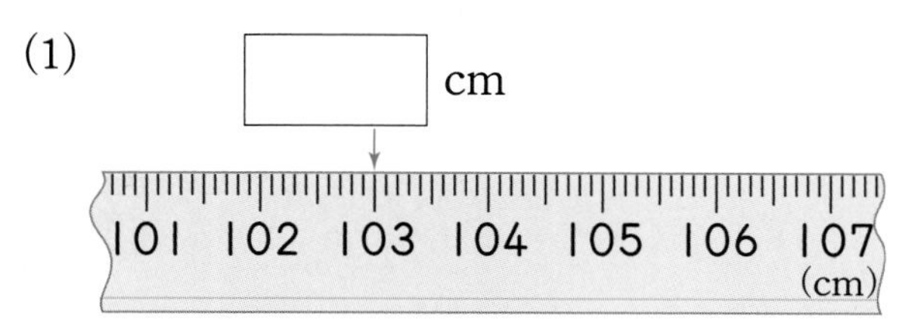

(2) □ m □ cm

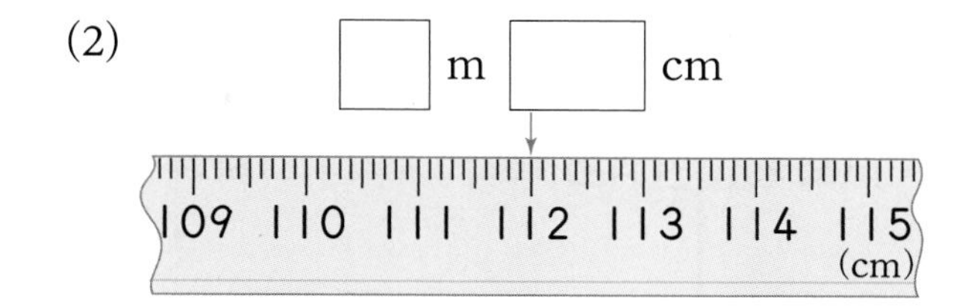

2 창문 긴 쪽의 길이는 몇 cm입니까?

(   )

3 유진이의 키를 두 가지 방법으로 나타내시오.

□ cm

□ m □ cm

화살표가 가리키는 곳의 눈금은 □ m □ cm입니다.

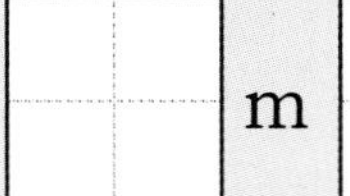

개념 파헤치기

개념 3 길이의 합을 구해 볼까요

• m와 cm 단위로 각각 나누어 더하기

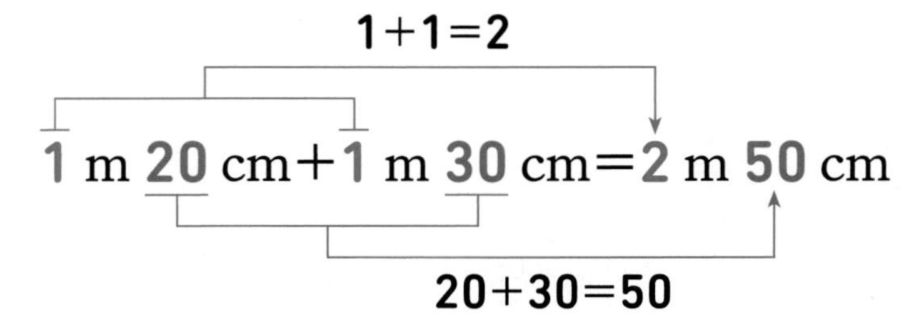

• 세로로 계산하기

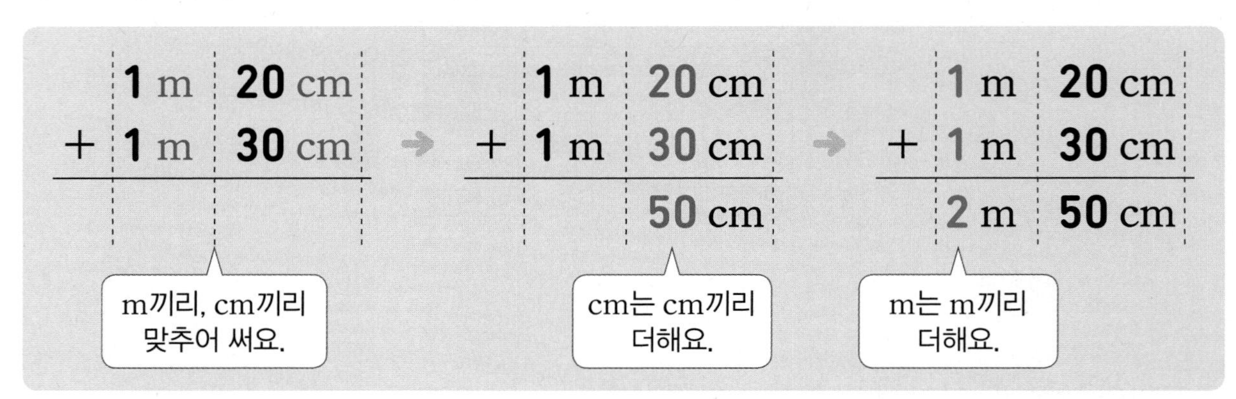

길이의 합을 구할 때에는
m는 m끼리, cm는 cm끼리 더합니다.

❶ **m는 m끼리** 더합니다.

❷ **cm는 cm끼리** 더합니다.

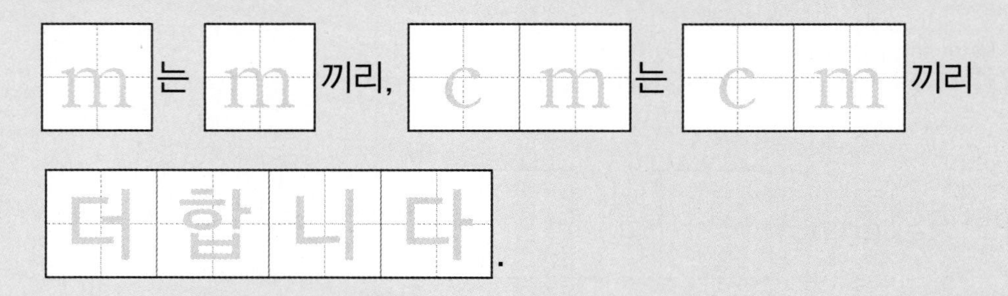

1 그림을 보고 □ 안에 알맞은 수를 써넣으시오.

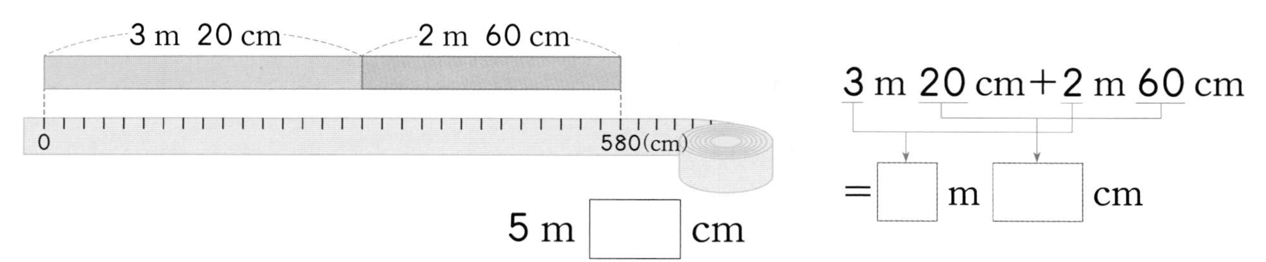

2 □ 안에 알맞은 수를 써넣으시오.

(1)
$$\begin{array}{rrrr} & 3\ \text{m} & 80\ \text{cm} \\ + & 4\ \text{m} & 10\ \text{cm} \\ \hline & \square\ \text{m} & \square\ \text{cm} \end{array}$$

(2)
$$\begin{array}{rrrr} & 1\ \text{m} & 40\ \text{cm} \\ + & 2\ \text{m} & 50\ \text{cm} \\ \hline & \square\ \text{m} & \square\ \text{cm} \end{array}$$

힌트 m는 m끼리, cm는 cm끼리 더합니다.

3 □ 안에 알맞은 수를 써넣으시오.

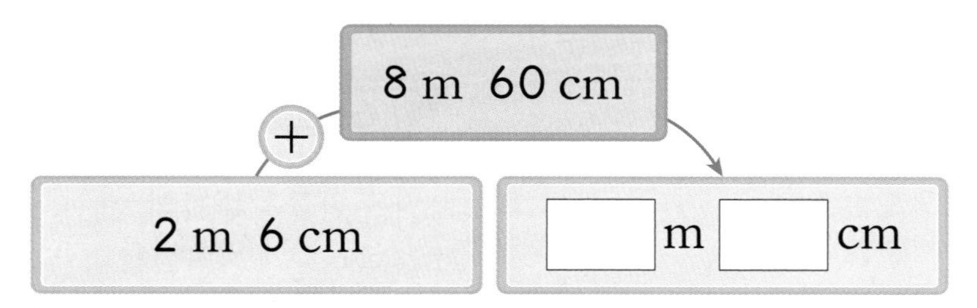

힌트 m는 m끼리, cm는 cm끼리 세로로 맞추어 쓴 후 계산합니다.

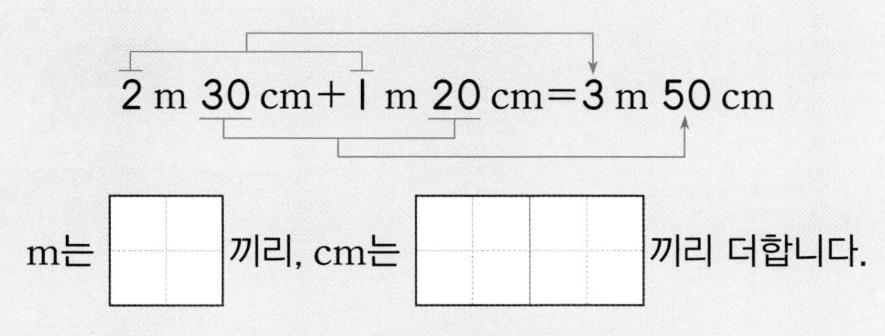

m는 □□ 끼리, cm는 □□□□ 끼리 더합니다.

STEP 2 개념 확인하기

개념 1 cm보다 더 큰 단위를 알아볼까요

- 100 cm= □ m
- 110 cm= □ m 10 cm

1 길이가 나머지와 다른 하나는 어느 것입니까? .... (　　　)

① 1 m　② 100 cm　③ 1 미터　④ 1 센티미터　⑤ 100 센티미터

교과서 유형

2 □ 안에 알맞은 수를 써넣으시오.

2 m 30 cm
= □ m+ □ cm
= □ cm+ □ cm
= □ cm

3 마왕의 키는 몇 m 몇 cm입니까?

(　　　　　)

4 길이가 같은 것끼리 선으로 이어 보시오.

207 cm •	• 2 m 70 cm
270 cm •	• 7 m 20 cm
720 cm •	• 2 m 7 cm

5 두 길이를 비교하여 ○ 안에 >, <를 알맞게 써넣으시오.

504 cm ○ 5 m 22 cm

개념 2 자로 길이를 재어 볼까요

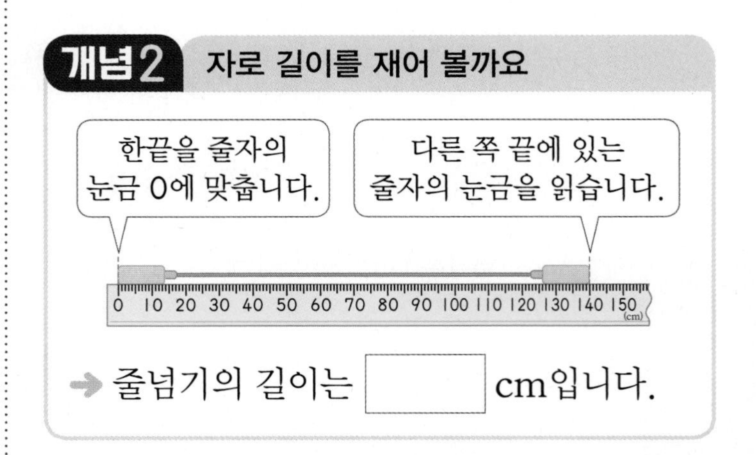

➔ 줄넘기의 길이는 □ cm입니다.

6 진호가 양팔을 벌린 길이는 몇 cm입니까?

(　　　　　)

게임 학습

게임으로 학습을 즐겁게 할 수 있어요.
QR 코드를 찍어 보세요.

정답은 15쪽

7 시소의 길이를 잘못 재었습니다. □ 안에 알맞은 수를 써넣어 그 이유를 완성하시오.

이유 시소의 한끝을 줄자의 눈금 □에 맞추지 않았기 때문입니다.

8 거문고의 한끝을 줄자의 눈금 0에 맞추었습니다. 거문고의 길이를 두 가지 방법으로 나타내시오.

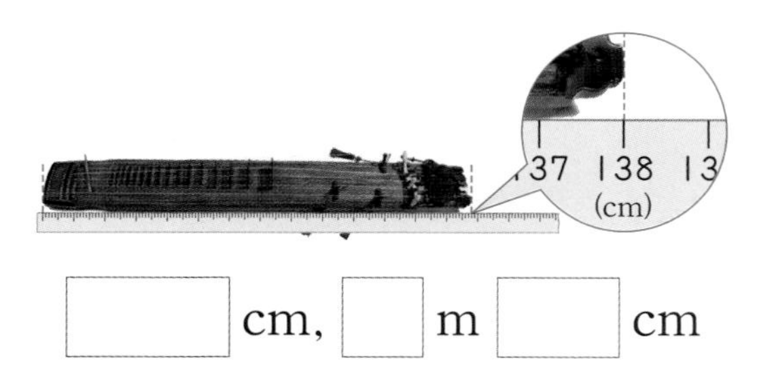

□ cm, □ m □ cm

개념3 길이의 합을 구해 볼까요

m는 m끼리, cm는 cm끼리 더합니다.

$$\begin{array}{r} 1\text{ m } 50\text{ cm} \\ +\ 2\text{ m } 40\text{ cm} \\ \hline \square\text{ m } \square\text{ cm} \end{array}$$

9 길이의 합을 구하시오.

$$\begin{array}{r} 2\text{ m } 65\text{ cm} \\ +\ 6\text{ m } 33\text{ cm} \\ \hline \end{array}$$

10 두 길이의 합은 몇 m 몇 cm입니까?

5 m 64 cm　　316 cm

(　　　　　)

11 아래의 단을 포함한 세종대왕 동상의 총 높이는 몇 m 몇 cm입니까?

(　　　　　)

익힘책 유형

12 잘못된 곳을 찾아 바르게 고쳐 계산하시오.

$$\begin{array}{r} 4\text{ m } 75\text{ cm} \\ +\ 2\text{ m} \\ \hline 4\text{ m } 77\text{ cm} \end{array}$$ ⇨ □

13 굴렁쇠가 두 깃발 사이를 1번 갔다 왔다면 굴렁쇠가 굴러간 거리는 몇 m 몇 cm입니까?

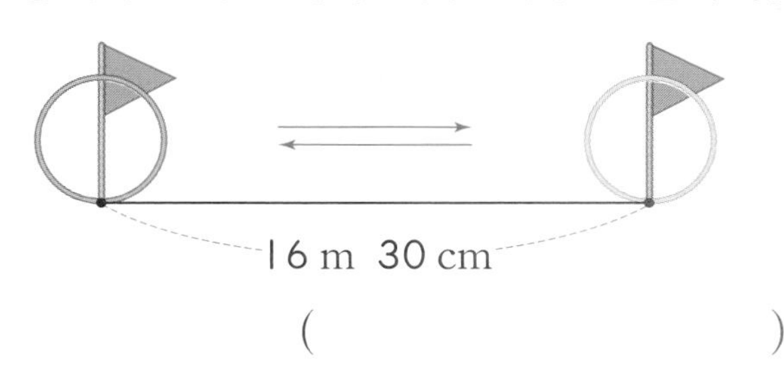

(　　　　　)

1 개념 파헤치기

개념 4 길이의 차를 구해 볼까요

• m와 cm 단위로 각각 나누어 빼기

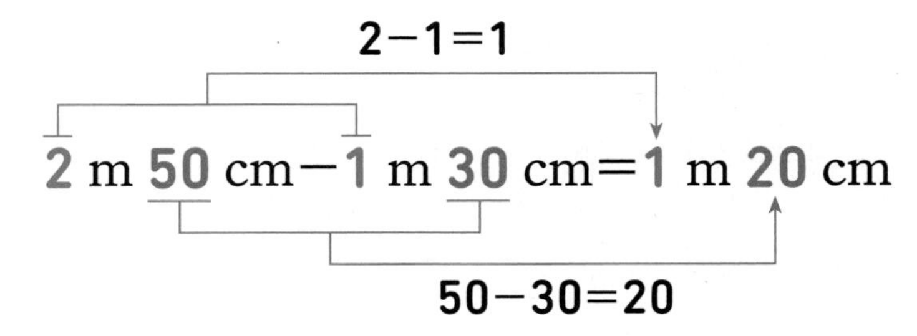

• 세로로 계산하기

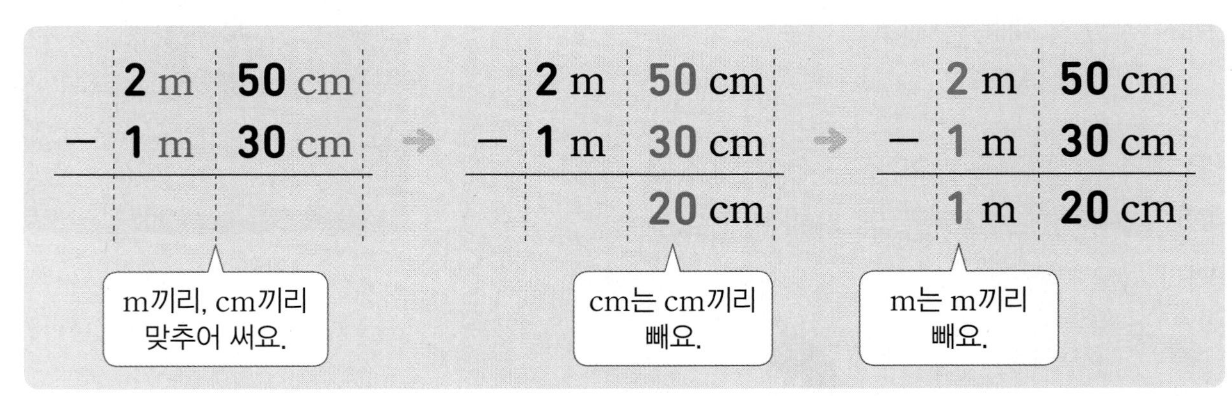

길이의 차를 구할 때에는
m는 m끼리, cm는 cm끼리 뺍니다.

✎ 빈칸에 글자나 수를 따라 쓰세요.

❶ **m는 m끼리** 뺍니다.

❷ **cm는 cm끼리** 뺍니다.

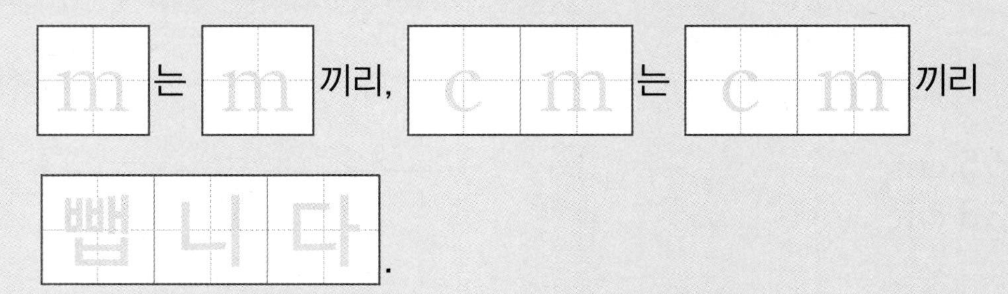

1 그림을 보고 □ 안에 알맞은 수를 써넣으시오.

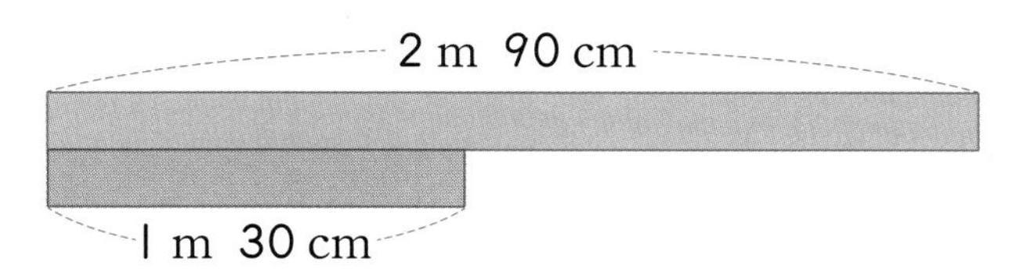

2 m 90 cm − 1 m 30 cm

= □ m □ cm

2 □ 안에 알맞은 수를 써넣으시오.

(1) 6 m 50 cm − 1 m 10 cm

= □ m □ cm

(2)

	5	m	40	cm
−	2	m	30	cm
	□	m	□	cm

3 □ 안에 알맞은 수를 써넣으시오.

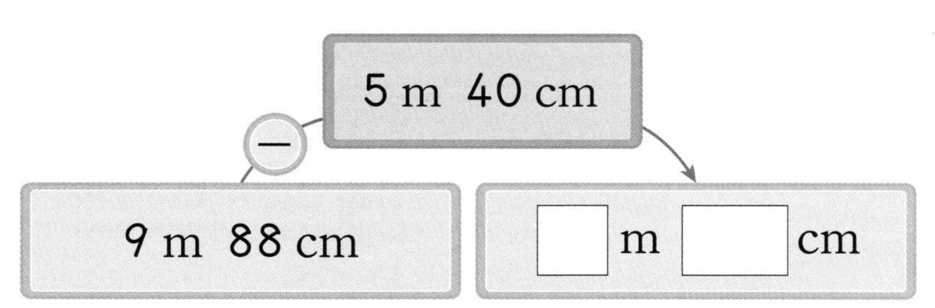

빈칸에 알맞은 글자나 수를 써 보세요.

2 m 90 cm − 1 m 30 cm = 1 m 60 cm

m는 □ 끼리, cm는 □ 끼리 뺍니다.

개념 파헤치기

개념 5 길이를 어림해 볼까요(1)

• 몸의 부분으로 1 m 재기

걸음으로 재어 보기	뼘으로 재어 보기
1 m → 약 2걸음	1 m → 약 7뼘
걸음은 뼘에 비해 **긴 길이와 아래쪽에 있는 물건의 길이**를 잴 때 좋습니다.	뼘은 걸음에 비해 **짧은 길이와 위쪽에 있는 물건의 길이**를 잴 때 좋습니다.

• 몸에서 약 1 m 찾기

키에서 찾아보기	양팔을 벌린 길이에서 찾아보기
→ 발에서 어깨까지의 길이	→ 한쪽 손 끝에서 다른 쪽 손목까지의 길이
물건의 높이를 잴 때 좋습니다.	**긴 길이를 여러 번** 잴 때 좋습니다.

❶ 걸음은 뼘에 비해 긴 길이와 아래쪽에 있는 물건의 길이를 잴 때 좋습니다.

❷ 뼘은 걸음에 비해 짧은 길이와 위쪽에 있는 물건의 길이를 잴 때 좋습니다.

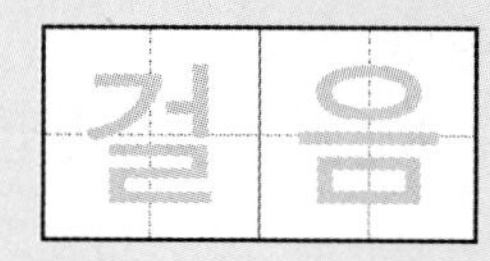

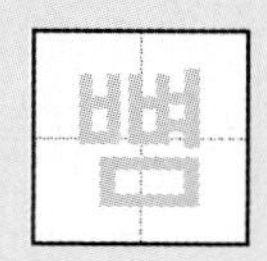

1 서우의 키가 1 m일 때 방문의 높이는 약 몇 m입니까?

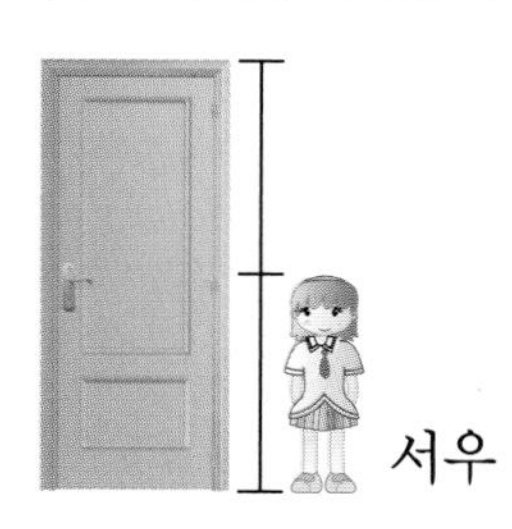

( )

2 키를 이용하여 다음에 해당하는 길이의 물건을 각각 1가지씩 찾아 쓰시오.

내 키보다 짧은 물건	
내 키만한 물건	

3 길이가 1 m보다 긴 것을 모두 찾아 ○표 하시오.

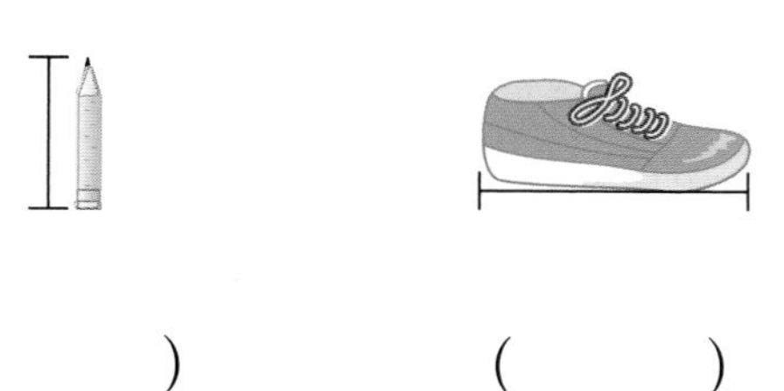

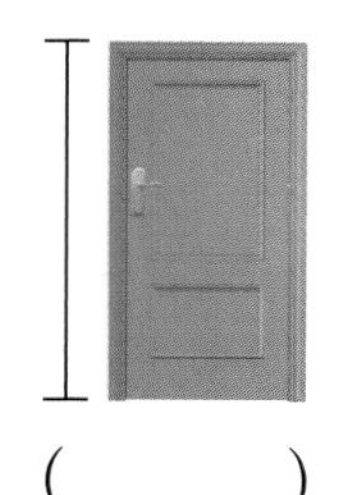

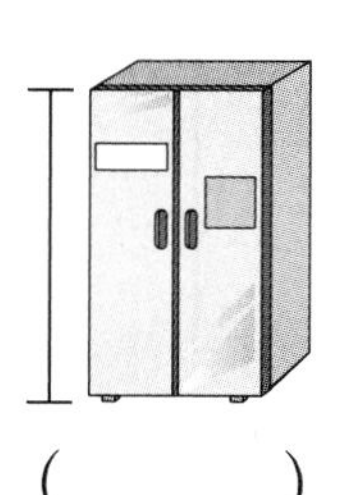

( ) ( ) ( ) ( )

개념 받아쓰기 문제

근우의 키가 1 m일 때

나무의 높이는 약 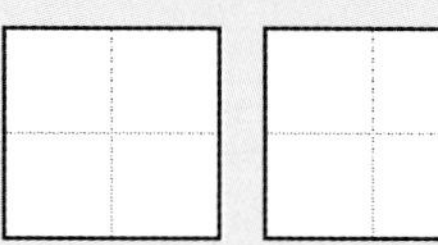라고 어림할 수 있습니다.

개념 파헤치기

개념 6 길이를 어림해 볼까요(2)

개념 동영상

• 트럭의 길이 어림하기

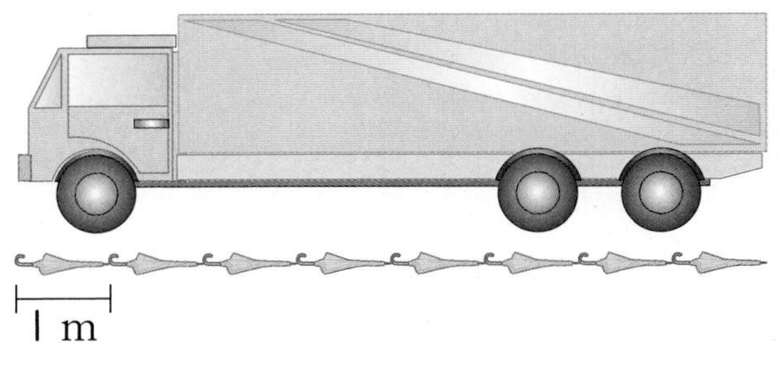

우산으로
8번 정도예요.

길이가 1 m인 우산으로 8번 정도이므로 약 8 m입니다.

• 축구 골대의 길이 어림하기

 걸음으로 어림하기	축구 골대의 길이는 길이가 약 50 cm인 걸음으로 11걸음이므로 약 5 m 50 cm입니다. 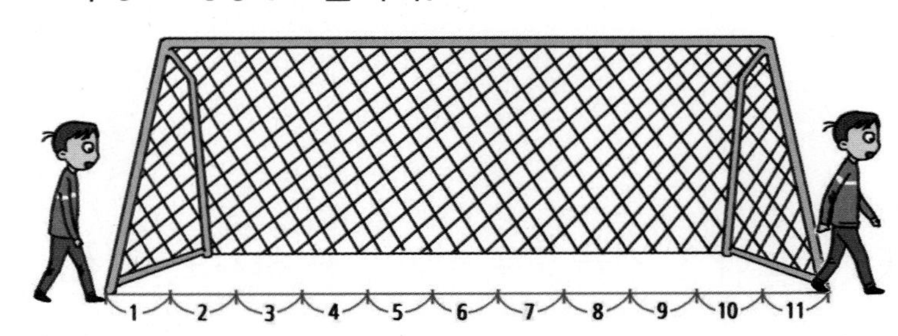
 양팔을 벌린 길이로 어림하기	위 축구 골대의 길이는 길이가 약 1 m 10 cm인 양팔을 벌린 길이로 5번 정도이므로 약 5 m 50 cm입니다.

긴 길이를 어림할 때에는

| 걸 | 음 | 이나 | 양 | 팔 | 을 벌린 길이로 어림할 수 있습니다.

기본 문제

1 주어진 1 m로 끈의 길이를 어림하였습니다. 어림한 끈의 길이는 약 몇 m입니까?

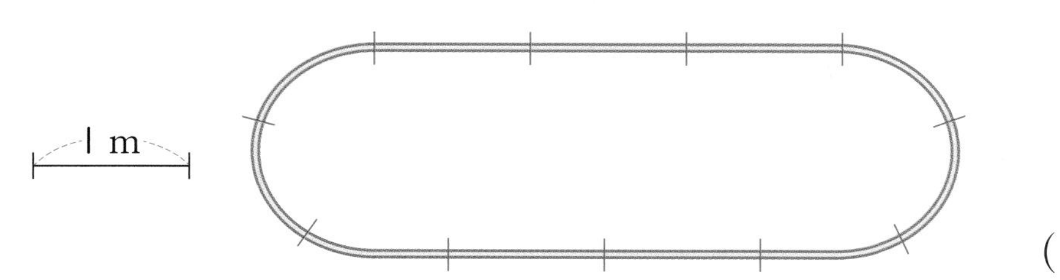

(   )

2 그림의 실제 길이에 가까운 것을 찾아 선으로 이어 보시오.

코끼리의 키

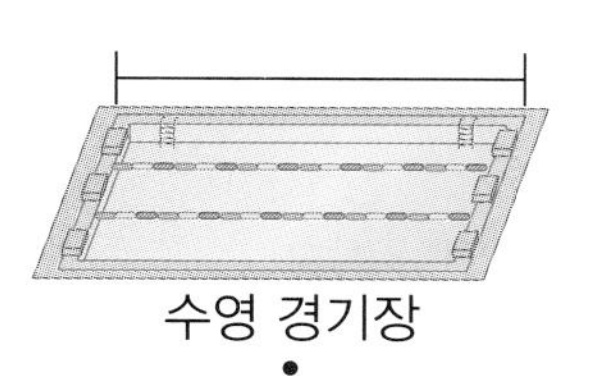

수영 경기장

약 50 m　　　약 3 m

3 보기에서 알맞은 길이를 골라 문장을 완성하시오.

기차의 길이는 약 [　　] 입니다.

개념 받아쓰기 문제

→ 끈의 길이는 약 [　　] [　] 입니다.

3 길이 재기

STEP 2 개념 확인하기

개념4 길이의 차를 구해 볼까요

m는 m끼리, cm는 cm끼리 뺍니다.

$$\begin{array}{rrrr} & 3 \text{ m} & 80 \text{ cm} \\ - & 2 \text{ m} & 50 \text{ cm} \\ \hline & \square \text{ m} & \square \text{ cm} \end{array}$$

1 길이의 차를 구하시오.

$$\begin{array}{rr} & 9 \text{ m } 95 \text{ cm} \\ - & 4 \text{ m } 14 \text{ cm} \\ \hline \end{array}$$

2 두 길이의 차는 몇 m 몇 cm입니까?

958 cm	7 m 49 cm

( )

익힘책 유형

3 서진이와 은주가 멀리뛰기를 했습니다. 서진이가 은주보다 몇 cm 더 멀리 뛰었습니까?

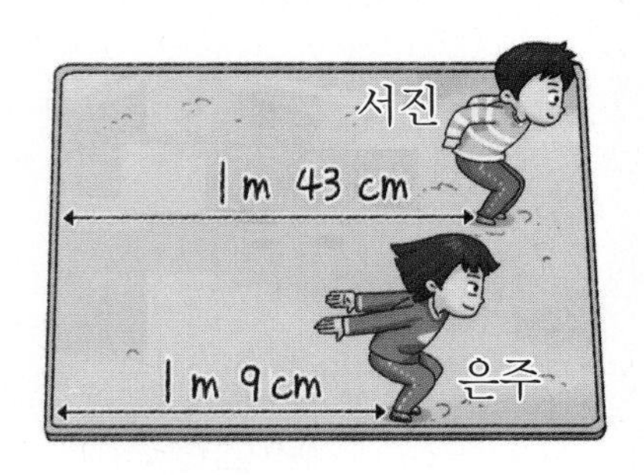

( )

4 □ 안에 알맞은 수를 써넣으시오.

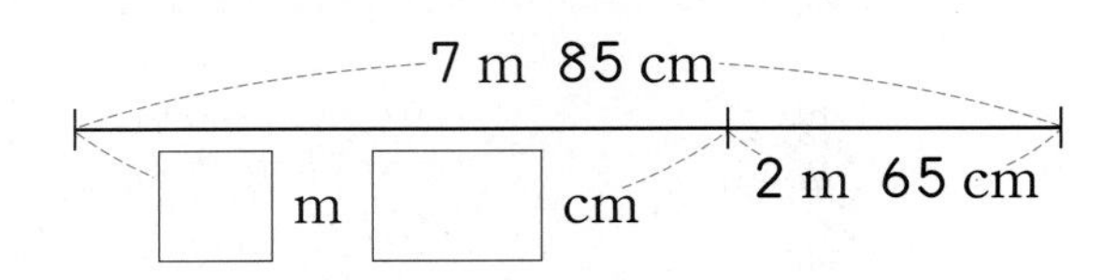

5 근우가 공룡 박물관에 갔다 온 후 쓴 관찰 일기입니다. 두 공룡의 몸길이의 차는 몇 m 몇 cm입니까?

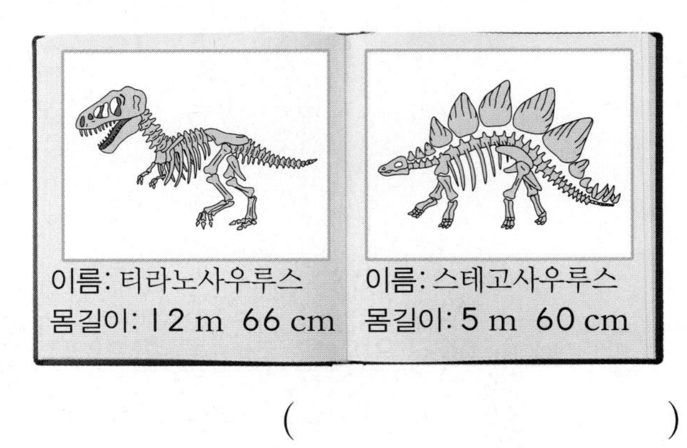

( )

6 삼각형의 가장 긴 변의 길이와 가장 짧은 변의 길이의 차는 몇 m 몇 cm입니까?

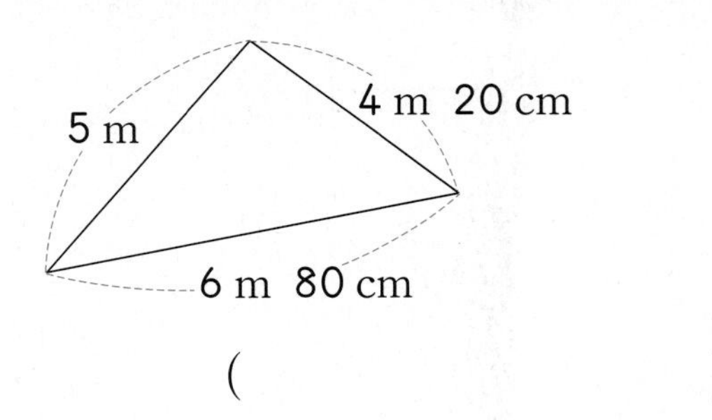

( )

게임 학습

게임으로 학습을 즐겁게 할 수 있어요.
QR 코드를 찍어 보세요.

정답은 16쪽

개념 5 길이를 어림해 볼까요(1)

[7~8] 교실 칠판 긴 쪽의 길이를 몸의 부분으로 재려고 합니다. 물음에 답하시오.

7 가장 적은 횟수로 잴 수 있는 몸의 부분을 찾아 기호를 쓰시오.

(　　　　　　　　)

8 가장 많은 횟수로 잴 수 있는 몸의 부분을 찾아 기호를 쓰시오.

(　　　　　　　　)

익힘책 유형

9 장화 신은 고양이의 두 걸음이 1 m라면 운동장에 있는 시소의 길이는 약 몇 m입니까?

운동장에 있는 시소의 길이를 내 걸음으로 쟀더니 약 6걸음이야.

장화 신은 고양이

(　　　　　　　　)

개념 6 길이를 어림해 볼까요(2)

10 보기 에서 알맞은 길이를 골라 문장을 완성하시오.

보기

10 m　　130 cm　　100 m

버스의 길이는 약 [　　　] 입니다.

교과서 유형

11 10 m보다 짧은 것을 찾아 ○표 하시오.

- 휴대 전화의 길이 (　　)
- 운동장 긴 쪽의 길이 (　　)
- 기차의 길이 (　　)

12 한 사람당 양팔을 벌린 길이가 1 m 25 cm 정도입니다. 양팔을 벌린 길이가 5 m에 더 가까운 모둠을 쓰고 그 이유를 설명하시오.

(　　　　　　　　)

이유

3 길이 재기

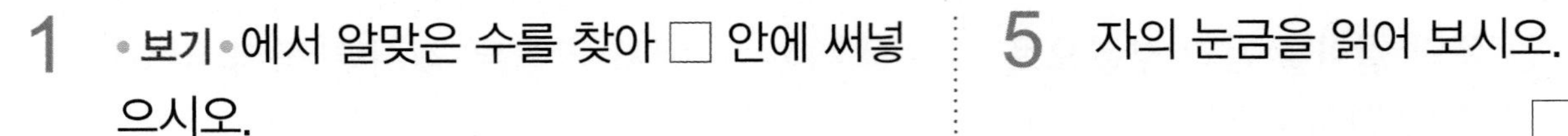

STEP 3 단원 마무리 평가

3. 길이 재기

점수

1 •보기• 에서 알맞은 수를 찾아 □ 안에 써넣으시오.

보기
1　　10　　100　　1000

1 m는 1 cm를 □번 이은 것과 같습니다.

2 □ 안에 알맞은 수를 써넣으시오.

(1) 300 cm= □ m

(2) 7 m= □ cm

3 길이를 m 단위로 나타내기에 알맞은 것을 찾아 ○표 하시오.

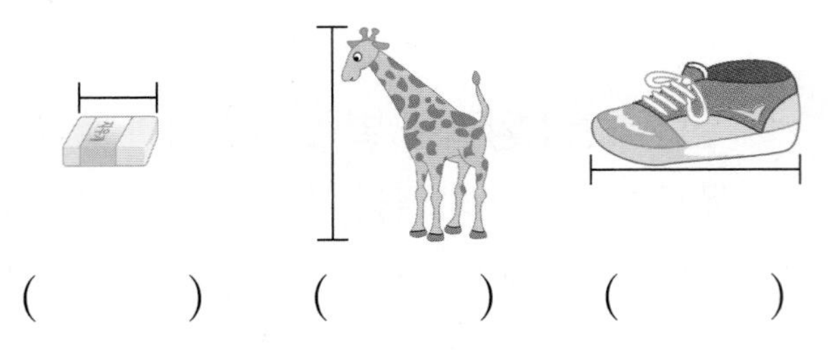

(　　)　(　　)　(　　)

4 다음 길이를 몇 m 몇 cm로 쓰고 읽어 보시오.

3 m보다 62 cm 더 긴 길이

쓰기 (　　　　　　)

읽기 (　　　　　　)

5 자의 눈금을 읽어 보시오.

□ m □ cm

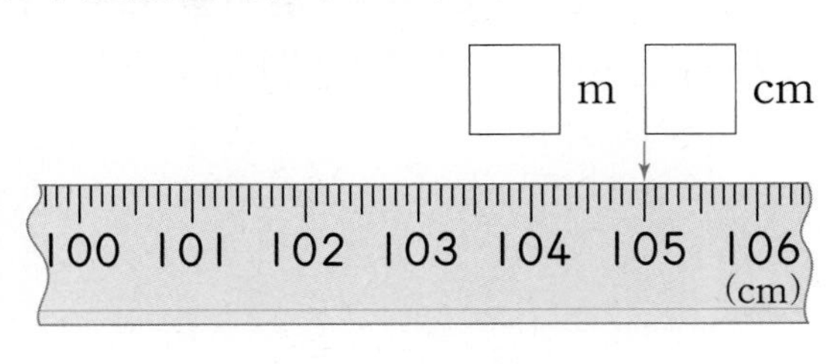

6 계산을 하시오.

(1) 6 m 30 cm+2 m 50 cm

(2) 9 m 25 cm−4 m 25 cm

7 계산을 하시오.

(1)
$$\begin{array}{r} 5\text{ m }16\text{ cm} \\ +\ 2\text{ m }35\text{ cm} \\ \hline \end{array}$$

(2)
$$\begin{array}{r} 17\text{ m }48\text{ cm} \\ -\ 11\text{ m }29\text{ cm} \\ \hline \end{array}$$

8 □ 안에 알맞은 수를 써넣으시오.

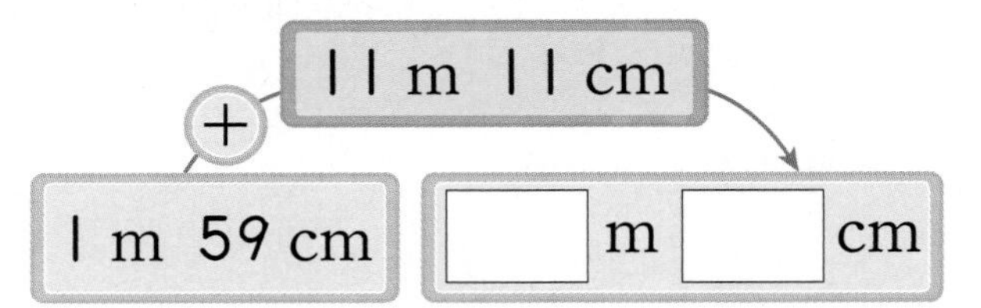

9 다음 중 틀리게 나타낸 것은 어느 것입니까? ( )

① 8 m 17 cm=817 cm
② 630 cm=6 m 30 cm
③ 4 m 40 cm=404 cm
④ 5 m 6 cm=506 cm
⑤ 335 cm=3 m 35 cm

10 희진이의 키는 1 m입니다. 높이가 약 2 m인 나무를 그려 보시오.

11 어미 혹등고래와 새끼 혹등고래입니다. 두 혹등고래의 몸길이의 차는 몇 m 몇 cm입니까?

( )

12 교실 긴 쪽의 길이를 재려고 합니다. 재는 횟수가 많은 것부터 차례로 기호를 쓰시오.

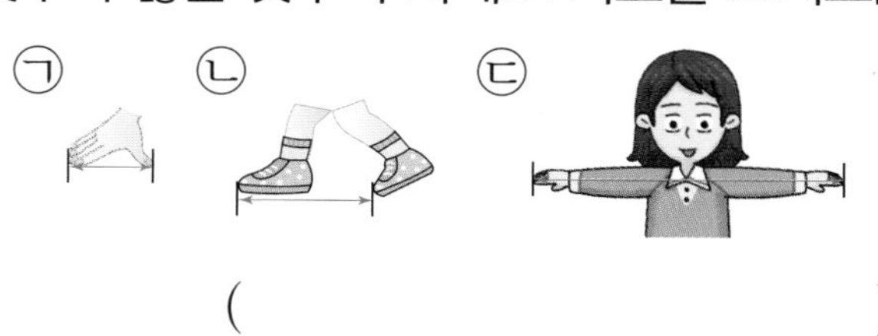

( )

유사문제

13 여진이의 키를 두 가지 방법으로 나타내시오.

□ cm

□ m □ cm

유사문제

14 길이가 가장 긴 것을 찾아 기호를 쓰시오.

㉠ 8 m 40 cm
㉡ 804 cm
㉢ 90 cm

( )

3 길이 재기

정답은 17쪽 

15 국기 게양대의 높이는 3 m입니다. 정민이의 키는 약 몇 m입니까?

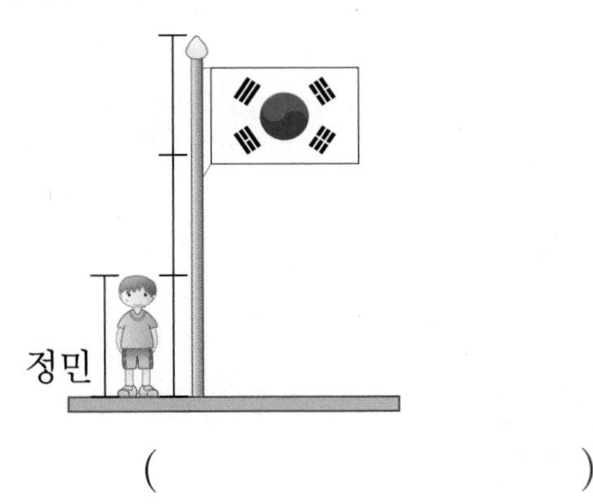

(   )

16 두 색 테이프를 겹치지 않게 길게 이어 붙이려고 합니다. 이어 붙인 색 테이프의 길이는 몇 m 몇 cm인지 식을 쓰고 답을 구하시오.

2 m 35 cm　　4 m 23 cm

식 ______________________

답 ______________________

17 식물원에서 온실과 쉼터까지의 거리는 다음과 같습니다. 온실은 쉼터보다 몇 m 몇 cm 더 먼지 쓰시오.

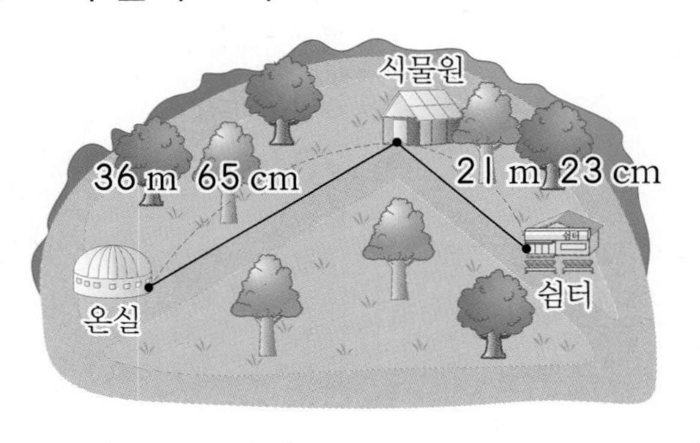

(   )

18 학교 건물 긴 쪽의 길이를 어림하려고 합니다. 어림한 방법을 완성하고 답을 쓰시오.

방법 내 한 걸음의 길이는 50 cm이고 학교 건물 긴 쪽의 길이는 약 20걸음이었습니다. 따라서 학교 건물 긴 쪽의 길이는 약 □ m입니다.

어림한 길이 약 □

유사문제

19 계산 결과가 더 긴 것의 기호를 쓰시오.

㉠ 2 m 12 cm+1 m 40 cm
㉡ 5 m 69 cm−2 m 50 cm

(   )

유사문제

20 □ 안에 알맞은 수를 써넣으시오.

	□	m	42	cm
−	4	m	□	cm
	3	m	20	cm

QR 코드를 찍어 게임을 해 보고 이번 단원을 확실히 익혀 보세요!

정답은 18쪽

1 100 cm는 1 ☐와 같습니다.
1 m는 1 ☐라고 읽습니다.

2 210 cm를 ☐ m ☐ cm라고도 씁니다.

▲■0 cm=▲ m ■0 cm

3 줄자를 사용하여 물건의 길이를 잴 때 물건의 한끝을 줄자의 눈금 ☐에 맞추어 잽니다.

4 1 m 20 cm+3 m 40 cm=☐ m ☐ cm

m는 m끼리, cm는 cm끼리 더합니다.

5 5 m 60 cm−3 m 40 cm=☐ m ☐ cm

m는 m끼리, cm는 cm끼리 뺍니다.

6 

도영이의 키가 1 m일 때 타조의 키는 약 2 m입니다. (○ , ×)

타조의 키는 도영이 키의 약 2배입니다.

7 야구 방망이의 길이는 약 10 m입니다. (○ , ×)

8 3층 건물의 높이는 약 10 m입니다. (○ , ×)

3 길이 재기

생활 속 길이 이야기

옛날에는 나라 사이에 교류가 거의 없었기 때문에 각자의 나라 안에서만 공통된 단위 길이를 사용하면 되었습니다. 이렇게 각 나라별로 단위 길이를 사용하다가 나라 사이의 교류가 활발해지자 전 세계적으로 공통된 단위 길이를 사용하게 되었습니다.
그것이 'm'입니다.

주어진 단위 길이로 재면 편리한 것을 찾아 선으로 이어 보세요.

교실 바닥에 그은 빨간색 선은 벽으로부터 3 m 떨어진 거리를 나타냅니다. 3 m에 가장 가까운 길이를 만든 모둠은 어느 모둠입니까?

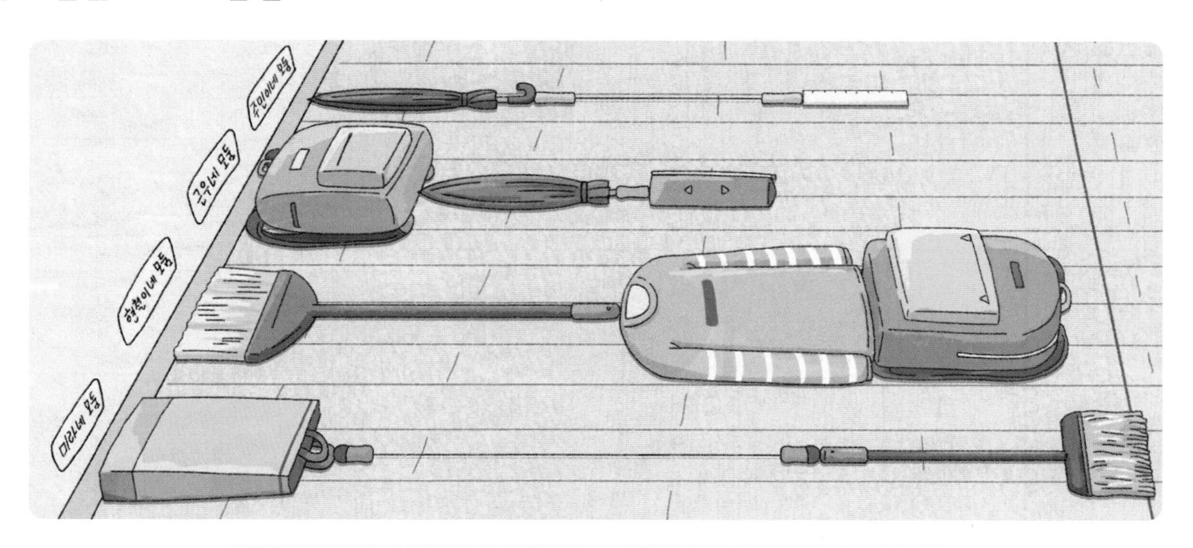

주민: 우리 모둠이 만든 길이는 2 m 50 cm야.
근우: 우리 모둠이 만든 길이는 2 m야.
현철: 우리 모둠이 만든 길이는 2 m 80 cm야.
미라: 우리 모둠이 만든 길이는 3 m 5 cm야.

(　　　　　　　　　　)

정답 미라네 모둠

4 시각과 시간

제4화 왕은 후회 중

이전에 배운 내용	이번에 배울 내용	앞으로 배울 내용
[1-2 모양과 시각] • 시계를 보고 '몇 시'와 '몇 시 30분' 읽기	• 시각을 분 단위로 읽기 • 몇 시 몇 분 전으로 읽기 • 1시간과 걸린 시간 • 하루의 시간과 달력	[3-1 길이와 시간] • 분보다 작은 단위 알아보기 • 시간의 덧셈과 뺄셈

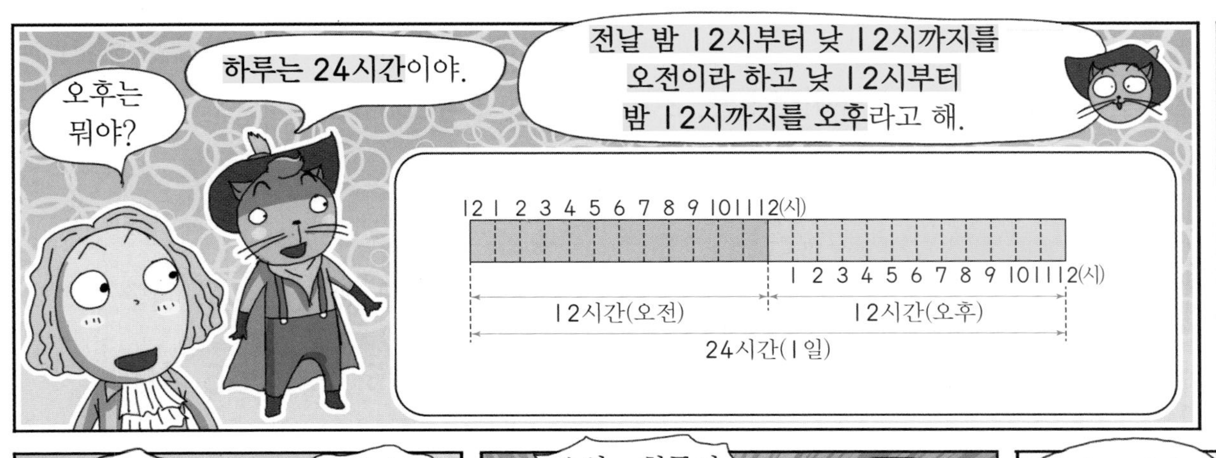

개념 파헤치기

몇 시 몇 분을 읽어 볼까요(1)

• 시각 읽기

시계의 긴바늘이 가리키는 숫자가 **1이면 5분, 2이면 10분, 3이면 15분**……을 나타냅니다.

긴바늘이 가리키는 숫자	1	2	3	4	5	6	7	8	9	10	11	12
분	5	10	15	20	25	30	35	40	45	50	55	0

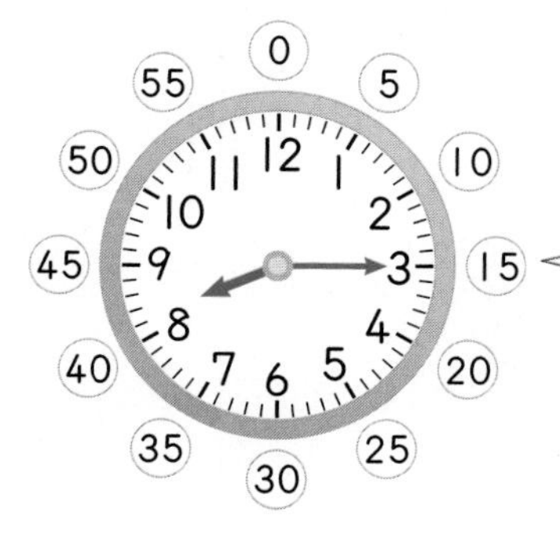

시계의 긴바늘이 가리키는 숫자가 1씩 커질 때 나타내는 분은 5분씩 커지고 있어요.

예

짧은바늘이 7과 8 사이를 가리키고 있으므로 지나온 숫자 7을 '시'로 읽어요.

긴바늘이 2를 가리키므로 10분이에요.

7시 10분

빈칸에 글자나 수를 따라 쓰세요.

시계의 긴바늘이 가리키는 숫자가 1이면 5분, 2이면 10분,

[3] 이면 [1][5] 분, [4] 이면 [2][0] 분을 나타냅니다.

기본 문제

1 오른쪽 시계에서 각각의 숫자가 몇 분을 나타내는지 써넣으시오.

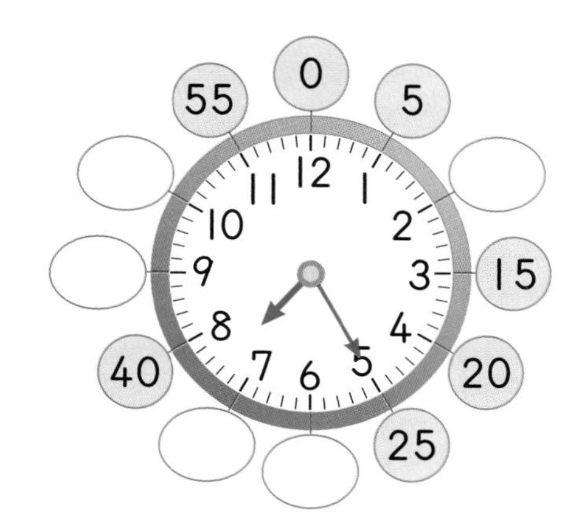

2 시계를 보고 □ 안에 알맞은 수를 써넣으시오.

(1) 짧은바늘은 □와 □ 사이를 가리키고 긴바늘은 □을 가리키고 있습니다.

(2) 시계가 나타내는 시각은 □시 □분입니다.

3 시각을 쓰시오.

(1)

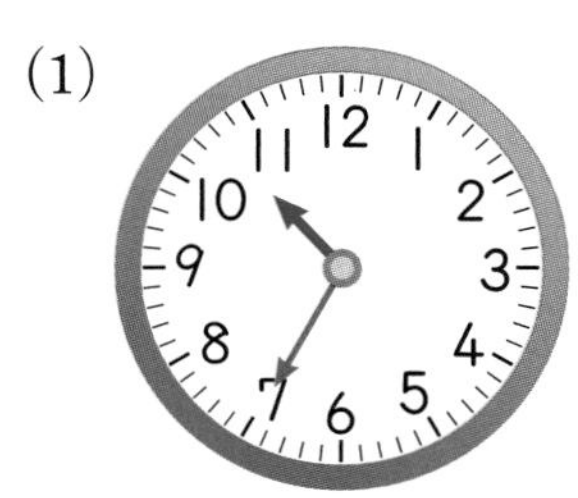

□시 35분

(2)

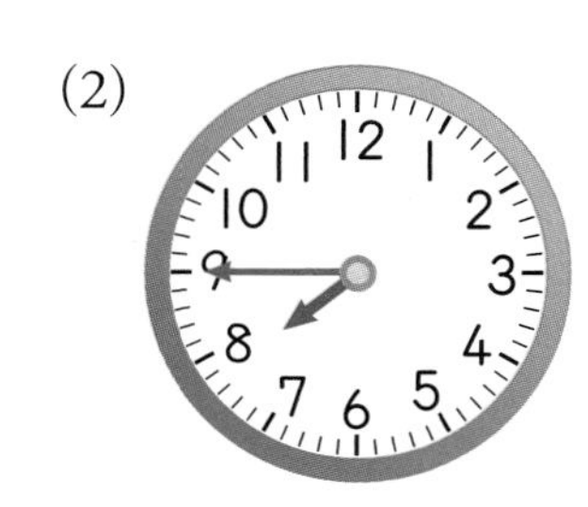

7시 □분

빈칸에 알맞은 글자나 수를 써 보세요.

짧은바늘은 □□□□과 □□□□ 사이를 가리키고

긴바늘은 □□을 가리키므로 □□□□시 □□□□분입니다.

개념 파헤치기

개념 2 몇 시 몇 분을 읽어 볼까요(2)

• 시각 읽기

시계에서 **긴바늘이 가리키는 작은 눈금 한 칸**은 **1분**을 나타냅니다.

9시 12분

숫자 2는 10분을 나타내고 작은 눈금 2칸은 2분을 나타냅니다.
2에서 작은 눈금 2칸을 더 간 곳은 10분+2분=12분을 나타냅니다.

예

긴바늘이 3(15분)에서 작은 눈금 3칸 더 간 곳을 가리키므로 18분을 나타냅니다.

→ 7시 18분

개념 받아쓰기

시계에서 **긴바늘이 가리키는 작은 눈금 한 칸**은 **1분**을 나타냅니다.

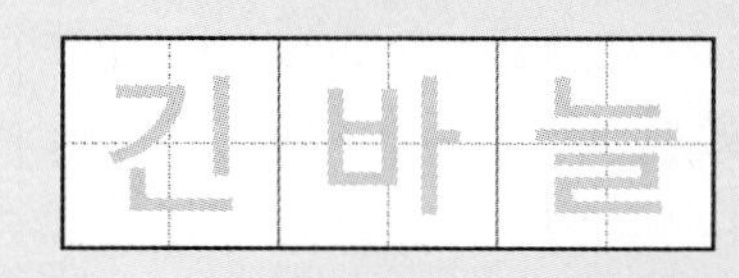

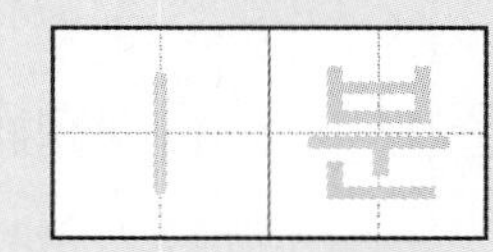

1 시각을 쓰시오.

8시 ☐ 분

2 4시 7분을 나타내는 시계에 ○표 하시오.

(　　　　　)　　　　(　　　　　)

3 시각에 맞게 긴바늘을 그려 넣으시오.

2시 54분

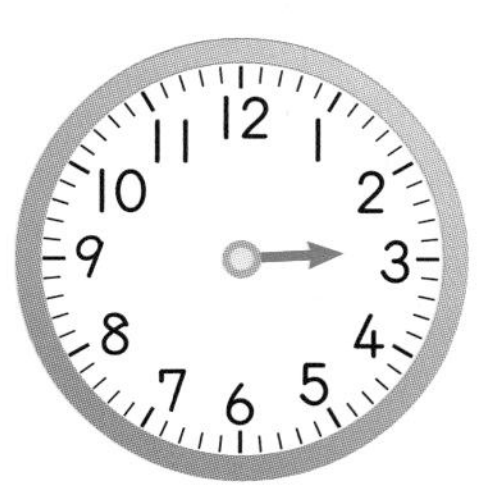

짧은바늘은 ☐ 과 ☐ 사이를 가리키고 긴바늘은 7에서 작은 눈금 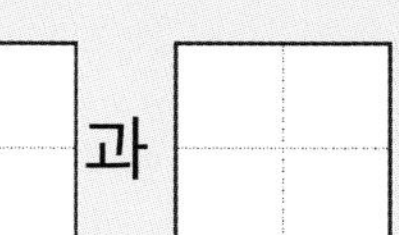 칸 더 간 곳을 가리키므로 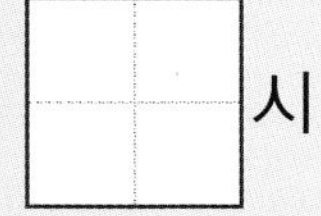 시  분입니다.

개념 파헤치기

개념 3 여러 가지 방법으로 시각을 읽어 볼까요

• 몇 시 몇 분 전으로 시각 읽기

6시 50분을 **7시 10분 전**이라고도 합니다.

6시 50분

7시 10분 전

6시 50분은 10분 후에 7시가 되므로 7시가 되기 10분 전이에요.

• 6시 5분 전을 시계에 나타내기

6시 5분 전은 5시 55분입니다.

➔ 짧은바늘은 5와 6 사이에서 6에 더 가깝게 가리키고 긴바늘은 11을 가리키도록 그립니다.

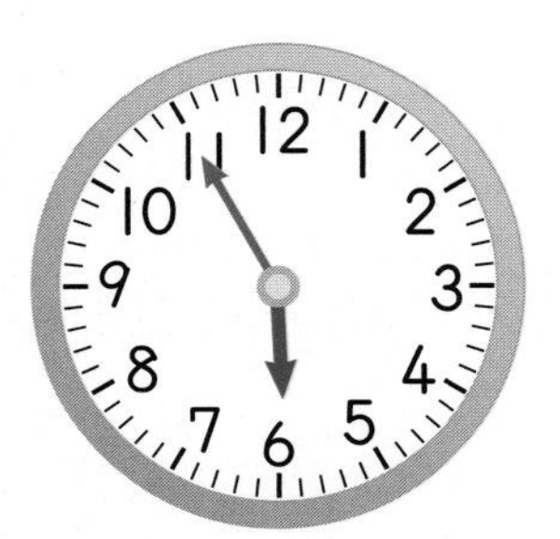

개념 받아쓰기

❶ 8시 55분을 **9시 5분 전**이라고도 합니다.

❷ 3시 50분을 **4시 10분 전**이라고도 합니다.

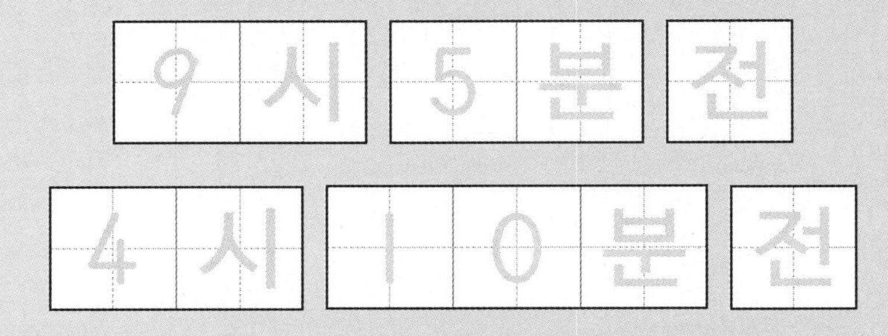

1 시계를 보고 □ 안에 알맞은 수를 써넣으시오.

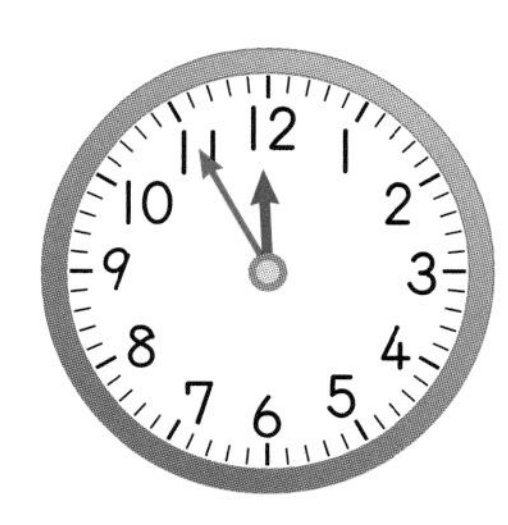

(1) 시계가 나타내는 시각은 □시 □분입니다.

(2) □분 후에 12시가 됩니다.

(3) 이 시각은 □시 □분 전입니다.

힌트 ■시 55분은 (■+1)시 5분 전입니다.

2 오른쪽 시계가 나타내는 시각은 3시 몇 분 전입니까?

(　　　　　　　　)

힌트 10분이 지나야 3시가 됩니다.

3 시각을 쓰시오.

□시 □분

□시 □분 전

힌트 ■시 50분은 (■+1)시 10분 전입니다.

몇 시 몇 분 전으로 시각 읽기

→ 

개념 확인하기

개념 1 몇 시 몇 분을 읽어 볼까요(1)

시계의 긴바늘이 가리키는 숫자가 1이면 ☐분, 2이면 ☐분, 3이면 ☐분 ……을 나타냅니다.

1 오른쪽 시계가 나타내는 시각은 몇 시 몇 분입니까?

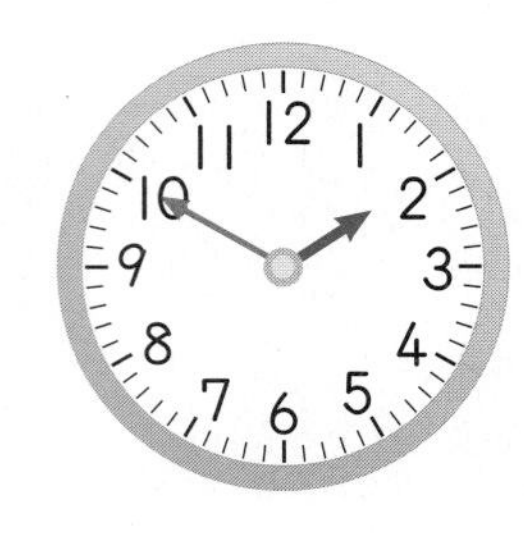

(　　　　　　　　)

2 철수와 재인이가 지금 시각을 보고 나눈 대화입니다. 지금은 몇 시 몇 분입니까?

시계의 짧은바늘은 12와 1 사이를 가리키고 있어.

시계의 긴바늘은 4를 가리키고 있어.

철수

재인

(　　　　　　　　)

3 시각에 맞게 긴바늘을 그려 넣으시오.

개념 2 몇 시 몇 분을 읽어 볼까요(2)

시계에서 긴바늘이 가리키는 작은 눈금 한 칸은 ☐분을 나타냅니다.

4 오른쪽 시계가 나타내는 시각은 몇 시 몇 분입니까?

(　　　　　　　　)

5 같은 시각을 나타내는 것끼리 이으시오.

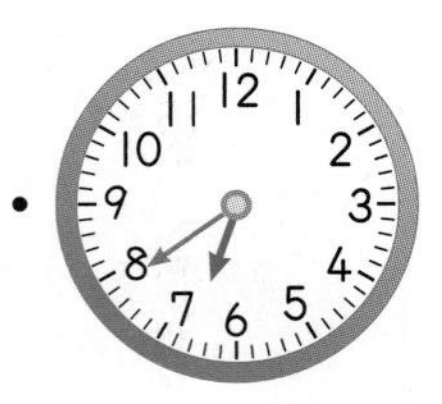

6 시각에 맞게 긴바늘을 그려 넣으시오.

게임 학습

게임으로 학습을 즐겁게 할 수 있어요.
QR 코드를 찍어 보세요.

정답은 19쪽

7 정민이가 수학 공부를 시작한 시각과 끝낸 시각입니다. 각각 몇 시 몇 분입니까?

▲ 시작한 시각

▲ 끝낸 시각

시작한 시각 (　　　　　　　　　　)

끝낸 시각 (　　　　　　　　　　)

개념 3 여러 가지 방법으로 시각을 읽어 볼까요

몇 시 몇 분	몇 시 몇 분 전
■시 50분	(■+1)시 □분 전
■시 55분	(■+1)시 □분 전

8 시각을 쓰시오.

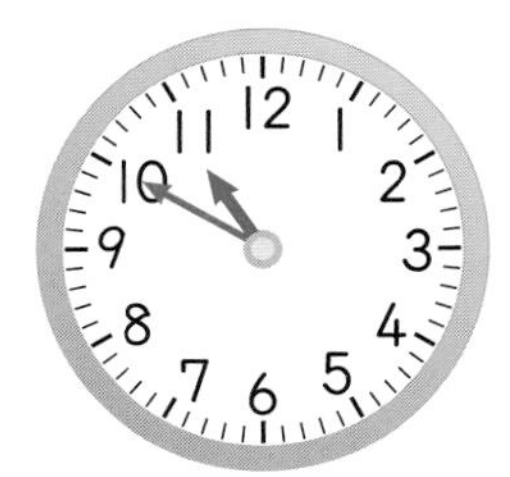

□시 □분

□시 □분 전

9 □ 안에 알맞은 수를 써넣으시오.

9시 5분 전은 □시 55분입니다.

10 2시 10분 전을 나타내는 시계를 찾아 기호를 쓰시오.

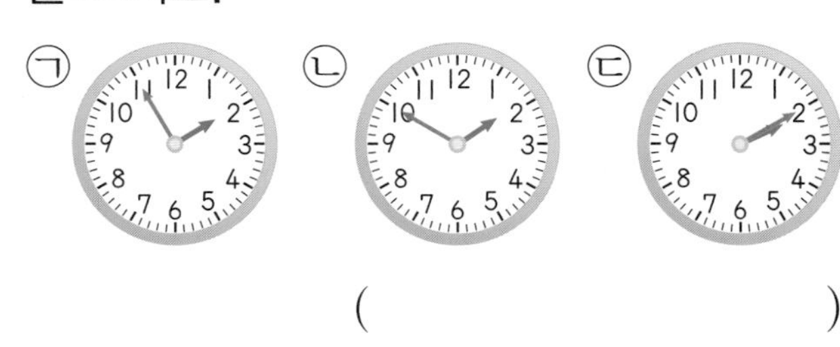

(　　　　　　　　　　)

11 시각에 맞게 긴바늘을 그려 넣으시오.

12시 10분 전

12 5번 버스와 7번 버스 중 먼저 도착하는 버스는 몇 번 버스입니까?

(　　　　　　　　　　)

4 시각과 시간

개념 파헤치기

1시간을 알아볼까요

시계의 **긴바늘이 한 바퀴 도는 데 걸린 시간은 60분**입니다.
60분은 **1시간**입니다.

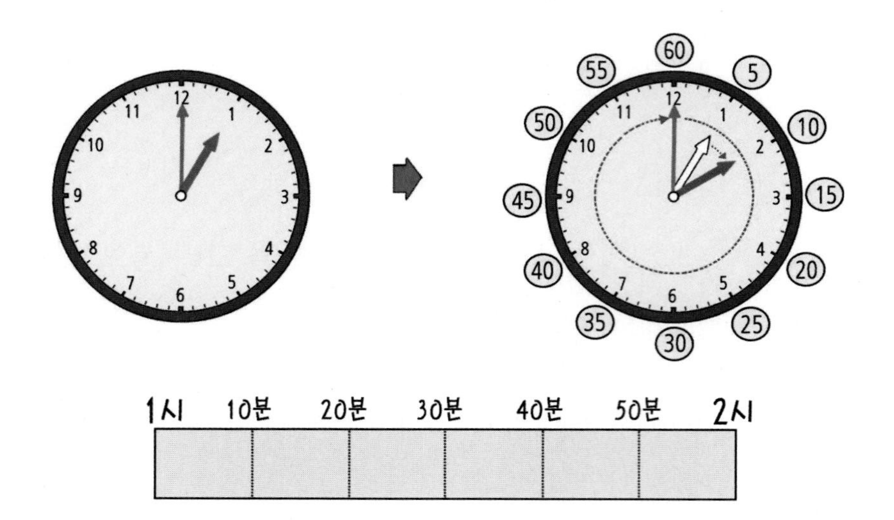

60분=1시간

시계의 짧은바늘이 1에서 2로 큰 눈금 한 칸을 움직이는 데 1시간이 걸립니다.
긴바늘이 12에서 한 바퀴 도는 동안 짧은바늘은 숫자 1칸을 움직입니다.

빈칸에 글자나 수를 따라 쓰세요.

❶ 시계의 긴바늘이 한 바퀴 도는 데 60분의 시간이 걸립니다.

❷ 60분=1시간

1 수영을 하는 데 걸린 시간을 구하려고 합니다. 물음에 답하시오.

수영 시작   수영 끝 

(1) 수영하는 데 걸린 시간은 몇 분인지 시간 띠에 색칠하고 구하시오.

9시 10분 20분 30분 40분 50분 10시 10분 20분 30분 40분 50분 11시

□분

(2) 수영하는 데 걸린 시간은 몇 시간입니까? (　　　　)

2 영화를 보는 데 걸린 시간을 구하려고 합니다. 물음에 답하시오.

영화 시작   영화 끝 

(1) 영화를 보는 동안 시계의 긴바늘이 몇 바퀴 돌았습니까?

(　　　　)

(2) 영화를 보는 데 걸린 시간을 구하시오.

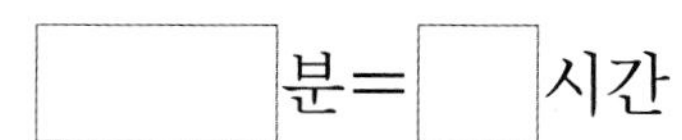

□분=□시간

개념 받아쓰기 문제

빈칸에 알맞은 글자나 수를 써 보세요.

• 시계의 긴바늘이 한 바퀴 도는 데 걸린 시간은 □분입니다.

• 60분=□시간

개념 파헤치기

개념 5 걸린 시간을 알아볼까요

개념 동영상

• 공부하는 데 걸린 시간 구하기

공부 시작 → I시간 뒤 → 공부 끝

2시   3시 30분

2시 10분 20분 30분 40분 50분 3시 10분 20분 30분 40분 50분 4시

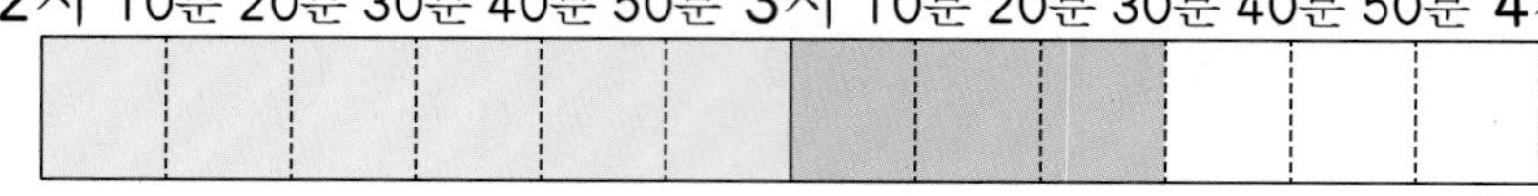

공부하는 데 걸린 시간 → **1시간**+**30분**=1시간 30분=90분

• 운동하는 데 걸린 시간 구하기

운동 시작 → 운동 끝

4시   5시 10분

운동하는 데 걸린 시간
→ 1시간+10분=1시간 10분
=70분

숙제 시작 ⇨ 숙제 끝

5시 10분 20분 30분 40분 50분 6시

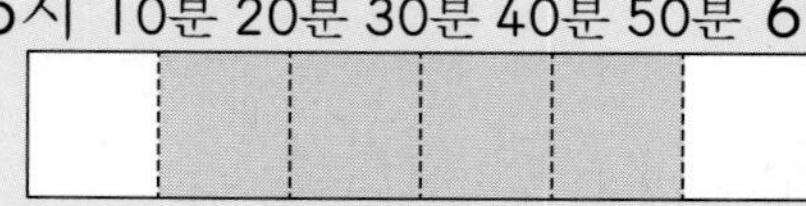

→ 숙제하는 데 걸린 시간은 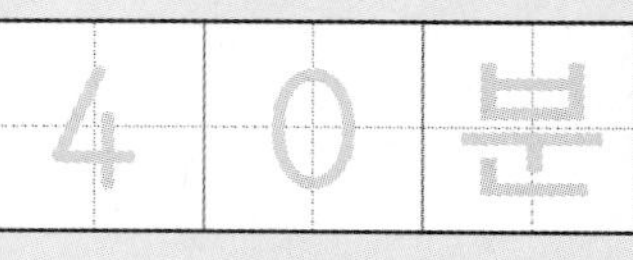 입니다.

1 요리를 하는 데 걸린 시간을 구하려고 합니다. 물음에 답하시오.

요리 시작 ⇨ 요리 끝

(1) 요리하는 데 걸린 시간을 시간 띠에 색칠하시오.

7시	10분	20분	30분	40분	50분	8시	10분	20분	30분

(2) 요리하는 데 걸린 시간은 몇 시간 몇 분입니까?

(　　　　　　　　　　)

2 □ 안에 알맞은 수를 써넣으시오.

(1) 1시간 5분=□분+5분=□분

(2) 2시간=60분+□분=□분

(3) 100분=60분+□분=□시간 □분

게임 시작 　　　　　　　　게임 끝

게임하는 데 걸린 시간은

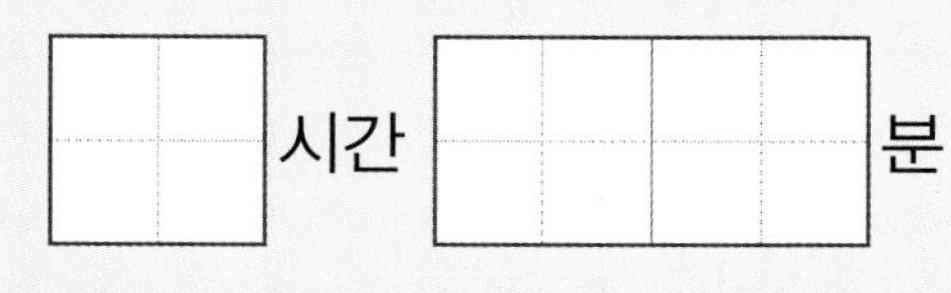

□시간 □분

입니다.

1 개념 파헤치기

개념 6 하루의 시간을 알아볼까요

개념 동영상

• 오전: 전날 밤 12시부터 낮 12시까지
• 오후: 낮 12시부터 밤 12시까지
• 하루는 **24시간**입니다.

1일=24시간

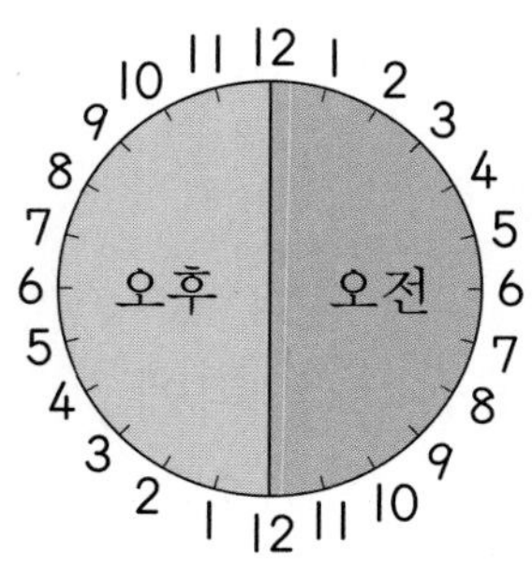
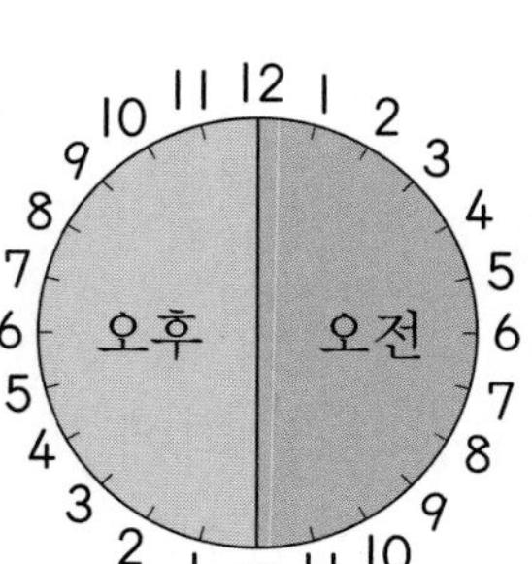

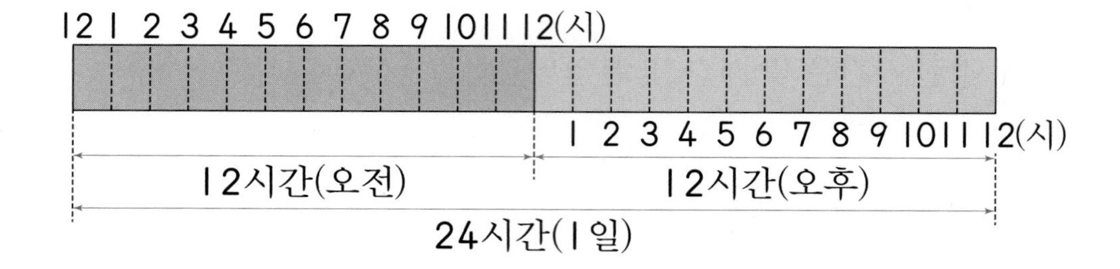

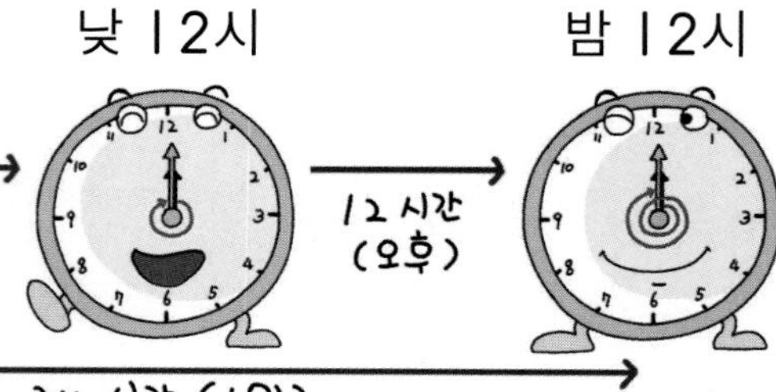

❶ 전날 밤 12시부터 낮 12시까지를 **오전**, 낮 12시부터 밤 12시까지를 **오후**라고 합니다.

❷ 하루는 **24시간**입니다.

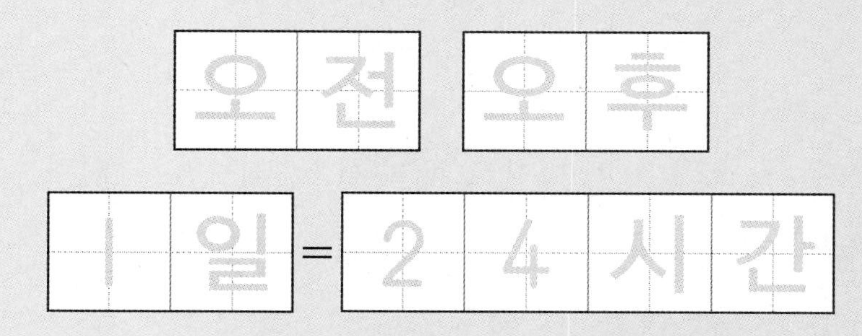

[1~3] 진아의 생활 계획표입니다. 물음에 답하시오.

1 빈 곳에 진아가 계획한 일을 하는 데 걸린 시간을 써넣으시오.

하는 일	아침 식사	토요 체육 수업	점심 식사	동물원 관람	저녁 식사	텔레비전 보기	휴식	잠
걸린 시간 (시간)	1		1		1	1		

2 진아가 오전에 계획한 일을 모두 찾아 쓰시오.

( )

3 하루는 몇 시간입니까?

( )

힌트 시각을 나타내는 숫자가 1부터 12까지 나오고 반복됩니다.

전날 밤 12시부터 낮 12시까지를 [ ],

낮 12시부터 밤 12시까지를 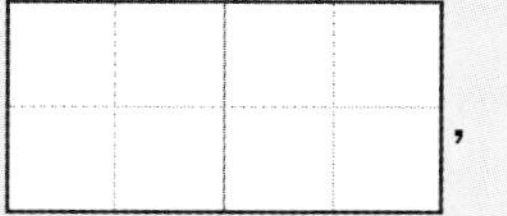 라고 합니다. 하루는 [ ] 시간입니다.

개념 파헤치기

개념 7 달력을 알아볼까요

개념 동영상

- **8월 달력 알아보기**

① 숫자 1부터 31까지 있습니다.
→ 8월은 모두 31일입니다.

② 월요일, 화요일, 수요일, 목요일, 금요일, 토요일, 일요일이 있습니다.

③ 같은 요일은 7일마다 반복됩니다.

1주일=7일

일	월	화	수	목	금	토
		1	2	3	4	5
6	7	8	9	10	11	12
13	14	15	16	17	18	19
20	21	22	23	24	25	26
27	28	29	30	31		

- **1년의 달력 알아보기**

① 1년은 1월부터 12월까지 있습니다.

② 1년은 12개월입니다.

1년=12개월

③ 각 월의 날수 ─ 1년은 365일입니다.

월	1	2	3	4	5	6	7	8	9	10	11	12
날수(일)	31	28	31	30	31	30	31	31	30	31	30	31

└ 4년에 한 번씩은 29일

┌ 날수가 31일인 월: 1월, 3월, 5월, 7월, 8월, 10월, 12월
└ 날수가 30일인 월: 4월, 6월, 9월, 11월

1 1주일은 **7일**입니다.

2 1년은 **12개월**입니다.

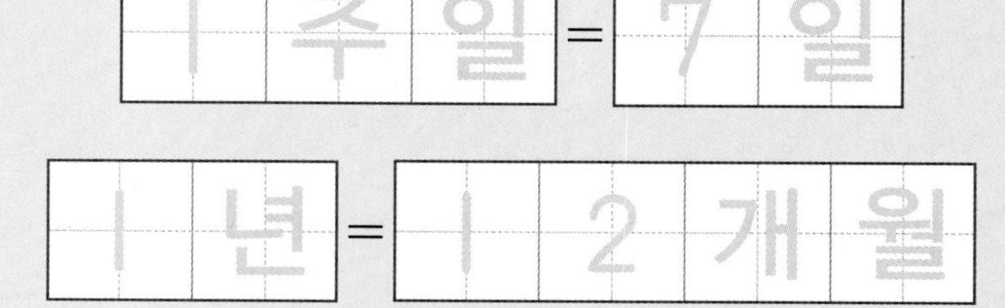

4 시각과 시간

1 어느 해의 11월 달력입니다. 물음에 답하시오.

11월

일	월	화	수	목	금	토
			1	2	3	4
5	6	7	8	9	10	11
(12)	(13)	(14)	(15)	(16)	(17)	(18)
19	20	21	22	23	24	25
26	27	28	29	30		

(1) 11월은 모두 며칠입니까?

( )

(2) 일요일이 몇 번 있습니까?

( )

(3) ○표 한 요일을 순서대로 쓰시오.

□요일, □요일, □요일, □요일, □요일, □요일, □요일

(4) 1주일은 며칠입니까?

( )

2 □ 안에 알맞은 수를 써넣으시오.

(1) 2주일=□일　　(2) □년=12개월

힌트 (1) 1주일=7일

3 날수가 같은 월이면 ○표, 아니면 ×표 하시오.

5월, 7월　( )

• 1주일은 □일입니다.　• 1년은 □개월입니다.

2 STEP 개념 확인하기

개념4 1시간을 알아볼까요

60분은 □시간입니다.

1 직업 체험을 시작한 시각과 끝낸 시각입니다. 직업 체험을 하는 데 걸린 시간을 구하시오.

시작한 시각

끝낸 시각

(1) 걸린 시간은 □분입니다.

(2) 걸린 시간은 □시간입니다.

2 □ 안에 알맞은 수를 써넣으시오.

(1) 60분=□시간

(2) 2시간=□분

3 연지는 2시간 동안 영화를 봤습니다. 영화가 끝난 시각이 3시라면 영화가 시작된 시각은 몇 시입니까?

(　　　　　　　　)

개념5 걸린 시간을 알아볼까요

체험 시작 　 1시간 뒤 　 체험 끝

→ 체험하는 데 걸린 시간: □시간 □분

4 같은 시간을 나타내는 것끼리 선으로 이으시오.

1시간 15분 • 　　 • 100분

1시간 40분 • 　　 • 75분

5 윤주가 숙제를 시작한 시각과 끝낸 시각입니다. 숙제를 하는 데 걸린 시간은 몇 시간 몇 분인지 시간 띠에 색칠하고, 구하시오.

시작한 시각

끝낸 시각

12시 10분 20분 30분 40분 50분 1시 10분 20분 30분 40분 50분 2시

(　　　　　　　　)

게임 학습

게임으로 학습을 즐겁게 할 수 있어요.
QR 코드를 찍어 보세요.

정답은 22쪽

개념6 하루의 시간을 알아볼까요

- ☐ : 전날 밤 12시부터 낮 12시까지
- ☐ : 낮 12시부터 밤 12시까지
- 하루는 ☐ 시간입니다.

[6~7] 모형 시계의 바늘을 움직였을 때 가리키는 시각을 쓰시오.

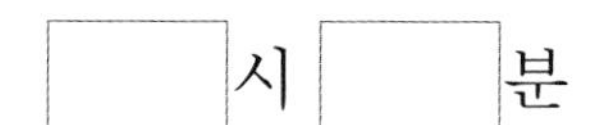

6 긴바늘이 한 바퀴 돌았을 때:

(오전 , 오후) ☐ 시 ☐ 분

7 짧은바늘이 한 바퀴 돌았을 때:

(오전 , 오후) ☐ 시 ☐ 분

8 ☐ 안에 알맞은 수를 써넣으시오.

〈오후〉 〈오전〉

어제 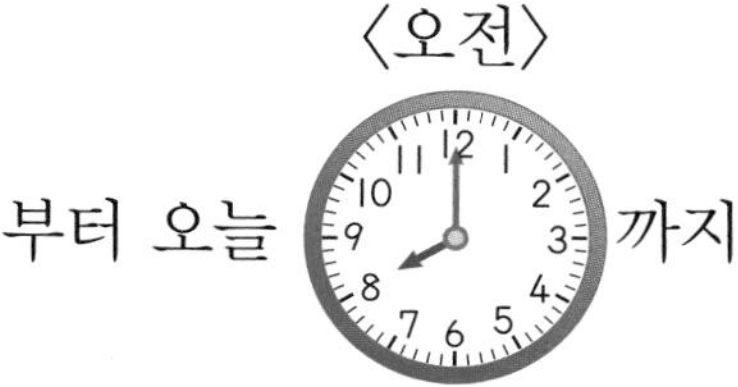 부터 오늘 까지

잤습니다. 잠을 잔 시간은 ☐ 시간입니다.

개념7 달력을 알아볼까요

- 1주일= ☐ 일
- 1년= ☐ 개월

9 각 월의 날수를 빈칸에 써넣으시오.

월	1	2	3	4	5	6
날수(일)		28		30		30
월	7	8	9	10	11	12
날수(일)			30		30	

[10~12] 어느 해의 10월 달력을 만들려고 합니다. 물음에 답하시오.

10월

일	월	화	수	목	금	토
						7
8	9 한글날	10	11			14
15	16	17	18	19	20	21
				26	27	28
29						

익힘책 유형

10 달력을 완성하시오.

11 10월 10일의 1주일 후는 며칠입니까?

( )

12 같은 해 11월 4일은 무슨 요일입니까?

( )

4 시각과 시간

단원 마무리 평가

4. 시각과 시간

점수

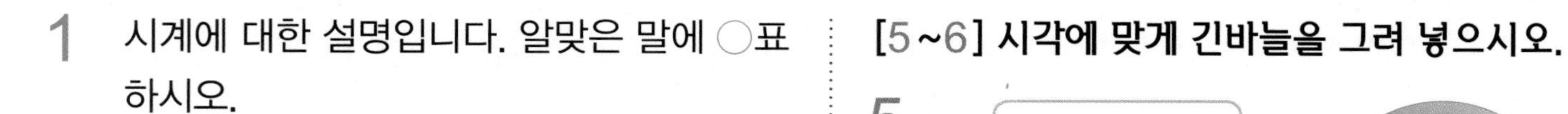

1 시계에 대한 설명입니다. 알맞은 말에 ○표 하시오.

> 시계에서 긴바늘이 가리키는 작은 눈금 한 칸은 1(시간 , 분)을 나타냅니다.

2 시각을 쓰시오.

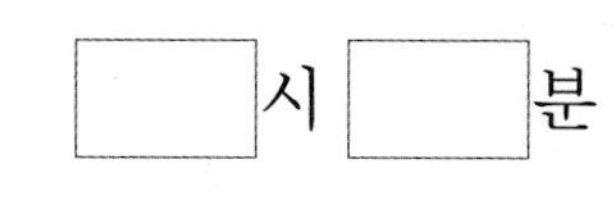

☐시 ☐분

3 시계에서 긴바늘이 5를 가리키면 몇 분입니까?

(　　　　　　　　)

4 같은 시각을 나타내는 것끼리 선으로 이으시오.

2시 56분 •　　　　• 

7시 14분 •　　　　• 

[5~6] 시각에 맞게 긴바늘을 그려 넣으시오.

5 4시 41분

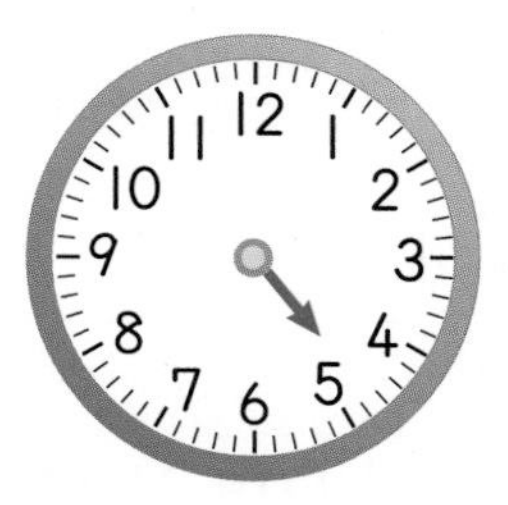

6 3시 5분 전

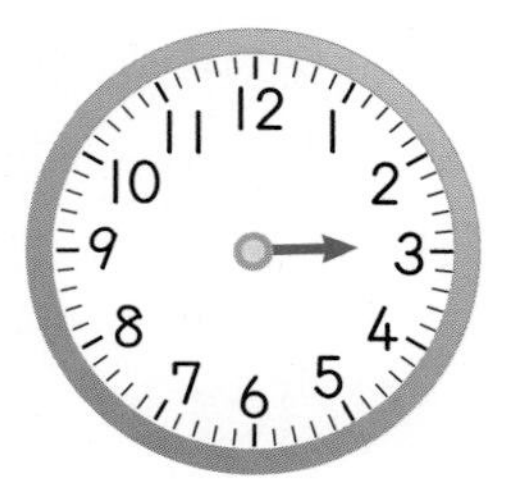

[7~8] 어느 해 9월 달력입니다. 물음에 답하시오.

9월

일	월	화	수	목	금	토
					1	2
3	4	5	6	7	8	9
10	11	12	13	14	15	16
17	18	19	20	21	22	23
24	25	26	27	28	29	30

7 9월 8일의 1주일 후는 무슨 요일입니까?

(　　　　　　　　)

8 9월 8일의 2주일 후는 며칠입니까?

(　　　　　　　　)

9 오른쪽 시각을 2가지 방법으로 쓰시오.

(　　　　　　　　　　)
(　　　　　　　　　　)

10 연두의 생활 계획표입니다. 계획표대로 생활한다면 학교 생활은 몇 시간인지 시간 띠에 색칠하고, 구하시오.

오전
12 1 2 3 4 5 6 7 8 9 10 11 12(시)
1 2 3 4 5 6 7 8 9 10 11 12(시)
오후

(　　　　　　　　　　)

11 다음 중 바른 것은 어느 것입니까? (　　　　)

① 24시간＝2일　② 3주일＝30일
③ 1년＝12개월　④ 20개월＝2년
⑤ 15개월＝1년 5개월

12 각 도시의 11월 현재 시각을 나타낸 시계입니다. 현재 시각이 10시 27분인 도시는 어디입니까?

(　　　　　　　　　　)

유사문제

13 시각에 맞게 긴바늘을 각각 그려 넣으시오.

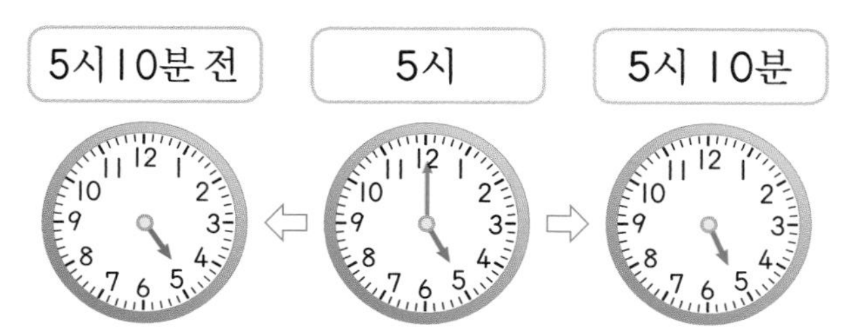

유사문제

14 시계를 보고 '몇 시 몇 분 전'이 들어간 문장을 쓰시오.

문장

정답은 22쪽

15 근우네 학교는 오전 9시에 1교시 수업을 시작하여 40분 동안 수업을 하고 10분 동안 쉽니다. 2교시 수업이 시작하는 시각은 몇 시 몇 분입니까?

( )

유사문제

[16~17] **지금은 13일 오후 9시입니다. 물음에 답하시오.**

16 지금 시각에서 짧은바늘이 한 바퀴 돌면 며칠 몇 시입니까?

□일 (오전 , 오후) □시

17 지금 시각에서 긴바늘이 2바퀴 돌면 며칠 몇 시입니까?

□일 (오전 , 오후) □시

18 우진이의 공부 계획표입니다. 공부를 가장 오래 해야 하는 요일은 무슨 요일입니까?

월요일	화요일	수요일
1시간 55분	100분	90분

( )

19 정선이가 운동을 끝낸 시각입니다. 1시간 10분 동안 운동을 했다면 운동을 시작한 시각은 몇 시 몇 분입니까?

( )

유사문제

20 준범, 준한, 제인이의 생일을 각각 쓰시오.

준범: □월 □일

준한: □월 □일

제인: □월 □일

QR 코드를 찍어 게임을 해 보고 이번 단원을 확실히 익혀 보세요!

정답은 23쪽

1 시계의 긴바늘이 가리키는 숫자가 3이면 ☐분, 7이면 ☐분, 10이면 ☐분을 나타냅니다.

2 시계에서 긴바늘이 가리키는 작은 눈금 한 칸은 ☐분을 나타냅니다.

3 3시 55분을 2시 5분 전이라고도 합니다. (○ , ×)

4 긴바늘이 한 바퀴 도는 데 60분이 걸립니다. (○ , ×)

5 시작 시각 / 끝낸 시각

걸린 시간은 ☐시간 ☐분입니다.

6 낮 12시부터 밤 12시까지를 오전, 전날 밤 12시부터 낮 12시까지를 오후라고 합니다. (○ , ×)

7 1주일은 ☐일이고, 3주일은 ☐일입니다.

8 날수가 30일인 월은 ☐월, ☐월, ☐월, ☐월입니다.

생각의 방향

시계의 긴바늘이 가리키는 숫자가 1씩 커질 때 나타내는 분은 5분씩 커집니다.

3시 55분은 4시가 되기 5분 전의 시각과 같습니다.

긴바늘이 한 바퀴 도는 데 1시간이 걸립니다.

1시 ⇨ 2시 ⇨ 2시 20분

4 시각과 시간

5 표와 그래프

제5화 마을에는 과연 무슨 일이 있었을까?

마을에서 찾은 동물별 마릿수

동물	돼지	토끼	닭	합계
마릿수(마리)	3	2	5	10

이전에 배운 내용

[2-1 분류하기]
- 기준에 따라 분류하고 각각의 수 세기
- 기준에 따라 분류한 결과 말하기

이번에 배울 내용

- 자료를 분류하고 조사하여 표로 나타내기
- 자료를 분류하여 그래프로 나타내기
- 표와 그래프의 내용 알아보기
- 표와 그래프로 나타내기

앞으로 배울 내용

[3-2 자료와 그림그래프]
- 표와 그림그래프로 나타내기

[4-1 자료와 막대그래프]
- 막대그래프로 나타내기

[4-2 자료와 꺾은선그래프]
- 꺾은선그래프로 나타내기

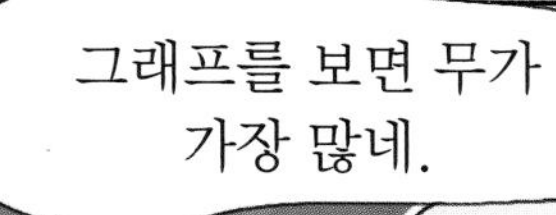

마을에서 찾은 채소별 수

4		○	
3	○	○	
2	○	○	○
1	○	○	○
수(개) / 채소	당근	무	배추

개념 파헤치기

개념 1 자료를 분류하여 표로 나타내 볼까요

개념 동영상

• 모둠 학생들이 좋아하는 색깔을 조사한 자료

모둠 학생들이 좋아하는 색깔

빨강 지훈	빨강 현영	파랑 재중	노랑 혜주	파랑 원준
노랑 승우	파랑 민석	빨강 찬웅	파랑 지영	파랑 정민

누가 어떤 색깔을 좋아하는지 알 수 있어요.

① 자료 분류하기

빨강	파랑	노랑
지훈, 현영, 찬웅	재중, 원준, 민석, 지영, 정민	혜주, 승우

② 조사한 자료를 표로 나타내기

모둠 학생들이 좋아하는 색깔별 학생 수

색깔	빨강	파랑	노랑	합계
학생 수(명)	𝍸	𝍸	𝍸	
	3	5	2	10

자료를 보고 직접 표로 나타낼 때에는 𝍸 또는 正 표시 방법을 이용해 보세요.

표는 **좋아하는 색깔별 학생 수**와 **전체 학생 수**를 쉽게 알 수 있습니다.

빈칸에 글자나 수를 따라 쓰세요.

표로 나타낼 때에는 색깔별로 좋아하는 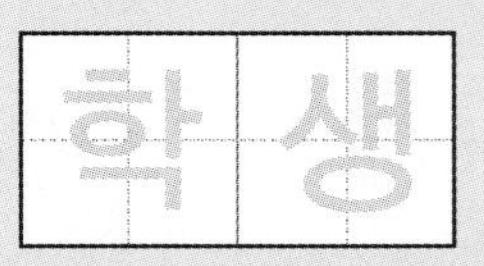 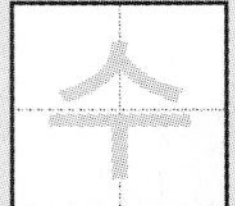 를 각각 세어 쓰고,

좋아하는 색깔별 학생 수를 모두 더해서 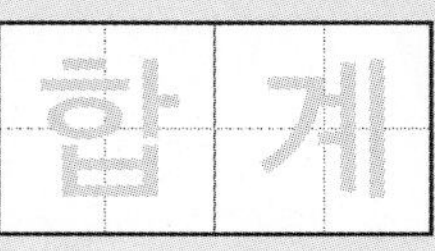 에 씁니다.

1 모둠 학생들이 배우고 싶은 악기를 조사한 자료입니다. 물음에 답하시오.

모둠 학생들이 배우고 싶은 악기

기타 정진	피아노 현영	플루트 한나	기타 홍철
플루트 지영	기타 예은	플루트 찬희	피아노 영수

(1) 배우고 싶은 악기가 같은 학생끼리 이름을 쓰시오.

(2) 조사한 자료를 보고 표로 나타내시오.

모둠 학생들이 배우고 싶은 악기별 학생 수

악기	기타	피아노	플루트	합계
학생 수(명)				8

(3) 알맞은 말에 ○표 하시오.

(자료 , 표)로 나타내면 배우고 싶은 악기별 학생 수를 쉽게 알 수 있습니다.

✎ 빈칸에 알맞은 글자나 수를 써 보세요.

표에서 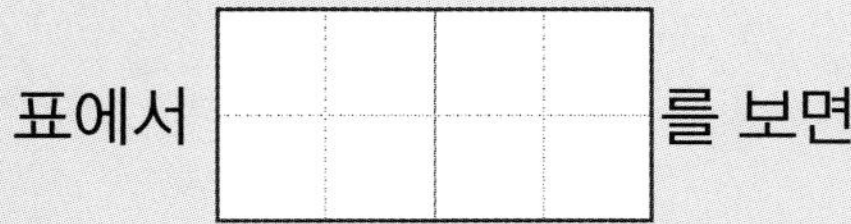 를 보면 전체 수를 알 수 있습니다.

개념 파헤치기

개념 2 자료를 조사하여 표로 나타내 볼까요

개념 동영상

• **자료를 조사하여 표로 나타내는 순서 알아보기**

① 조사하는 것 정하기

㉠ 모둠 학생들의 혈액형을 조사합니다.

② 조사하는 방법 생각하기

방법 1 한 사람씩 자신의 혈액형을 말합니다.

방법 2 선생님이 혈액형을 말하면 학생들이 손을 듭니다.

방법 3 혈액형에 붙임딱지를 붙입니다.

③ 자료를 조사하기

모둠 학생들의 혈액형

이름	현희	수영	명재	승현	은서	진용	웅재	권형
혈액형	A형	A형	B형	O형	A형	AB형	A형	B형

한 사람씩 혈액형을 말했어요.

④ 조사한 자료를 표로 나타내기

혈액형은 4가지이므로 표를 알맞게 나누고, 혈액형별 학생 수를 세어 표로 정리합니다.

모둠 학생들의 혈액형별 학생 수

혈액형	A형	B형	O형	AB형	합계
학생 수(명)	4	2	1	1	8

조사하는 것 정하기 → 조사하는 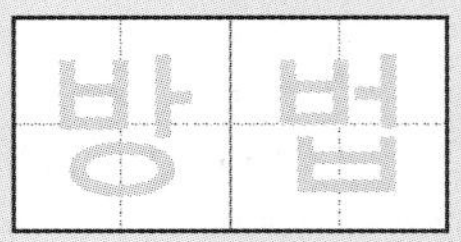

생각하기 → 자료를 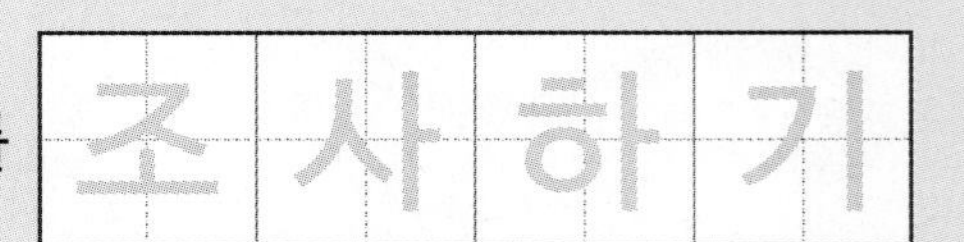

→ 조사한 자료를 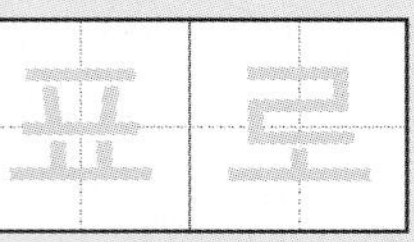

나타내기

1 자료를 조사하여 표로 나타내는 순서를 바르게 나타낸 것에 ○표 하시오.

㉣ → ㉡ → ㉠ → ㉢ ( )

㉡ → ㉣ → ㉠ → ㉢ ( )

힌트 무엇을 조사할 지를 먼저 정한 뒤 조사하는 방법을 생각합니다.

2 조사한 자료를 보고 표로 나타내시오.

찬주네 모둠 학생들이 좋아하는 과목

이름	찬주	지성	보영	지원	건수	정만
과목	국어	국어	국어	수학	창·체	수학

찬주네 모둠 학생들이 좋아하는 과목별 학생 수

과목	국어	수학		합계
학생 수(명)	3			6

위 **2**에서 좋아하는 과목은 [ ] 가지이므로 표를 알맞게 나누고, 과목별 [   ] 수를 세어 표로 정리합니다.

개념 파헤치기

개념 3 자료를 분류하여 그래프로 나타내 볼까요

그래프로 나타내는 순서

① **가로와 세로에 어떤 것**을 나타낼지 정합니다.

② 가로와 세로를 **각각 몇 칸**으로 할지 정합니다.

③ 그래프에 ○, ×, / 중 하나를 선택하여 **자료를 나타냅니다.**

④ 그래프의 **제목**을 씁니다. → 그래프의 제목은 처음에 써도 됩니다.

〈모둠 학생들이 좋아하는 간식〉

피자 4, 떡볶이 3, 과자 2

→ ④ 그래프의 제목을 씁니다.

모둠 학생들이 좋아하는 간식별 학생 수

4	○		
3	○	○	
2	○	○	○
1	○	○	○
학생 수(명) / 간식	피자	떡볶이	과자

② 피자를 좋아하는 학생이 4명으로 가장 많으므로 세로를 4칸으로 나눕니다.

① 가로에는 간식, 세로에는 학생 수를 나타냅니다.

② 간식은 피자, 떡볶이, 과자 3가지이므로 가로를 3칸으로 나눕니다.

③ 좋아하는 간식별 학생 수만큼 ○를 그립니다.

그래프로 나타내면 모둠에서 가장 많은 학생들이 좋아하는 간식을 한눈에 알아볼 수 있습니다.

가로와 세로에 어떤 것을 나타낼지 정하기

→ 가로와 세로를 각각 몇 칸으로 할지 정하기 → 그래프에 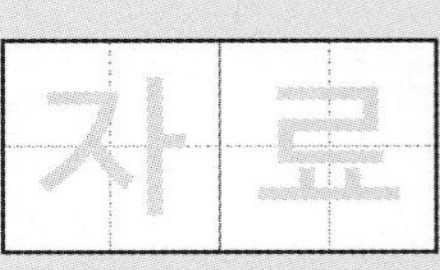 자료를 나타내기

→ 그래프의 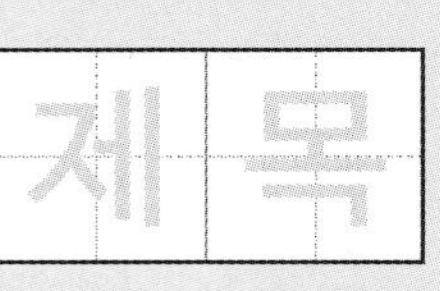 제목 쓰기

1 경휘네 모둠 학생들이 좋아하는 꽃을 조사한 자료입니다. 물음에 답하시오.

경휘네 모둠 학생들이 좋아하는 꽃

장미 경휘	튤립 미영	장미 나경
장미 아람	백합 우수	튤립 소영

(1) 그래프로 나타낼 때 가로에 꽃을 나타내면 세로에는 무엇을 나타내는 것이 좋겠습니까?

( )

(2) 조사한 자료를 보고 ○를 이용하여 그래프로 나타내시오.

경휘네 모둠 학생들이 좋아하는 꽃별 학생 수

3	○		
2	○		
1	○		
학생 수(명) / 꽃	장미	튤립	백합

(3) 설명이 맞으면 ○표, 틀리면 ×표 하시오.

그래프로 나타내면 가장 많은 학생들이 좋아하는 꽃을 한눈에 알아볼 수 있습니다. ( )

힌트 위 (2)의 그래프에서 ○가 가장 많은 꽃이 가장 많은 학생들이 좋아하는 꽃입니다.

위의 자료와 그래프 중 가장 많은 학생들이 좋아하는 꽃을 한눈에 알아볼 수 있는 것은 ☐☐☐☐☐☐ 입니다.

STEP 2 개념 확인하기

개념 1 자료를 분류하여 표로 나타내 볼까요

예 성주네 반 학생들이 좋아하는 색깔

알맞은 말에 ○표 하기

• (자료 , 표)는 누가 어떤 색깔을 좋아하는지 알 수 있습니다.

알맞은 말에 ○표 하기

• (자료 , 표)는 좋아하는 색깔별 학생 수와 전체 학생 수를 쉽게 알 수 있습니다.

[1~3] 수빈이네 모둠 학생들이 좋아하는 장난감을 조사한 자료입니다. 물음에 답하시오.

수빈이네 모둠 학생들이 좋아하는 장난감

인형 수빈	블록 은지	게임기 현정	로봇 재경
로봇 유진	블록 인기	로봇 병희	인형 연희

1 인형을 좋아하는 학생을 모두 찾아 쓰시오.

( )

2 수빈이네 모둠 학생은 모두 몇 명입니까?

( )

익힘책 유형

3 조사한 자료를 보고 표로 나타내시오.

좋아하는 장난감별 학생 수

장난감	인형	블록	게임기	로봇	합계
학생 수 (명)					

개념 2 자료를 조사하여 표로 나타내 볼까요

교과서 유형

4 현주네 반 학생들이 겨울 방학에 가고 싶은 장소를 종이에 적어 칠판에 붙이는 방법으로 조사했습니다. 조사한 자료를 보고 표로 나타내 보시오.

가고 싶은 장소별 학생 수

장소	박물관	스키장			합계
학생 수 (명)	3	6			20

5 조사한 자료를 보고 표로 나타내시오.

희재네 모둠 학생들이 한 달 동안 읽은 책 수

이름	희재	태영	재한	성민	제훈	미아
책 수	1권	4권	3권	2권	1권	2권

희재네 모둠 학생들이 한 달 동안 읽은 책 수별 학생 수

책 수	1권	2권			합계
학생 수 (명)	2	2			6

게임 학습

게임으로 학습을 즐겁게 할 수 있어요.
QR 코드를 찍어 보세요.

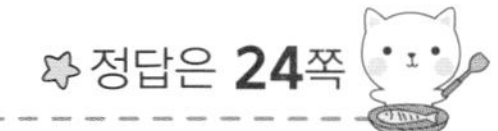

익힘책 유형

6 우리네 가족의 이름에 있는 낱자의 개수를 세어 표로 나타내려고 합니다. 물음에 답하시오.

내 이름 도우리에 있는 낱자는
ㄷ, ㅗ, ㅇ, ㅜ, ㄹ, ㅣ야.
그럼 낱자의 개수는 6개야.

(1) 낱자의 개수를 세어 빈칸에 써넣으시오.

우리네 가족의 이름에 있는 낱자의 개수

이름	낱자의 개수(개)	이름	낱자의 개수(개)
도우리	6	성나정	8
도민우		도은이	

(2) 위 (1)을 보고 표로 나타내시오.

낱자의 개수별 가족 수

낱자의 개수(개)	6			합계
가족 수(명)				4

개념3 자료를 분류하여 그래프로 나타내 볼까요

7 그래프를 보고 □ 안에 알맞은 말을 써넣으시오.

좋아하는 색깔별 학생 수

4	○		
3	○		
2	○	○	
1	○	○	○
학생 수(명) / 색깔	파랑	빨강	노랑

가로에는 □, 세로에는 □를 나타내었습니다.

[8~10] 표를 보고 물음에 답하시오.

정미가 한 달 동안 읽은 종류별 책 수

종류	위인전	동화책	만화책	합계
책 수(권)	1	4	3	8

8 그래프로 나타내는 순서를 기호로 쓰시오.

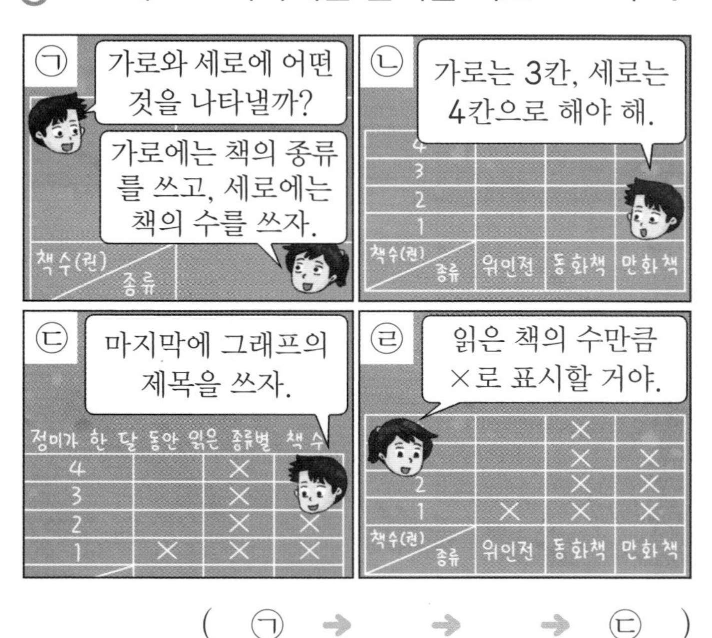

(㉠ → → → ㉢)

교과서 유형

9 위 8과 다른 그래프로 나타내시오.

정미가 한 달 동안 읽은 종류별 책 수

만화책				
동화책				
위인전	○			
종류 / 책 수(권)	1	2	3	

10 그래프로 나타내면 편리한 점을 써 보시오.

개념 파헤치기

개념 4 표와 그래프를 보고 무엇을 알 수 있을까요

• 표의 내용 알아보기

모둠 학생들이 좋아하는 동물별 학생 수

동물	개	고양이	호랑이	합계
학생 수(명)	3	2	1	6

조사한 전체 학생은 6명이에요.

고양이를 좋아하는 학생은 2명이에요.

• 그래프의 내용 알아보기

모둠 학생들이 좋아하는 동물별 학생 수

3	○		
2	○	○	
1	○	○	○
학생 수(명) / 동물	개	고양이	호랑이

가장 많은 학생들이 좋아하는 동물은 개입니다.

가장 적은 학생들이 좋아하는 동물은 호랑이입니다.

표	그래프
• **항목별 수**를 알아보기 편리합니다. • 조사한 자료의 **전체 수**를 알아보기 편리합니다.	• **가장 많은 것**과 **가장 적은 것**을 한눈에 알아보기 편리합니다.

개념 받아쓰기

빈칸에 글자나 수를 따라 쓰세요.

표는 [항목별] [수]와 조사한 자료의 [전체] [수]를,

그래프는 [가장] [많은] [것]과 [가장] [적은] [것]을

한눈에 알아보기 편리합니다.

1 표를 보고 □ 안에 알맞은 수를 써넣으시오.

I반 학생들이 가고 싶은 현장 체험 학습 장소별 학생 수

장소	동물원	놀이 공원	과학관	박물관	합계
학생 수(명)	4	9	7	6	26

(1) I반 학생 □명을 조사했습니다.

(2) I반 학생들 중 동물원에 가고 싶어 하는 학생은 □명입니다.

힌트 표에서 (1) 합계, (2) 동물원에 나타낸 수를 찾아봅니다.

2 준서의 필통 속 학용품 수를 조사하여 나타낸 그래프입니다. 물음에 답하시오.

준서의 필통 속 학용품의 종류별 수

4			○	
3	○		○	
2	○	○	○	
I	○	○	○	○
수(개) / 학용품	연필	지우개	색연필	자

(1) 가장 많이 들어 있는 학용품과 가장 적게 들어 있는 학용품을 각각 쓰시오.

가장 많은 것 (　　　　), 가장 적은 것 (　　　　)

(2) 준서의 필통에 2개보다 많이 들어 있는 학용품의 이름을 모두 쓰시오.

(　　　　)

빈칸에 알맞은 글자나 수를 써 보세요.

위 **1**의 표에서 놀이 공원에 가고 싶은 학생은 □명이고, 박물관에 가고 싶은 학생은 □명입니다.

개념 파헤치기

개념 5 표와 그래프로 나타내 볼까요

• **모둠 학생들의 장래 희망을 표와 그래프로 나타내기**

모둠 학생들의 장래 희망

① 표로 나타내기

모둠 학생들의 장래 희망별 학생 수

장래 희망	선생님	경찰관	요리사	과학자	합계
학생 수(명)	3	2	2	1	8

기준을 정해 분류한 후 항목별로 수를 세어 나타냅니다.

② 그래프로 나타내기

모둠 학생들의 장래 희망별 학생 수

3	○			
2	○	○	○	
1	○	○	○	○
학생 수(명) / 장래 희망	선생님	경찰관	요리사	과학자

표를 보고 항목별 수를 ○, ×, / 중 한 가지를 선택하여 나타냅니다.

• **표와 그래프를 보고 알게 된 내용 정리하기**

표	그래프
• 모둠에서 장래 희망이 경찰관인 학생은 2명입니다. • 모둠 전체 학생 수는 **8명**입니다.	• 모둠 학생들의 장래 희망 중 가장 많은 것은 선생님입니다. • 모둠 학생들의 장래 희망 중 **가장 적은** 것은 **과학자**입니다.

[1~3] 모둠 학생들의 취미를 조사한 자료입니다. 물음에 답하시오.

모둠 학생들의 취미

음악 감상 은우	독서 영미	축구 산이
축구 광웅	음악 감상 예지	축구 광수

1 자료를 보고 표로 나타내시오.

모둠 학생들의 취미별 학생 수

취미	음악 감상	독서	축구	합계
학생 수(명)				

2 위 **1**의 표를 보고 가로에 취미, 세로에 학생 수를 나타낸 그래프로 나타내시오.

모둠 학생들의 취미별 학생 수

학생 수(명) / 취미			

3 위 **1**의 표를 보면 모둠 학생들 중 취미가 독서인 학생은 몇 명입니까?

( )

위 **2**의 그래프에서 학생 수가 가장 많은 취미는  입니다.

개념 4 표와 그래프를 보고 무엇을 알 수 있을까요

- □: 항목별 수와 조사한 자료의 전체 수를 쉽게 알 수 있습니다.
- □: 가장 많은 것과 가장 적은 것을 한눈에 알 수 있습니다.

[1~3] 아성이네 반 학생들이 좋아하는 음료수를 조사하여 나타낸 표입니다. 물음에 답하시오.

아성이네 반 학생들이 좋아하는 음료수별 학생 수

음료수	콜라	사이다	우유	주스	합계
학생 수(명)	7	5	3	6	21

1 □ 안에 알맞은 수를 써넣으시오.

사이다를 좋아하는 학생은 □명이고,

우유를 좋아하는 학생은 □명입니다.

2 아성이네 반 학생은 모두 몇 명입니까?

( )

3 가장 적은 학생들이 좋아하는 음료수는 무엇이고, 몇 명이 좋아하는지 차례로 쓰시오.

( ), ( )

[4~6] 아성이네 반 학생들이 좋아하는 음료수를 그래프로 나타낸 것입니다. 물음에 답하시오.

아성이네 반 학생들이 좋아하는 음료수별 학생 수

7	○			
6	○			○
5	○	○		○
4	○	○		○
3	○	○	○	○
2	○	○	○	○
1	○	○	○	○
학생 수(명) / 음료수	콜라	사이다	우유	주스

4 좋아하는 학생 수가 5명보다 많은 음료수를 모두 찾아 ○표 하시오.

(콜라 , 사이다 , 우유 , 주스)

익힘책 유형

5 그래프를 보고 알 수 있는 내용이 아닌 것을 찾아 기호를 쓰시오.

㉠ 아성이네 반 학생들이 좋아하는 음료수의 종류
㉡ 아성이가 좋아하는 음료수
㉢ 가장 많은 학생들이 좋아하는 음료수

( )

6 알맞은 말에 ○표 하시오.

가장 적은 학생들이 좋아하는 음료수를 한눈에 알아보기 편리한 것은 (표 , 그래프) 입니다.

개념 5 표와 그래프로 나타내 볼까요

7 현서네 모둠 학생들이 좋아하는 음식을 조사하여 나타낸 표입니다. 물음에 답하시오.

현서네 모둠 학생들이 좋아하는 음식별 학생 수

음식	피자	치킨	햄버거	파스타	합계
학생 수(명)	3	4	2	1	10

(1) 표를 보고 ○를 이용하여 그래프로 나타내시오.

현서네 모둠 학생들이 좋아하는 음식별 학생 수

4				
3				
2				
1				
학생 수(명) / 음식	피자	치킨	햄버거	파스타

(2) 위 (1)의 그래프를 보면 모둠에서 가장 많은 학생들이 좋아하는 음식은 무엇입니까?

( )

[8~11] 나리네 모둠 학생들의 이름을 조사한 자료입니다. 물음에 답하시오.

나리네 모둠 학생들의 이름

박나리	박초아	김미라	이근우	김지민
김주미	김해주	이가현	이인희	최영하

8 나리네 모둠 학생들의 성씨는 몇 가지로 분류할 수 있습니까?

( )

9 성씨에 따라 분류하여 표로 나타내시오.

나리네 모둠 학생들의 성씨별 학생 수

성씨	박씨				합계
학생 수(명)					

교과서 유형

10 위 9의 표를 보고 ×를 이용하여 그래프로 나타내시오.

나리네 모둠 학생들의 성씨별 학생 수

성씨 / 학생 수(명)					

익힘책 유형

11 위 9의 표와 10의 그래프를 보고 나리의 일기를 완성하시오.

11월 8일 수요일	날씨: 맑음
수학 시간에 우리 모둠 학생들의 성씨를 조사했다.	
표를 보니 우리 모둠 학생들 중 이씨는 ( )명이었다. 그래프를 보니 우리 모둠 학생들 중 가장 적은 성씨는 ( )라는 것을 알 수 있었다.	

5 표와 그래프

3 STEP 단원 마무리 평가

5. 표와 그래프

점수

[1~5] 1반 학생들이 소풍 가고 싶은 장소를 조사하여 나타낸 것입니다. 물음에 답하시오.

1반 학생들이 소풍 가고 싶은 장소별 학생 수

장소	아쿠아리움	공원	동물원	미술관	합계
학생 수(명)	7	6		4	20

1반 학생들이 소풍 가고 싶은 장소별 학생 수

7	○			
6	○			
5	○			
4	○			
3	○			
2	○			
1	○			
학생 수(명) / 장소	아쿠아리움	공원	동물원	미술관

1 표의 빈칸에 알맞은 수를 써넣으시오.

2 그래프를 완성하시오.

3 민홍이가 소풍 가고 싶은 장소는 어디입니까?

( )

4 표를 보고 1반 학생들은 모두 몇 명인지 쓰시오. ( )

5 그래프를 보고 가장 많은 학생들이 소풍 가고 싶어 하는 장소를 쓰시오.

( )

6 알맞은 말에 ○표 하시오.

조사한 자료의 전체 수를 알아보기 편리한 것은 (자료 , 표 , 그래프)입니다.

7 알맞은 말에 ○표 하시오.

가장 많은 것과 가장 적은 것을 한눈에 알 수 있는 것은 (자료 , 표 , 그래프)입니다.

[8~11] 3반 학생들이 좋아하는 계절을 그림과 같은 방법으로 조사했습니다. 물음에 답하시오.

유사문제

8 계절은 몇 가지로 구분됩니까?

( )

9 위와 같은 방법으로 조사하기에 가장 적당한 것을 찾아 ○표 하시오.

좋아하는 연예인　　좋아하는 음식
혈액형　　부모님의 직업

10 자료를 보고 표로 나타내시오.

3반 학생들이 좋아하는 계절별 학생 수

계절	봄	여름	가을	겨울	합계
학생 수(명)					21

11 봄을 좋아하는 학생은 몇 명입니까?

( )

12 1반 학생들의 혈액형을 조사하여 나타낸 표입니다. 빈칸에 알맞은 수를 써넣으시오.

1반 학생들의 혈액형별 학생 수

혈액형	A형	B형	O형	AB형	합계
학생 수(명)	9	4	5		20

[13~15] 근영이네 반 학생들이 필요한 학용품을 조사하여 나타낸 그래프입니다. 물음에 답하시오.

근영이네 반 학생들이 필요한 학용품별 학생 수

4	○			
3	○			
2	○	○		○
1	○	○	○	○
학생 수(명) / 학용품	지우개	연필	자	풀

13 위 그래프의 가로와 세로에 나타낸 것을 각각 차례로 쓰시오.

( ), ( )

14 □ 안에 알맞은 학용품을 써넣으시오.

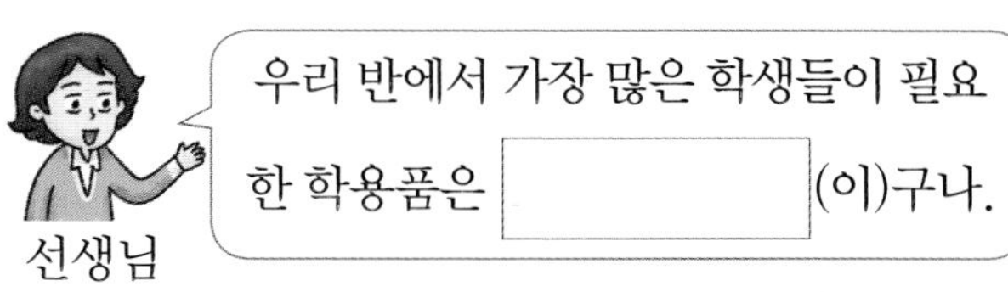

15 가장 많은 학생들이 필요한 학용품과 가장 적은 학생이 필요한 학용품의 필요한 학생 수의 차는 몇 명입니까?

( )

5 표와 그래프

[16~18] 진주와 친구들은 장애물 넘기를 했습니다. 장애물을 넘으면 ○표, 넘지 못하면 ×표를 했습니다. 물음에 답하시오.

유사문제

이름 \ 순서	1	2	3	4	5	6
진주	×	○	○	×	○	×
종민	○	○	×	○	○	○
하수	○	○	○	×	×	○
민주	×	○	×	×	×	×

16 진주는 장애물을 몇 번 넘었습니까?

( )

17 위 자료를 보고 그래프를 완성하시오.

장애물을 넘은 횟수

횟수(번) / 이름				

18 위 17의 그래프를 보고 알 수 있는 내용을 1가지 써 보시오.

[19~20] 선지는 11월 1일부터 26일까지 강아지를 산책시킨 날을 달력에 표시하고 표로 나타냈습니다. 물음에 답하시오.

November 11

일	월	화	수	목	금	토
			1 선지	2	3 엄마	4
5 아빠	6	7	8 선지	9	10	11 아빠
12	13	14 선지	15	16	17	18 ?
19	20 선지	21	22 엄마	23	24	25 아빠
26	27	28	29	30		

강아지를 산책시킨 가족별 날수

가족	엄마	아빠	선지	합계
날수(일)	2	4	4	10

19 11월 18일에 강아지를 산책시킨 사람은 누구입니까? ( )

20 달력과 표를 보고 선지의 일기를 완성하시오.

11월 26일 일요일	날씨: 맑음
11월에는 내가 강아지를 6일 산책시키기로 부모님과 약속했었다.	
표를 보니 내가 오늘까지 강아지를 산책시킨 날수는 ( )일이었다. 앞으로 ( )일만 더 산책시키면 약속을 지킬 수 있다.	

QR 코드를 찍어 게임을 해 보고 이번 단원을 확실히 익혀 보세요!

정답은 28쪽

밭에서 뽑은 채소

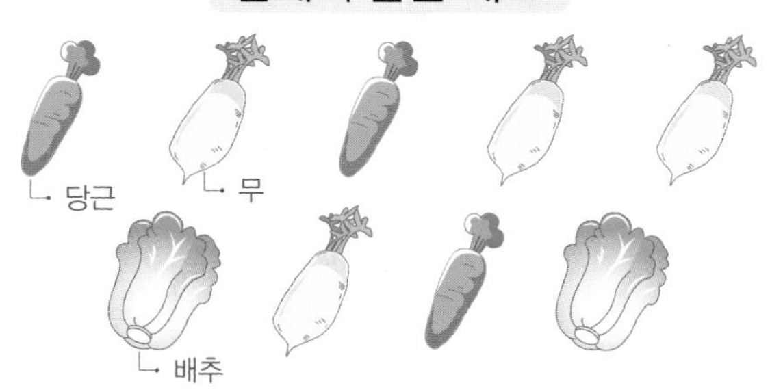

1 자료를 분류하여 표로 나타내면

밭에서 뽑은 채소별 수

채소	당근	무	배추	합계
수(개)	3	4	□	9

2 자료를 분류하여 그래프로 나타내면

밭에서 뽑은 채소별 수

4			
3			
2			
1			
수(개) / 채소	당근	무	배추

○, ×, / 등을 아래에서 위로 한 칸에 1개씩 빈칸 없이 수만큼 그립니다.

3 전체 수를 쉽게 알 수 있는 것은 (표 , 그래프)입니다.

표에서 합계는 전체 수입니다.

4 그래프로 나타내면 가장 많은 채소와 가장 적은 채소를 한눈에 알아볼 수 있습니다. (○ , ×)

5 가장 많이 뽑은 것은 □이고, 가장 적게 뽑은 것은 □입니다.

그래프는 가장 많은 것과 가장 적은 것을 한눈에 알아볼 수 있습니다.

개념 공부를 완성했다!

6 규칙 찾기

제6화 문제를 맞혀서 고기를 먹는 사람은 누구누구일까?

이 덧셈표에서 규칙을 하나 찾아서 말해 봐.

오른쪽으로 갈수록 1씩 커지는 규칙이 있어요.

+	1	2	3	4	5	6
1	2	3	4	5	6	7
2	3	4	5	6	7	8
3	4	5	6	7	8	9
4	5	6	7	8	9	10
5	6	7	8	9	10	11
6	7	8	9	10	11	12

이전에 **배운 내용**	이번에 **배울 내용**	앞으로 **배울 내용**
[1-2 규칙 찾기] • 반복 규칙에서 규칙 찾기 • 규칙을 만들어 무늬 꾸미기 • 수 배열에서 규칙 찾기 • 규칙을 여러 가지 방법으로 나타내기	• 무늬에서 규칙 찾기 • 쌓은 모양에서 규칙 찾기 • 덧셈표에서 규칙 찾기 • 곱셈표에서 규칙 찾기 • 생활에서 규칙 찾기	[4-1 규칙 찾기] • 규칙을 찾아 수로 나타내기 • 규칙을 찾아 식으로 나타내기 • 계산식에서 규칙 찾기 • 등호를 사용하여 식으로 나타내기

개념 파헤치기

개념 1 무늬에서 규칙을 찾아볼까요 (1)

개념 동영상

• 색깔이 변하는 규칙 찾아보기

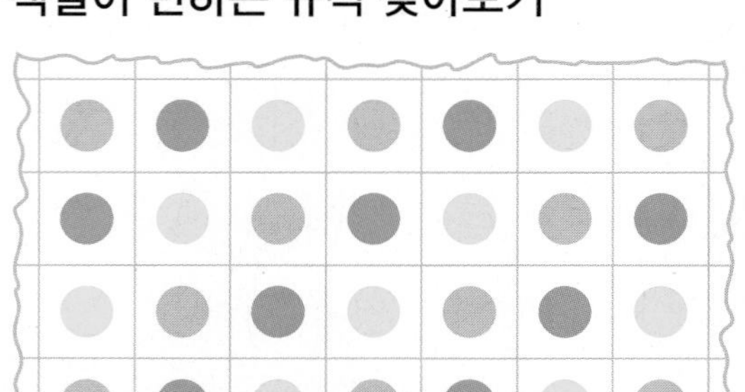

주황색, 초록색, 노란색이 반복됩니다.
↙ 방향으로 같은 색이 반복됩니다.

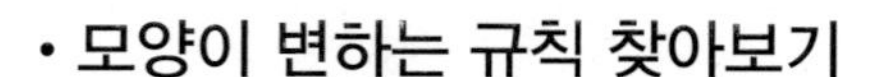

• 모양이 변하는 규칙 찾아보기

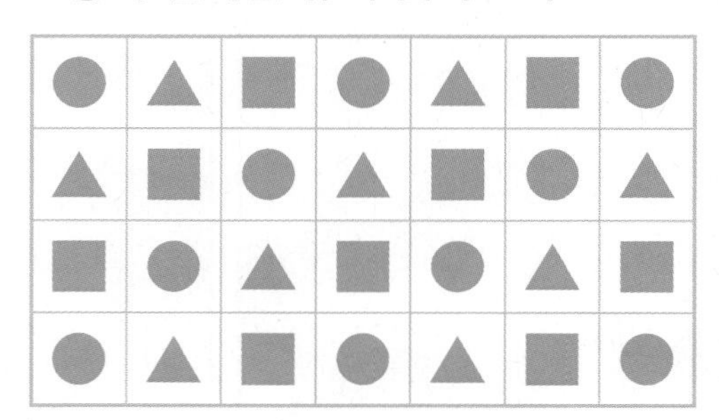

●, ▲, ■가 반복됩니다.
↙ 방향으로 같은 모양이 반복됩니다.

• 무늬를 숫자로 나타내고 규칙 찾아보기

☀는 1, ☆은 2, ☽은 3으로 바꾸어 나타내기

1	2	3	2	1	2	3
2	1	2	3	2	1	2
3	2	1	2	3	2	1
2	3	2	1	2	3	2

☀, ☆, ☽, ☆이 반복됩니다.
↘ 방향으로 같은 모양이 반복됩니다.

1, 2, 3, 2가 반복됩니다.
↘ 방향으로 같은 숫자가 반복됩니다.

• 색깔과 모양이 모두 변하는 무늬에서 규칙 찾아보기

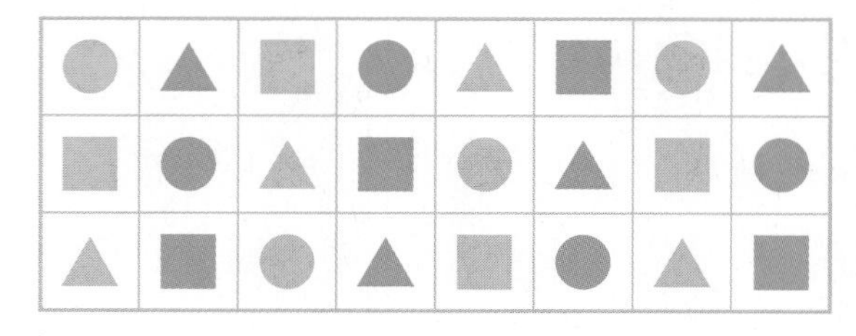

주황색, 초록색이 반복되고
○, △, □가 반복됩니다.

1 그림을 보고 규칙을 찾아 ♡를 알맞게 색칠하시오.

2 규칙을 찾아 □ 안에 알맞은 모양을 그리고, 색칠하시오.

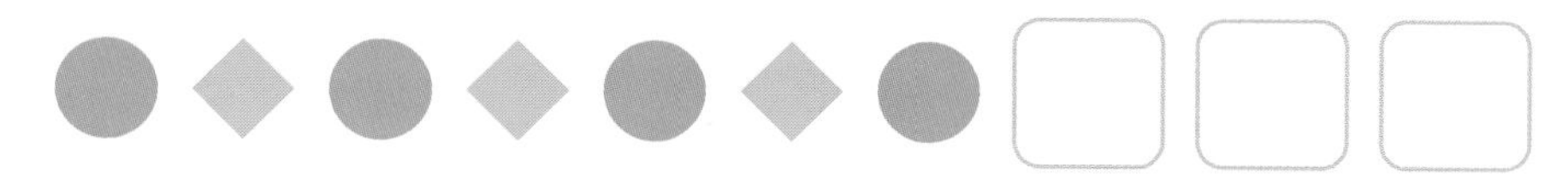

3 위 **2**의 모양을 ●는 1, ◆는 2로 바꾸어 나타내고, □ 안에 알맞은 수를 써넣으시오.

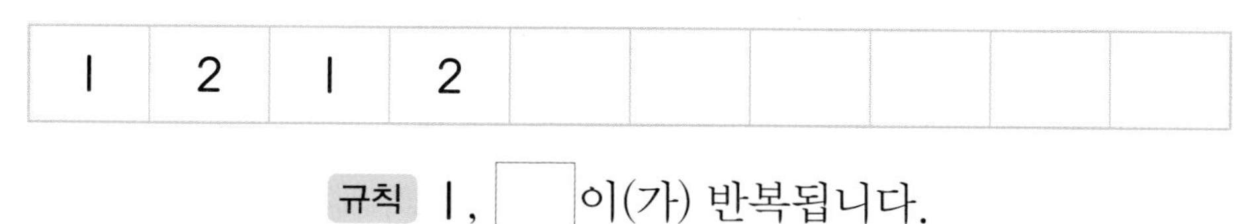

1	2	1	2						

규칙 1, □ 이(가) 반복됩니다.

4 그림을 보고 물음에 답하시오.

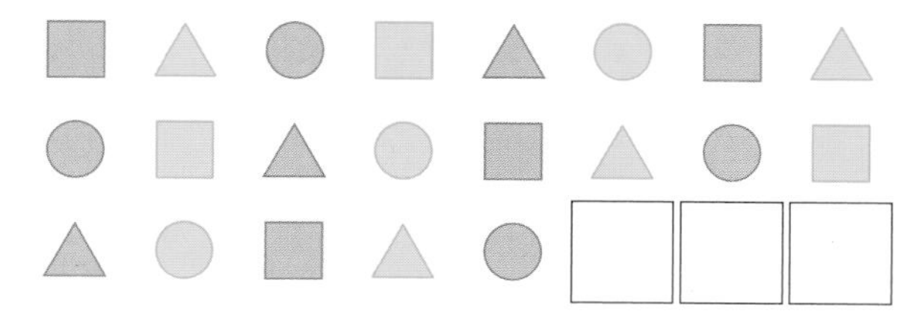

(1) 위 무늬를 보고 찾을 수 있는 규칙으로 알맞은 것에 ○표 하시오.

(2) 위 그림의 □ 안에 알맞은 모양을 그리고, 색칠하시오.

개념 파헤치기

개념 2 무늬에서 규칙을 찾아볼까요(2)

개념 동영상

• 돌아가는 무늬에서 규칙 찾아보기

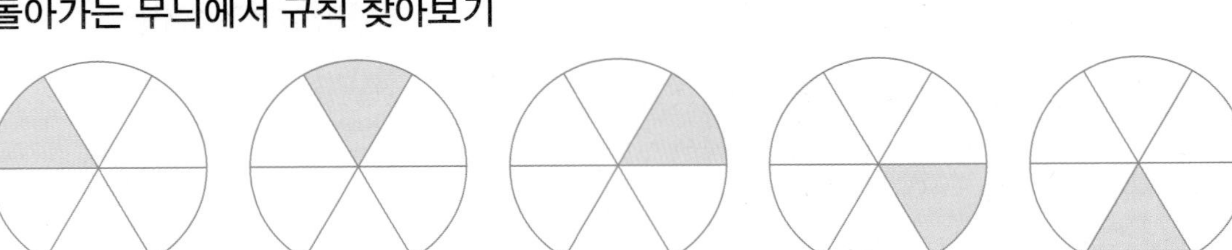

➔ 초록색으로 색칠된 부분이 **시계 방향**으로 돌아가고 있습니다.

➔ 화살표 모양이 **시계 반대 방향**으로 돌아가고 있습니다.

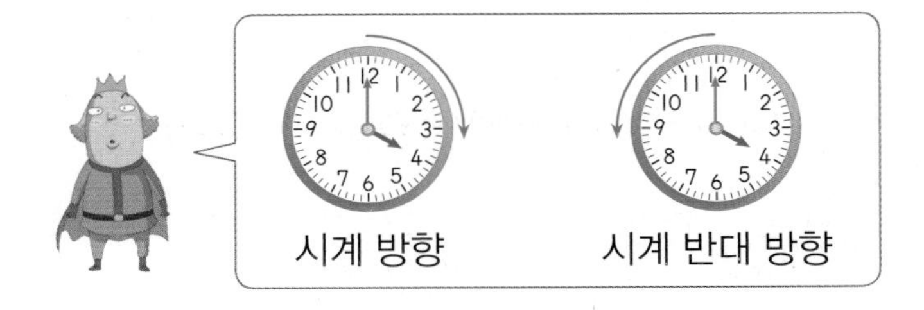

• 늘어나는 무늬에서 규칙 찾아보기

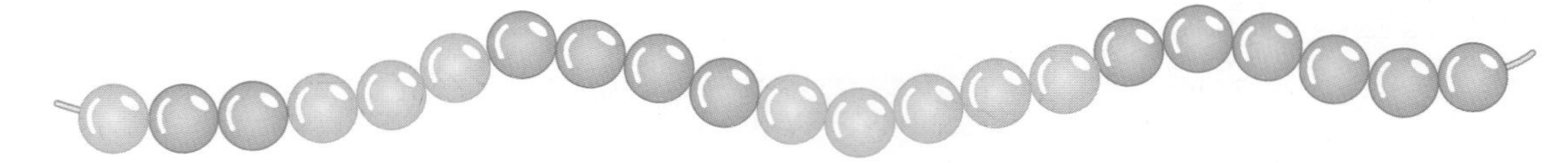

➔ **주황색**, **초록색**이 1개씩 늘어나며 반복되고 있습니다.

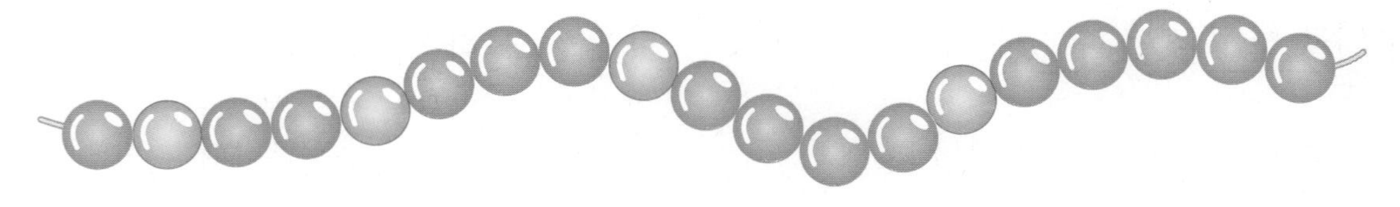

➔ **빨간색**과 **파란색**이 반복되고 빨간색이 **1개씩 늘어나는** 규칙입니다.

[1~2] 규칙을 찾아 알맞은 말에 ○표 하시오.

1

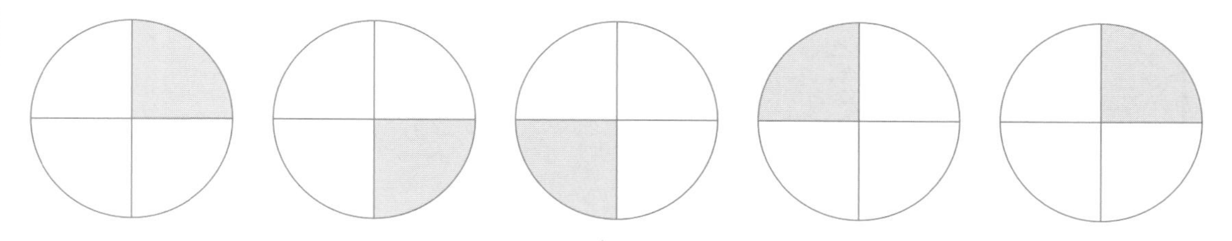

빨간색으로 색칠된 부분이 (시계 방향 , 시계 반대 방향)으로 한 칸씩 돌아가고 있습니다.

2

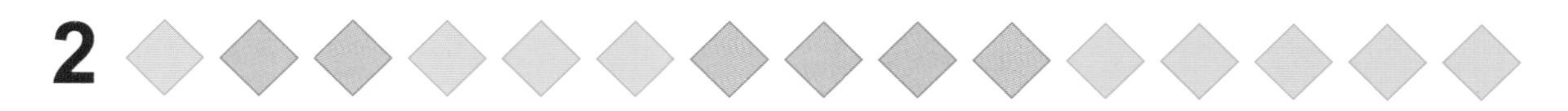

주황색과 초록색이 (1개씩 , 2개씩) 늘어나며 반복되고 있습니다.

3 규칙을 찾아 ●을 알맞게 그려 넣으시오.

(1)

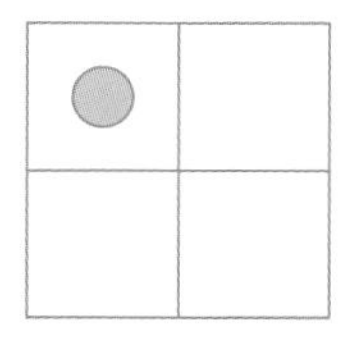

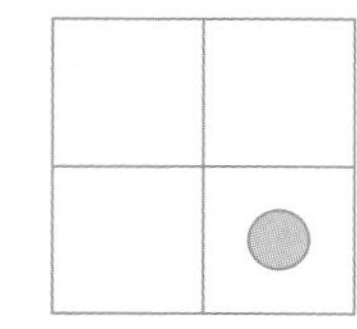

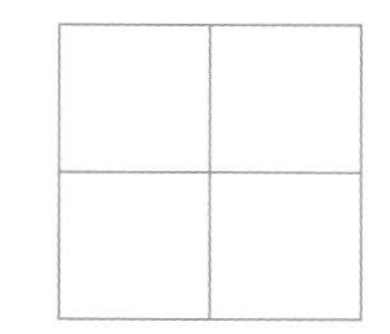

(2)

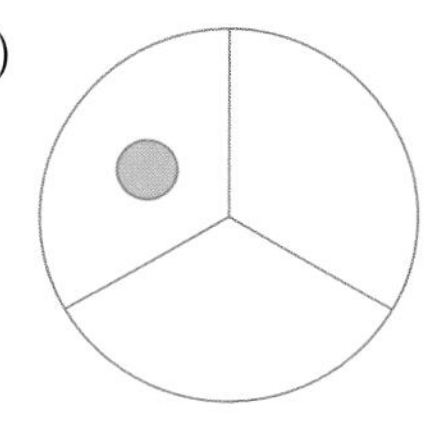

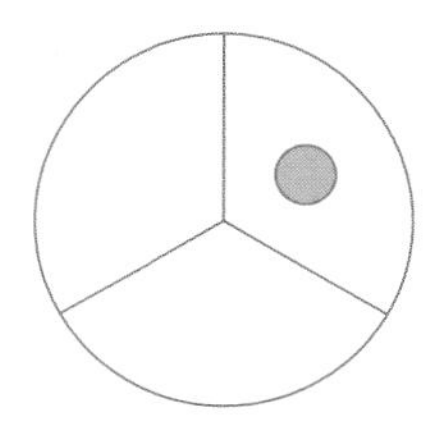

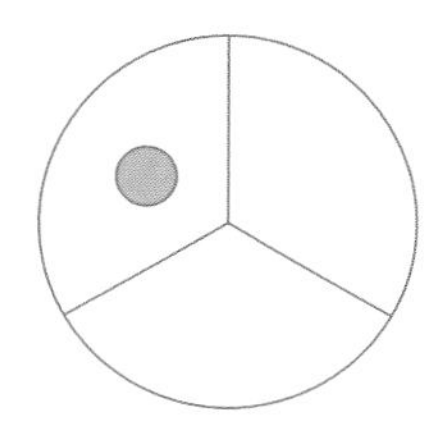

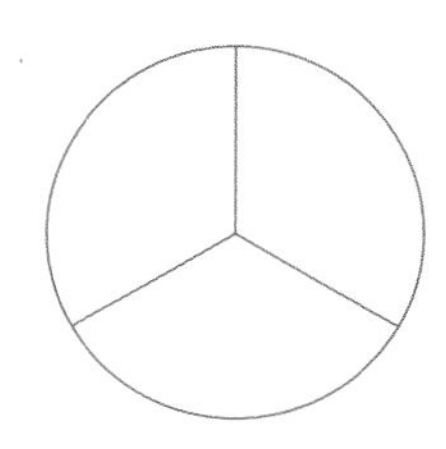

4 규칙을 찾아 □ 안에 알맞은 모양을 그리고, 색칠하시오.

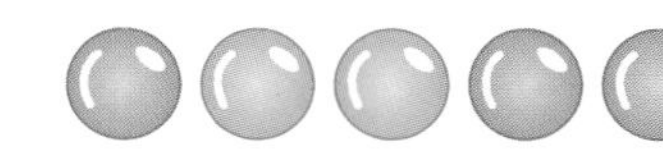

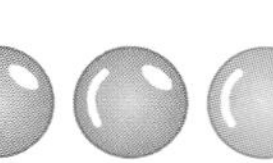

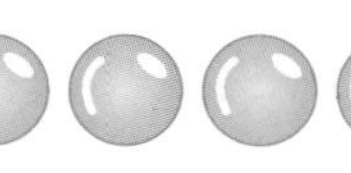

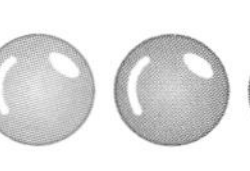

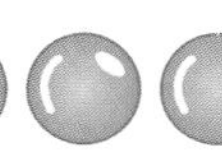

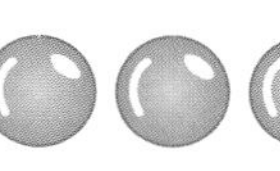

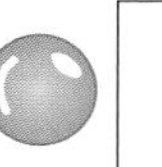

개념 파헤치기

개념 3 쌓은 모양에서 규칙을 찾아볼까요

• 상자가 쌓여 있는 모양에서 규칙 찾기

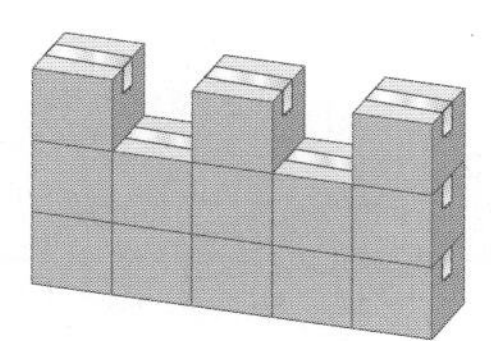
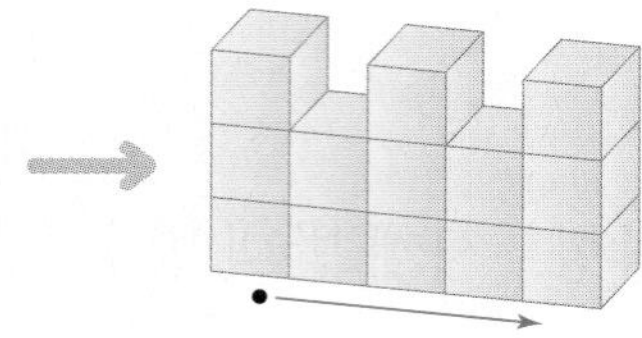

→ 상자가 쌓여 있는 모양과 똑같은 모양으로 쌓기나무를 쌓아 봅니다.

쌓기나무의 수가 **왼쪽에서 오른쪽으로 3개, 2개씩 반복**되는 규칙입니다.

• 쌓기나무를 쌓은 모양에서 규칙 찾기

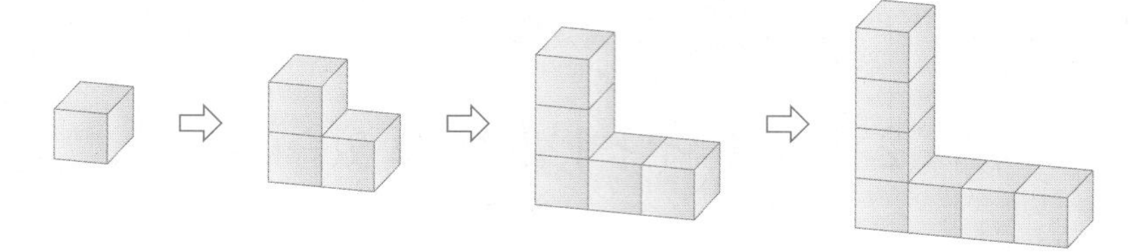

① **ㄴ 자 모양**으로 쌓은 규칙입니다.

② 쌓기나무가 **오른쪽으로 1개, 위쪽으로 1개씩 늘어나는** 규칙입니다.

③ **전체 쌓기나무가 2개씩 늘어나는** 규칙입니다.

다섯 번째에는 쌓기나무를 어떻게 쌓아야 할까?

이렇게 쌓으면 돼.

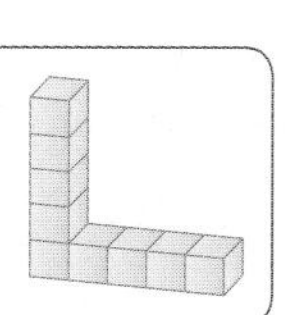

✎ 빈칸에 글자나 수를 따라 쓰세요.

1

쌓기나무가

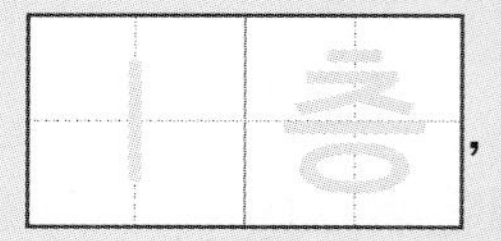

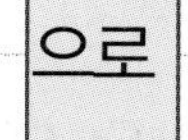
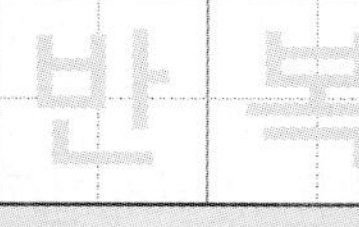

1 층, 4 층으로 반복되는 규칙입니다.

2

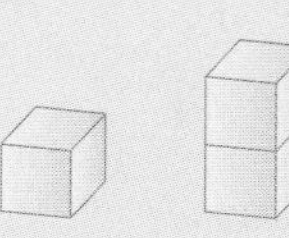

쌓기나무가 위쪽으로

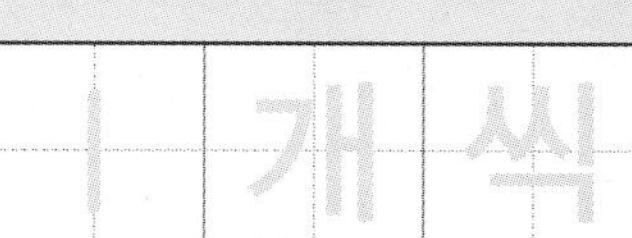
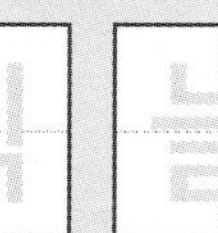

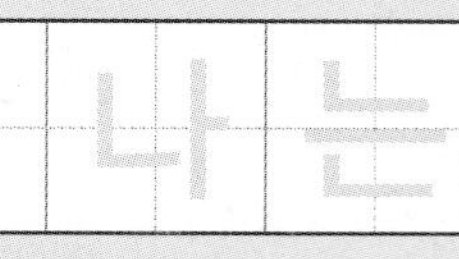

1 개씩 늘어나는 규칙입니다.

1 쌓기나무로 다음과 같은 모양을 쌓았습니다. □ 안에 알맞은 수를 써넣으시오.

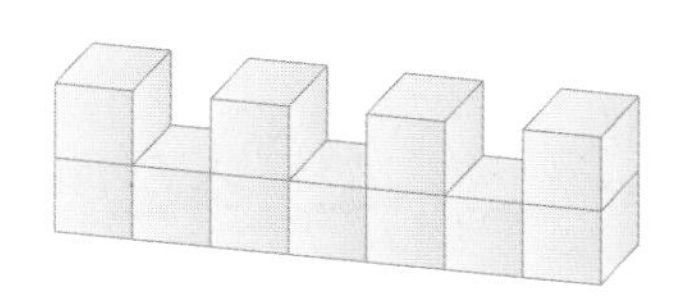

쌓기나무의 수가 왼쪽에서 오른쪽으로 □개, □개씩 반복되는 규칙입니다.

2 규칙에 따라 쌓기나무를 쌓은 것입니다. 물음에 답하시오.

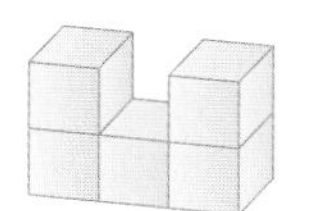
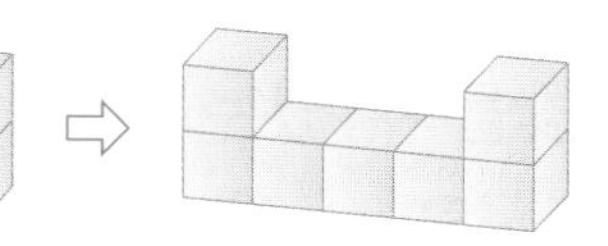

첫 번째　　두 번째　　세 번째

(1) 빈칸에 알맞은 수를 써넣으시오.

쌓은 모양	첫 번째	두 번째	세 번째
쌓기나무의 수(개)	5	6	

(2) 알맞은 수에 ○표 하시오.

전체 쌓기나무가 (1 , 2)개씩 늘어나는 규칙입니다.

(3) □ 안에 알맞은 수를 써넣으시오.

네 번째 모양에 쌓을 쌓기나무는 모두 □개입니다.

(4) 다섯 번째 모양에 쌓을 쌓기나무는 모두 몇 개입니까?

(　　　　　　　　)

개념 확인하기

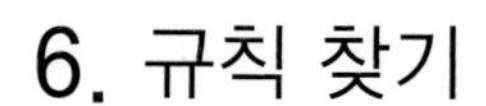

개념 1 무늬에서 규칙을 찾아볼까요 (1)

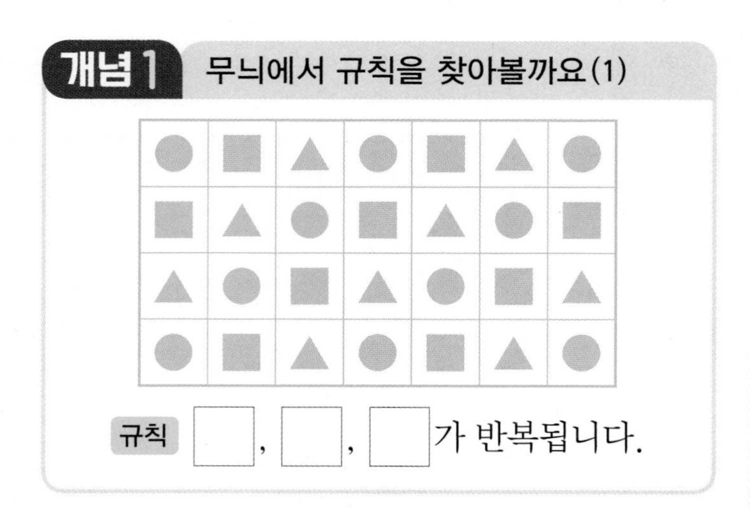

규칙 ☐, ☐, ☐가 반복됩니다.

1 위 개념 1 의 무늬를 보고 찾을 수 있는 규칙으로 알맞은 것에 ○표 하시오.

↙ 방향으로 같은 모양이 반복되고 있습니다.	↓ 방향으로 같은 모양이 반복되고 있습니다.
(　　　)	(　　　)

2 무진이는 규칙적으로 구슬을 꿰어 목걸이를 만들려고 합니다. 규칙에 맞게 색칠하시오.

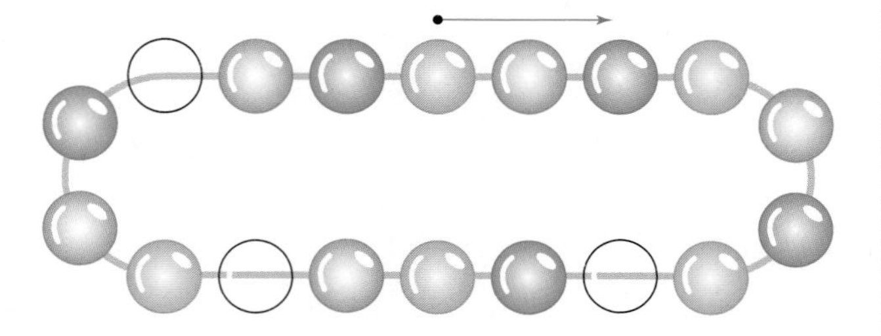

3 규칙을 찾아 ☐ 안에 알맞은 모양을 그리고, 색칠하시오.

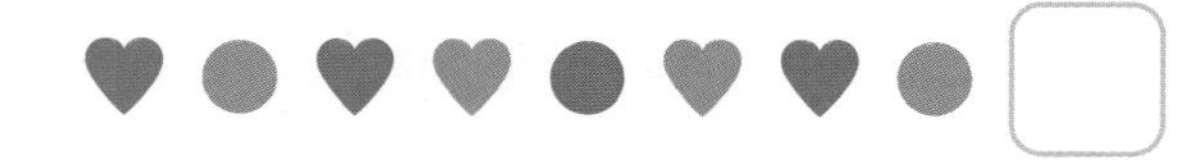

4 소현이는 닭고기와 파를 꼬챙이에 끼워 닭꼬치를 만들고 있습니다. 그림을 보고 규칙을 찾아 꼬챙이에 알맞은 모양을 그려 보시오.

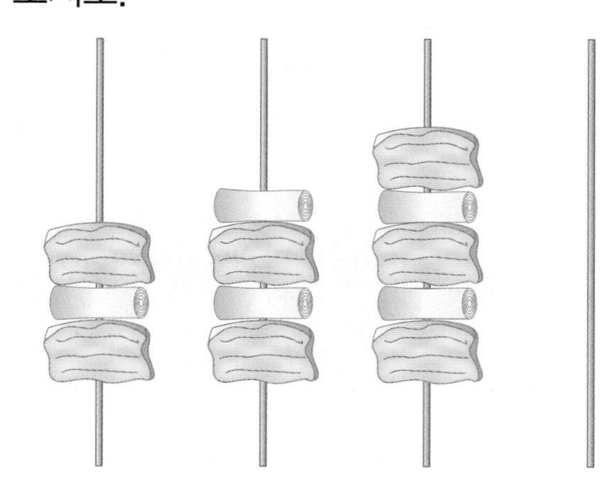

교과서 유형

5 다음 그림에서 (해)는 1, (구름)은 2, (눈사람)은 3으로 바꾸어 나타내시오.

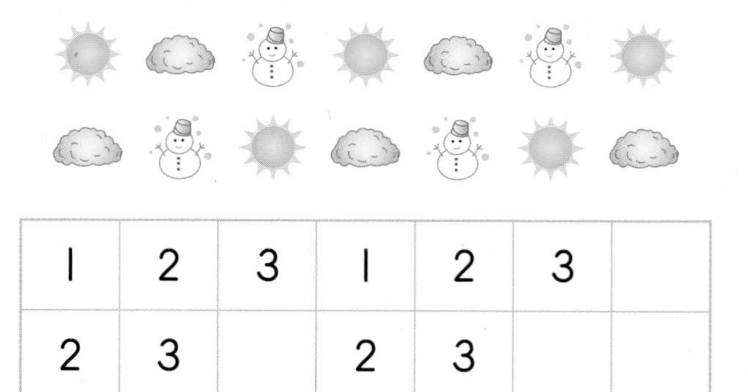

1	2	3	1	2	3	
2	3		2	3		

6 5의 규칙을 찾아 완성하시오.

규칙 1 1, ☐, ☐이(가) 반복됩니다.

규칙 2 (↙ , ↘ , ↓) 방향으로 같은 숫자가 반복됩니다.

개념2 무늬에서 규칙을 찾아볼까요(2)

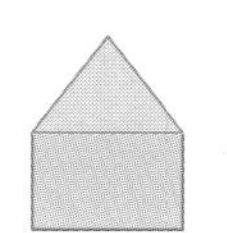 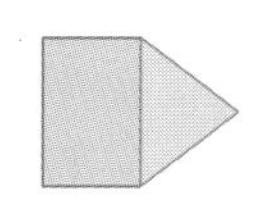 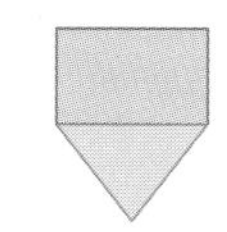 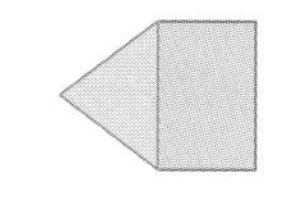 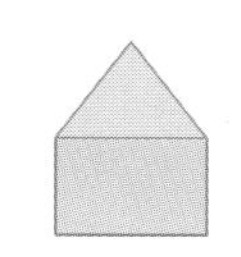

규칙 집 모양이
(시계 방향 , 시계 반대 방향)으로
돌아가고 있습니다.

개념3 쌓은 모양에서 규칙을 찾아볼까요

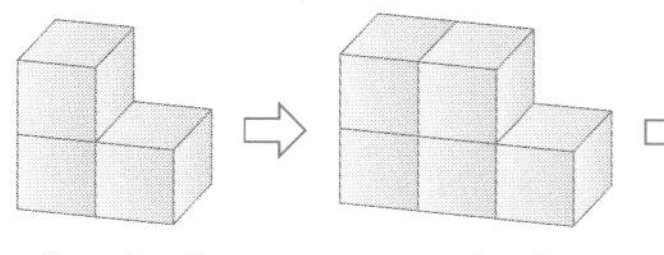

첫 번째 두 번째 세 번째

규칙 쌓기나무가 왼쪽으로 ☐ 개씩 늘어
나는 규칙입니다.

익힘책 유형

7 규칙을 찾아 빈 곳을 알맞게 색칠하시오.

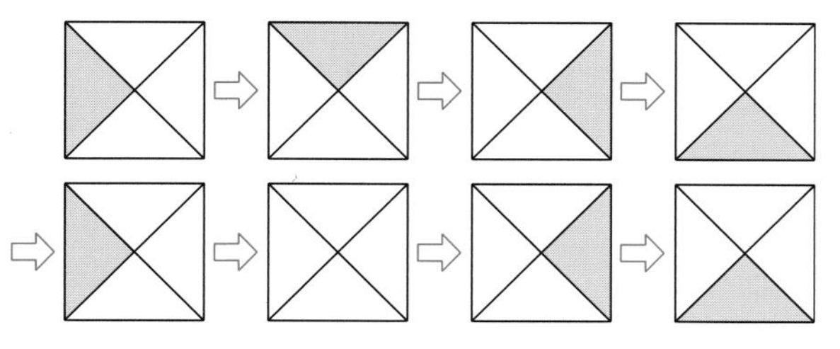

8 규칙을 찾아 ☐ 안에 알맞은 모양을 찾아 기호를 쓰시오.

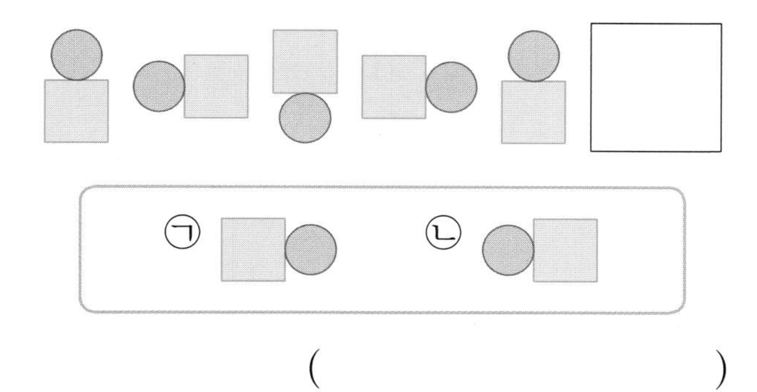

( )

9 팔찌의 규칙을 찾아 알맞게 색칠하시오.

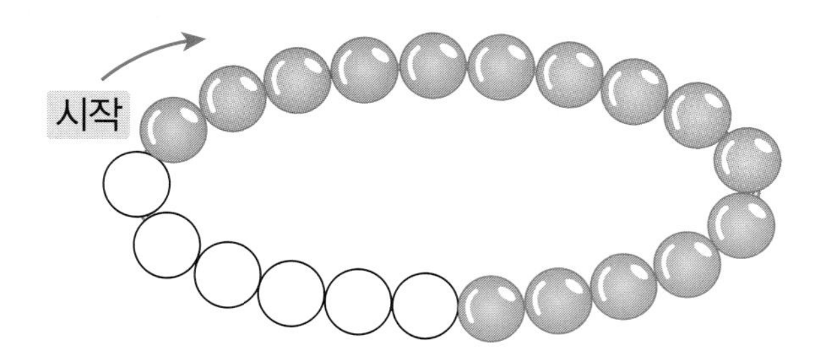

10 개념3 의 네 번째 모양을 색칠하고, 네 번째 모양에 쌓을 쌓기나무는 몇 개인지 쓰시오.

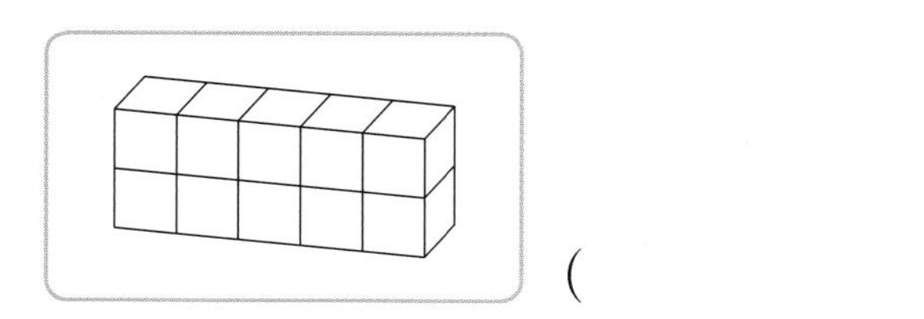

( )

11 쌓기나무로 다음과 같은 모양을 쌓았습니다. 알맞은 것에 ○표 하시오.

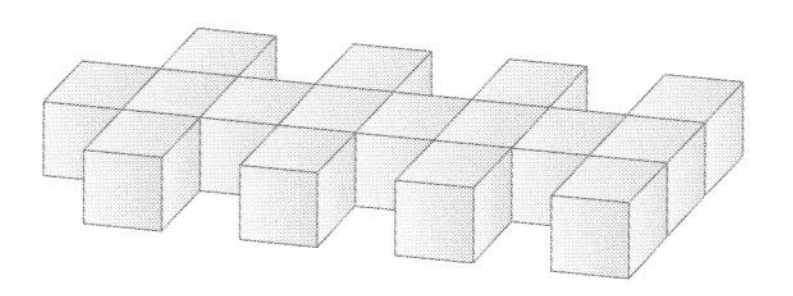

(ㅓ , ㅣ) 자 모양을 이어서 쌓은 규칙입니다.

교과서 유형

12 규칙에 따라 쌓기나무를 쌓아 갈 때 ☐ 안에 놓을 쌓기나무는 몇 개입니까?

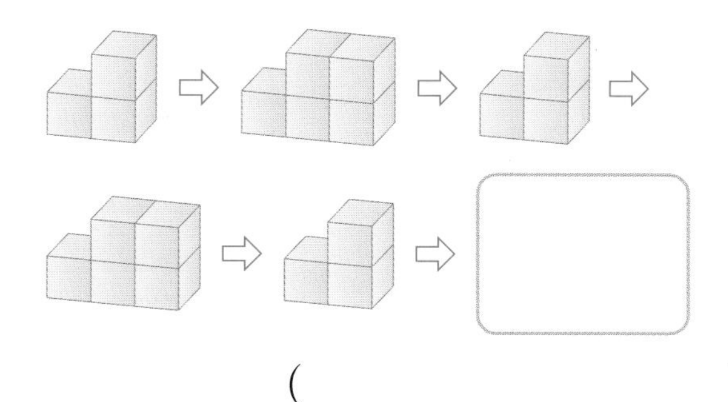

( )

6 규칙 찾기

개념 파헤치기

개념 4 덧셈표에서 규칙을 찾아볼까요

개념 동영상

• 덧셈표에서 규칙 찾기

+	0	1	2	3	4
0	0	1	2	3	4
1	1	2	3	4	5
2	2	3	4	5	6
3	3	4	5	6	7
4	4	★	6	7	8

① 파란색으로 칠해진 수는
오른쪽으로 갈수록 1씩 커집니다.

② 빨간색으로 칠해진 수는
아래쪽으로 내려갈수록 1씩 커집니다.

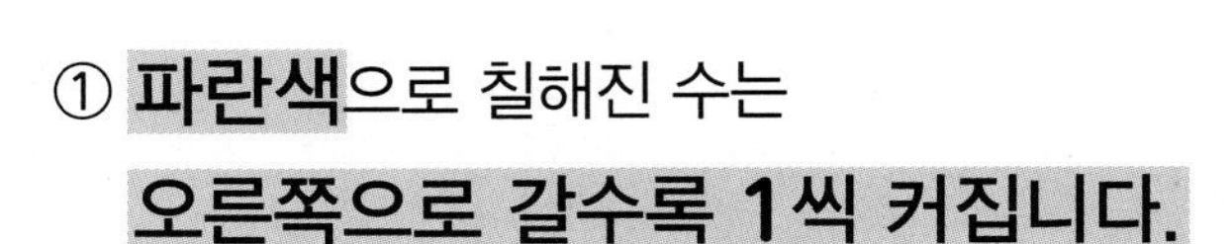

③ ↘ 방향으로 갈수록 2씩 커집니다.

• 위 덧셈표에서 ★에 알맞은 수 찾기

4	4	★	6	7	8

오른쪽으로 갈수록 1씩 커지므로
★=5

1
1
2
3
4
★

아래쪽으로 내려갈수록 1씩 커지므로
★=5

개념 받아쓰기

빈칸에 글자나 수를 따라 쓰세요.

1 위 덧셈표에서 파란색으로 칠해진 수는

오른쪽으로 갈수록 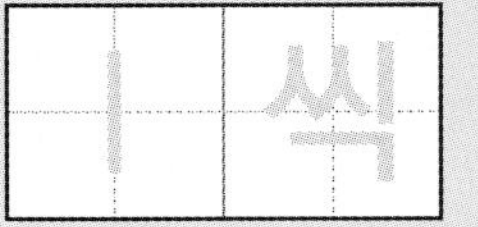 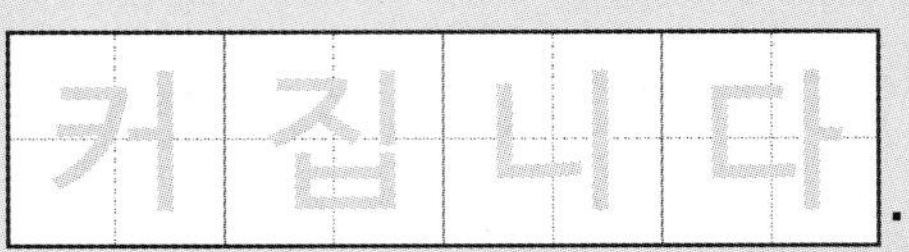.

2 위 덧셈표에서 빨간색으로 칠해진 수는

아래쪽으로 내려갈수록 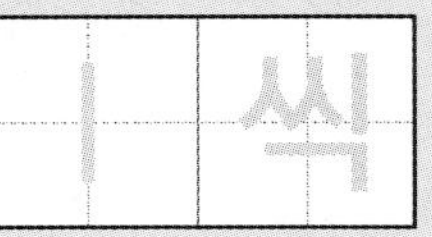 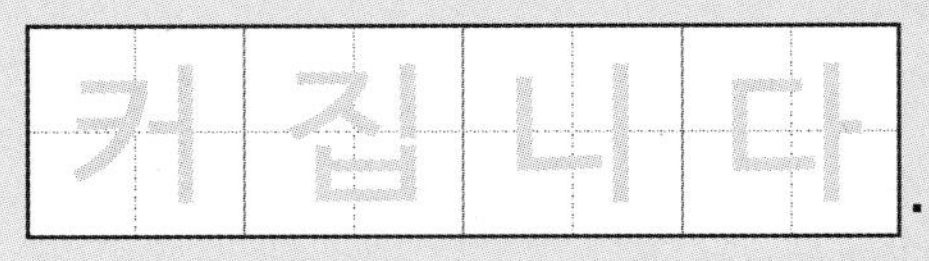.

[1~2] 덧셈표를 보고 물음에 답하시오.

+	1	2	3	4	5	6
1	2	3	4	5	6	7
2	3	4	5	6	7	8
3	4	5	6	7	8	9
4	5	6	7	8	9	10
5	6	7	8	9	10	11
6	7	8	9		11	

1 위 덧셈표의 빈칸에 알맞은 수를 써넣으시오.

2 □ 안에 알맞은 수를 써넣으시오.

규칙 1 파란색으로 칠해진 수는 오른쪽으로 갈수록 □씩 커집니다.

규칙 2 빨간색으로 칠해진 수는 아래쪽으로 내려갈수록 □씩 커집니다.

[3~4] 빈칸에 알맞은 수를 써넣어 덧셈표를 완성하시오.

3

+	0	1	2	3
0	0	1	2	3
1	1	2	3	
2	2	3	4	
3	3			

4

+	4	5	6	7
4	8	9	10	11
5	9	10		12
6	10			
7	11	12	13	

개념 파헤치기

개념 5 곱셈표에서 규칙을 찾아볼까요

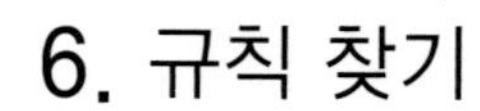

• 곱셈표에서 규칙 찾기

×	1	2	3	4	5
1	1	2	3	4	5
2	2	4	6	8	10
3	3	6	9	★	15
4	4	8	12	16	20
5	5	10	15	20	25

• **파란색**으로 칠해진 수는
오른쪽으로 갈수록 2씩 커집니다.

• **빨간색**으로 칠해진 수는
아래쪽으로 내려갈수록 3씩 커집니다.

• 곱셈표를 **점선**을 따라 접어 보면 만나는 수들은
서로 같습니다.

• 위 곱셈표에서 ★에 알맞은 수 찾기

3	3	6	9	★	15

오른쪽으로 갈수록 3씩 커지므로
★=12

4
4
8
★
16
20

→ 아래쪽으로 내려갈수록 4씩 커지므로
★=12

개념 받아쓰기

1 위 곱셈표에서 파란색으로 칠해진 수는

오른쪽으로 갈수록 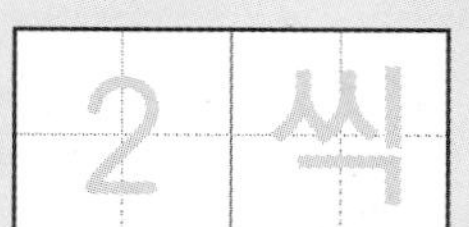 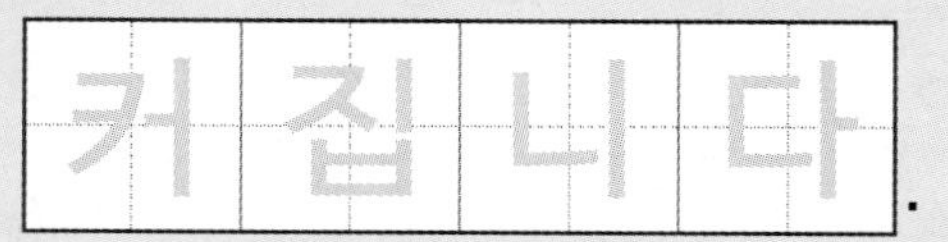.

2 위 곱셈표에서 빨간색으로 칠해진 수는

아래쪽으로 내려갈수록 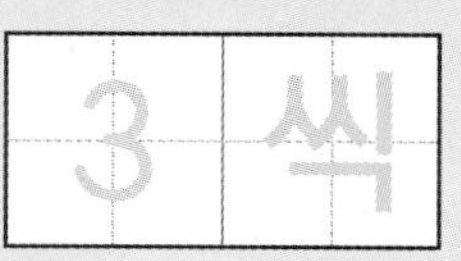 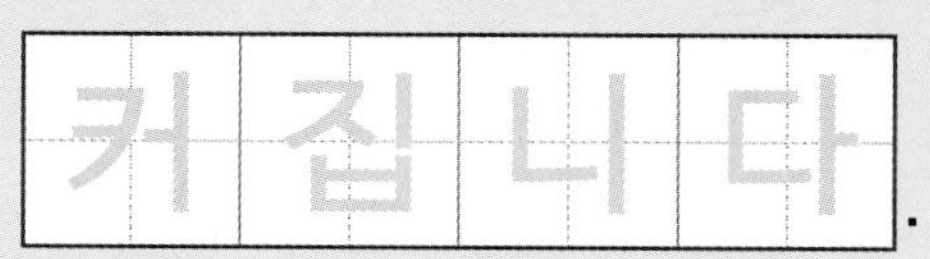.

[1~2] 곱셈표를 보고 물음에 답하시오.

×	1	2	3	4	5	6
1	1	2	3	4	5	6
2	2	4	6	8	10	12
3	3	6	9	12	15	18
4	4	8	12	16	20	24
5	5	10	15			
6	6	12	18	24	30	36

1 위 곱셈표의 빈칸에 알맞은 수를 써넣으시오.

2 □ 안에 알맞은 수를 써넣으시오.

규칙 1 파란색으로 칠해진 수는 오른쪽으로 갈수록 □씩 커집니다.

규칙 2 빨간색으로 칠해진 수는 아래쪽으로 내려갈수록 □씩 커집니다.

[3~4] 빈칸에 알맞은 수를 써넣어 곱셈표를 완성하시오.

3

×	1	2	3	4
1	1	2	3	4
2	2	4		
3	3	6	9	
4	4	8	12	

4

×	5	6	7	8
5	25	30	35	40
6	30	36	42	48
7	35		49	56
8	40			

6 규칙 찾기

개념 파헤치기

개념 6 생활에서 규칙을 찾아볼까요

개념 동영상

• 신호등에서 규칙 찾기

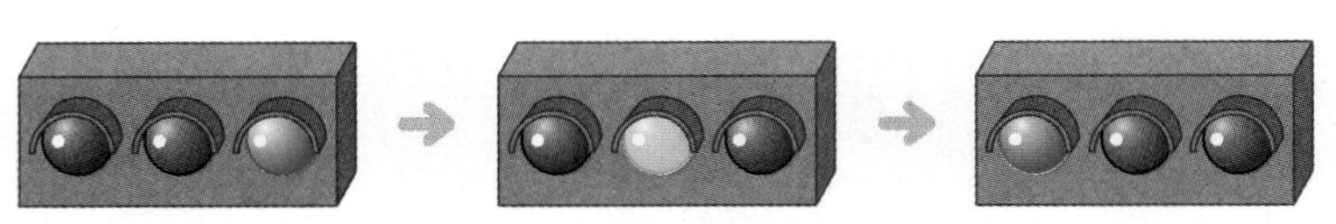

초록색 → **노란색** → **빨간색**의 순서로 등의 색깔이 바뀌는 규칙이 있습니다.

• 달력에서 규칙 찾기

9월

일	월	화	수	목	금	토
					1	2
3	4	5	6	7	8	9
10	11	12	13	14	15	16
17	18	19	20	21	22	23
24	25	26	27	28	29	30

토요일이 7일마다 반복돼요.

① **같은 요일은 7일마다 반복**되는 규칙이 있습니다.
② **오른쪽으로 갈수록 1씩 커지는** 규칙이 있습니다.
③ **아래쪽으로 내려갈수록 7씩 커지는** 규칙이 있습니다.
④ **목요일에 있는 수는 7단 곱셈구구**와 같습니다.
⑤ 점선에 놓인 수는 **↘ 방향으로 갈수록 8씩 커지는** 규칙이 있습니다.

개념 받아쓰기

위 달력에서

❶ 같은 요일은 [7 일 마 다] [반 복] 되는 규칙이 있습니다.

❷ 오른쪽으로 갈수록 [1 씩] [커 지 는] 규칙이 있습니다.

1 신호등에서 규칙을 찾아 쓰려고 합니다. □ 안에 알맞은 말을 써넣으시오.

신호등은 빨간색, □의 순서로 등의 색깔이 바뀌는 규칙이 있습니다.

[2~4] 달력을 보고 물음에 답하시오.

11월

일	월	화	수	목	금	토
			1	2	3	4
5	6	7	8	9	10	11
12	13	14	15	16	17	18
19	20	21	22	23	24	25
26	27	28	29	30		

2 오른쪽으로 갈수록 몇씩 커지는 규칙이 있습니까?

( )

3 □ 안에 알맞은 수를 써넣으시오.

규칙 화요일에 있는 수는 □단 곱셈구구와 같습니다.

힌트 7, 14, 21, 28은 몇 단 곱셈구구인지 알아봅니다.

4 □ 안에 알맞은 수를 써넣으시오.

규칙 점선에 놓인 수는 ↙ 방향으로 갈수록 □씩 커집니다.

개념 확인하기

개념4 덧셈표에서 규칙을 찾아볼까요

+	2	3	4	5
2	4	5	6	7
3	5	6	7	8
4	6	7	8	9
5	7	8	9	10

빨간색으로 칠해진 수에는 아래쪽으로 내려갈수록 □씩 커지는 규칙이 있습니다.

1 위 개념4 의 덧셈표에서 파란색으로 칠해진 수는 오른쪽으로 갈수록 몇씩 커지는 규칙입니까?

( )

2 위 개념4 의 덧셈표에서 초록색 점선에 놓인 수는 ↘ 방향으로 갈수록 몇씩 커지는 규칙입니까?

( )

교과서 유형

3 규칙을 찾아 빈칸에 알맞은 수를 써넣으시오.

+	1	3	5	7
2	3	5	7	9
3	4	6	8	10
4	5		9	11
5	6	8		

익힘책 유형

4 덧셈표에서 규칙을 찾아 빈칸에 알맞은 수를 써넣으시오.

+	1	2	3	4	
1	2	3	4	5	6
2	3	4	5	6	7
3	4	5	6	7	8
4	5	6	7	8	
	6	7	8		

5	6	7
6	7	8

개념5 곱셈표에서 규칙을 찾아볼까요

×	2	3	4	5
2	4	6	8	10
3	6	9	12	15
4	8	12	16	20
5	10	15	20	25

파란색으로 칠해진 수에는 오른쪽으로 갈수록 □씩 커지는 규칙이 있습니다.

5 진서와 은표 중 위 개념5 의 곱셈표를 보고 규칙을 바르게 설명한 사람의 이름을 쓰시오.

진서: 빨간색으로 칠해진 수는 아래쪽으로 내려갈수록 3씩 커져.
은표: 곱셈표에 있는 수는 모두 짝수야.

( )

6 규칙을 찾아 빈칸에 알맞은 수를 써넣으시오.

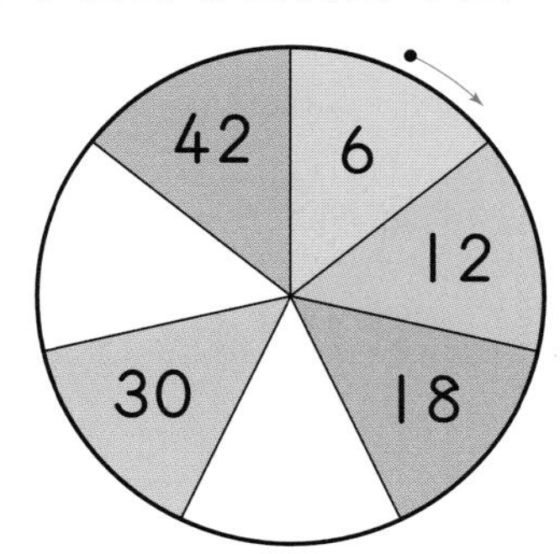

익힘책 유형

7 곱셈표에서 규칙을 찾아 빈칸에 알맞은 수를 써넣으시오.

×	1	2	3	4	
1	1	2	3	4	5
2	2	4	6	8	10
3	3	6	9	12	15
4	4	8	12	16	
	5	10	15		

9	12	15
12	16	
15		

개념6 생활에서 규칙을 찾아볼까요

규칙 1 위쪽으로 올라갈수록 □씩 커집니다.

규칙 2 오른쪽으로 갈수록 □씩 커집니다.

8 위 개념6 의 엘리베이터 층수 버튼을 보고 알맞은 수에 ○표 하시오.

아래쪽으로 내려갈수록 (1 , 2)씩 작아지는 규칙이 있습니다.

9 민주의 이불에서 규칙을 찾아 쓰려고 합니다. □ 안에 알맞은 말을 써넣으시오.

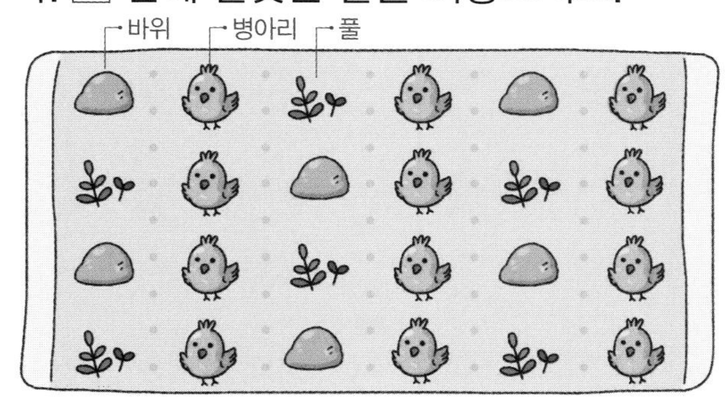

규칙 바위, 병아리, 풀, □ 이(가) 반복되고 있습니다.

10 전자계산기 숫자 버튼에서 찾을 수 있는 규칙을 써 보시오.

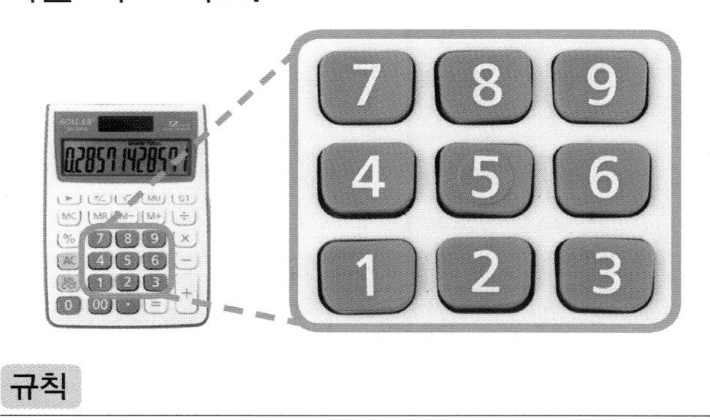

규칙 ______________________

익힘책 유형

11 공연장에서 성우의 자리가 다 열 여섯째 자리일 때 성우의 의자 번호는 몇 번입니까?

(   )

3 단원 마무리 평가

6. 규칙 찾기

점수

1 규칙을 찾아 □ 안에 알맞은 것에 ○표 하시오.

(★ , ★)

[2~4] 덧셈표를 보고 물음에 답하시오.

+	2	3	4	5
2	4	5	6	7
3	5	6	7	8
4	6	7	8	
5	7			10

2 규칙을 찾아 빈칸에 알맞은 수를 써넣으시오.

3 알맞은 말에 ○표 하시오.

> 초록색으로 칠해진 수에는 오른쪽으로 갈수록 1씩 (작아지는 , 커지는) 규칙이 있습니다.

4 빨간색으로 칠해진 수는 아래쪽으로 내려갈수록 몇씩 커집니까?

( )

5 규칙을 찾아 □ 안에 알맞은 모양을 그리고, 색칠해 보시오.

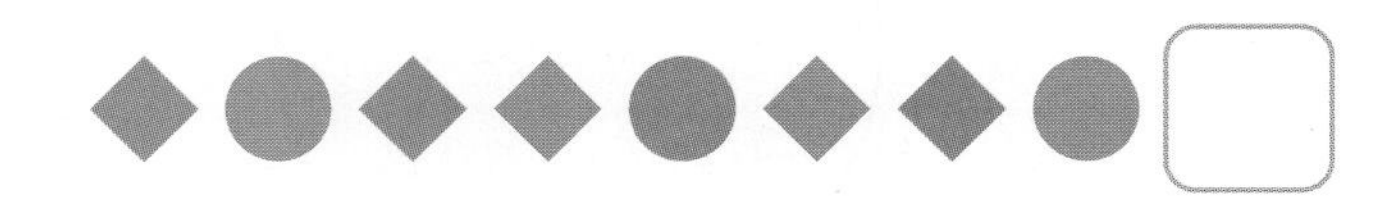

[6~8] 곱셈표를 보고 물음에 답하시오.

×	2	3	4	5
2	4	6	8	10
3	6	9	12	
4	8	12	16	20
5	10		20	

6 곱셈표의 빈칸에 알맞은 수를 써넣으시오.

7 빨간색으로 칠해진 곳과 규칙이 같은 곳을 찾아 색칠하시오.

8 곱셈표에서 규칙을 잘못 찾은 학생의 이름을 쓰시오.

> 영애: 초록색으로 색칠한 수는 오른쪽으로 갈수록 2씩 커져.
> 명환: 곱셈표에 있는 수는 모두 홀수야.

( )

9 왼쪽에 있는 주희의 방 벽지의 무늬에서 (얼굴)은 1, (하트)는 2로 바꾸어 나타내시오.

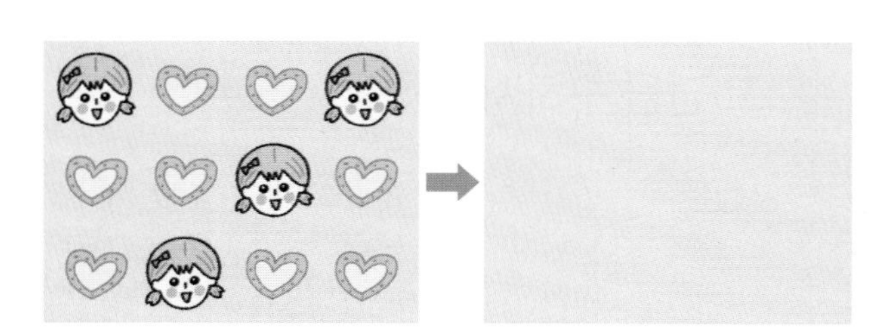

10 위 9의 바꾸어 나타낸 숫자를 보고 찾을 수 있는 규칙의 기호를 쓰시오.

㉠ 1, 1, 2가 반복됩니다.
㉡ 1, 2, 2가 반복됩니다.

(　　　　　　　　)

유사문제

11 규칙에 따라 쌓기나무를 쌓아 갈 때 □ 안에 알맞은 모양은 어느 것입니까? (　　　)

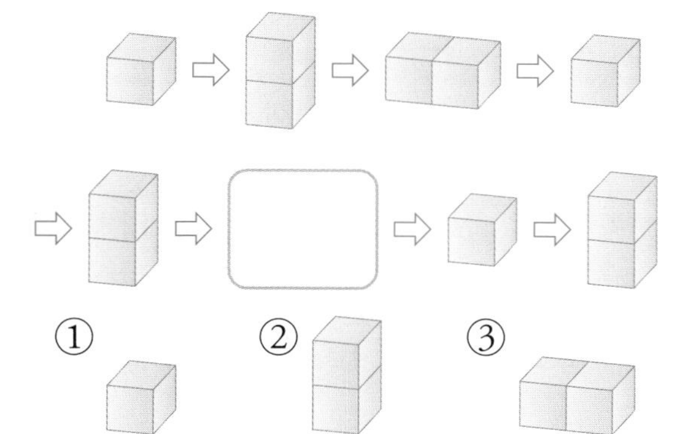

유사문제

12 규칙을 찾아 빈 곳을 알맞게 색칠하시오.

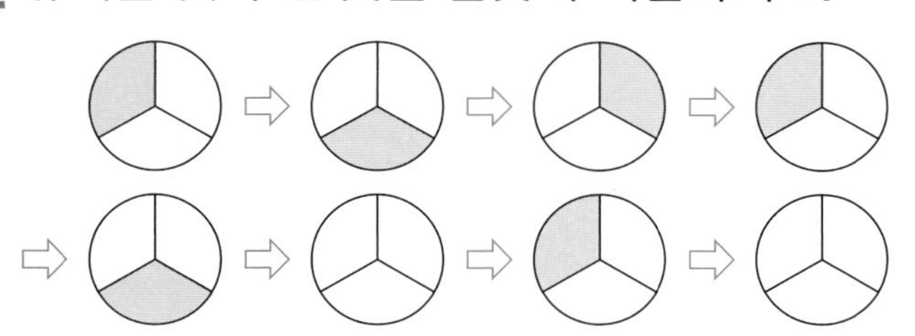

13 규칙을 찾아 무늬를 완성하시오.

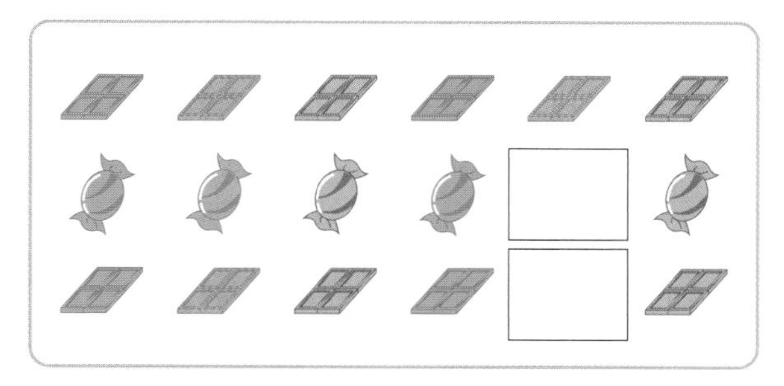

[14~16] 덧셈표를 보고 물음에 답하시오.

+	1	3	5	7	9
1	2	4	6	8	㉠
3	4	6	8	10	12
5	6	8	㉡	12	14
7	8	㉢	12	㉣	16
9	10	12	14	16	18

유사문제

14 보라색으로 칠해진 수는 오른쪽으로 갈수록 몇씩 커지는 규칙입니까?

(　　　　　　　　)

15 ㉠~㉣ 중 다른 수가 들어가는 하나를 찾아 기호를 쓰시오.

(　　　　　　　　)

16 초록색 점선에 놓인 수의 규칙을 써 보시오.

규칙

6 규칙 찾기

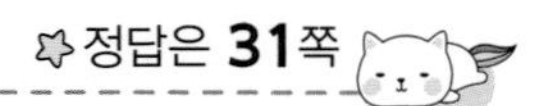

17 민우는 생활 속에서 수의 규칙을 찾을 수 있는 물건을 찾아 빨간색 화살표를 그었습니다. 수의 규칙이 다른 하나를 찾아 이름을 쓰시오.

▲ 시계

▲ 계산기

▲ 저울

(　　　　　　　　)

유사문제

18 달력이 찢어졌습니다. 9월 넷째 토요일은 며칠입니까?

9월

일	월	화	수	목	금	토
					1	2
3	4	5	6	7	8	9
10	11	12	13	14	15	16
17	18	19				

(　　　　　　　　)

19 규칙에 따라 쌓기나무를 쌓은 것입니다. 쌓은 규칙을 써 보시오.

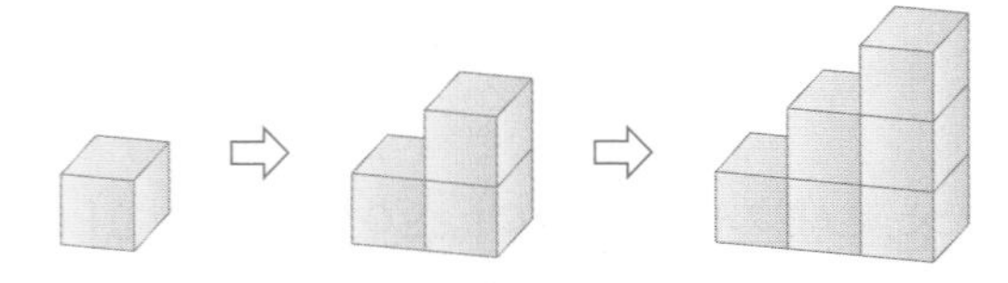

규칙

20 어떤 규칙에 따라 상자를 쌓은 것입니다. 상자를 4층으로 쌓기 위해 필요한 상자는 모두 몇 개인지 □ 안에 알맞은 수를 써넣고 답을 구하시오.

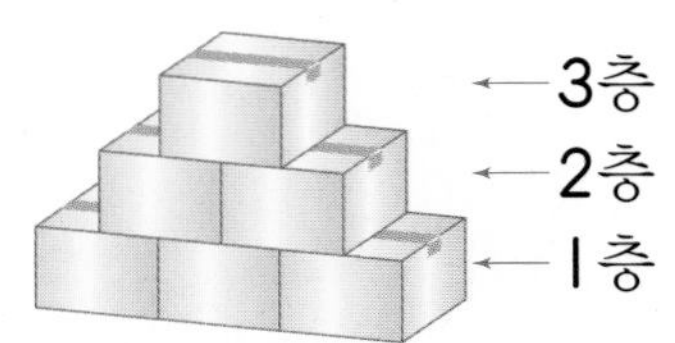

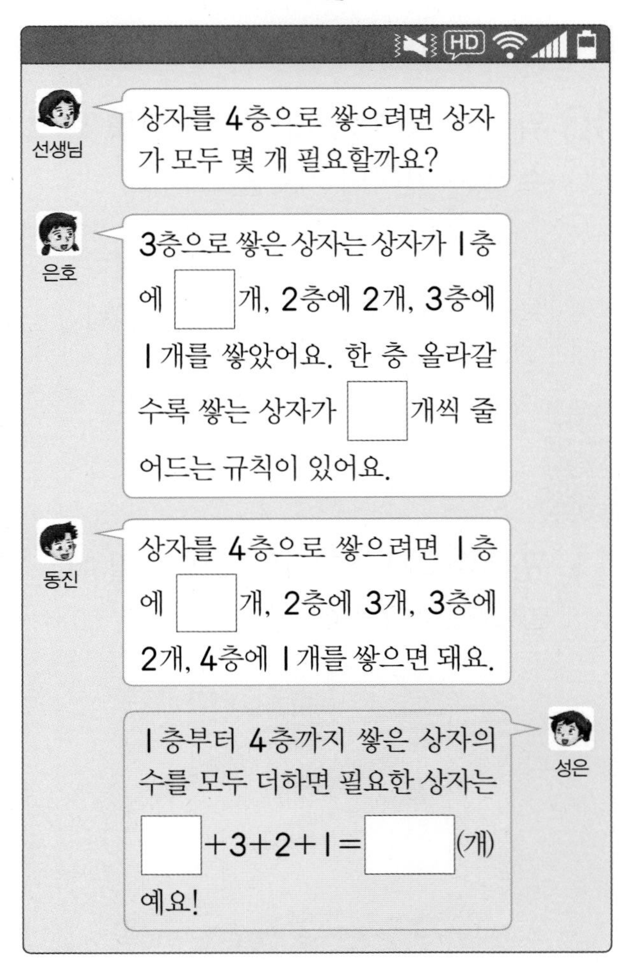

(　　　　　　　　)

QR 코드를 찍어 게임을 해 보고
이번 단원을 확실히 익혀 보세요!

마무리 개념완성

정답은 32쪽

생각의 방향

1

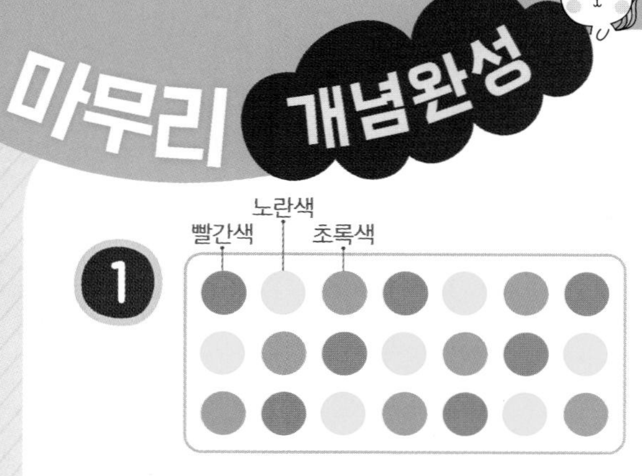

[ ]색, [ ]색, [ ]색이 반복되는 규칙입니다.

2 위 **1**의 그림에서 ●을 1, ●을 2, ●을 3으로 바꾸어 나타내면

1	2	3	1	2	3	1
2	3	1	2	3	1	2
3	1					

●, ●, ●이 반복되는 규칙입니다.
⇨ 1, 2, 3이 반복되는 규칙입니다.

3 쌓기나무로 (ㅏ , ㄴ) 자 모양을 이어서 쌓은 규칙입니다.

4

+	1	2	3
1	2	3	4
2	3	4	5
3	4	5	6

초록색으로 칠해진 수는 오른쪽으로 갈수록 [ ]씩 커지는 규칙이 있습니다.

5

×	1	2	3
1	1	2	3
2	2	4	6
3	3	6	9

파란색으로 칠해진 수는 아래쪽으로 내려갈수록 [ ]씩 커지는 규칙이 있습니다.

파란색으로 칠해진 수는 3단 곱셈구구입니다.

6 달력에 있는 수들은 오른쪽으로 갈수록 [ ]씩 커지고, 같은 요일은 [ ]일마다 반복됩니다.

1주일은 7일입니다.

개념 공부를 완성했다!

한국의 멋 문살

문이란 고정된 건축물 중에서 유일하게 움직이는 것이에요. 안과 밖을 잇는 소통의 연결 고리이자 너머의 공간을 구분 짓는 경계이기도 해요.
그리하여 우리 조상들은 문살의 모양으로 건물의 성격을 나타내었고, 문살에 온 정성을 기울였어요.
그럼 다양한 짜임새의 문살에는 어떤 것들이 있는지 알아볼까요?

정자살 무늬

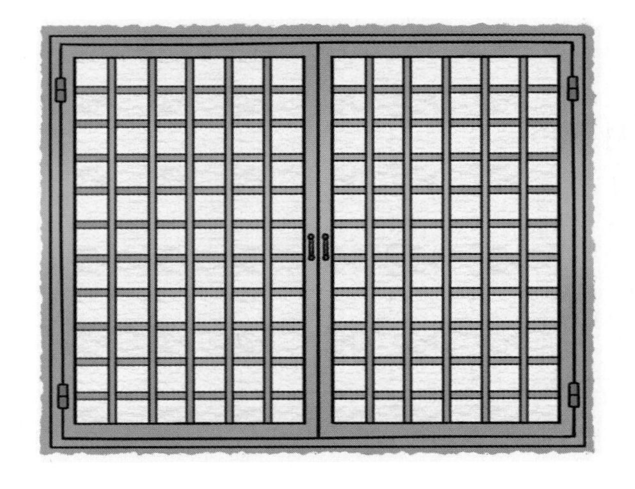

빗살 무늬

솟을 빗살 무늬

꽃살 무늬

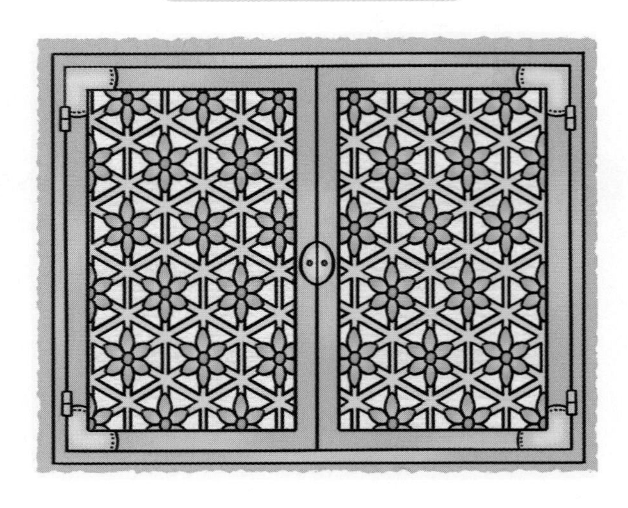

규칙을 찾아 창문을 완성해 보세요.

규칙을 만들어 창문을 완성해 보세요.

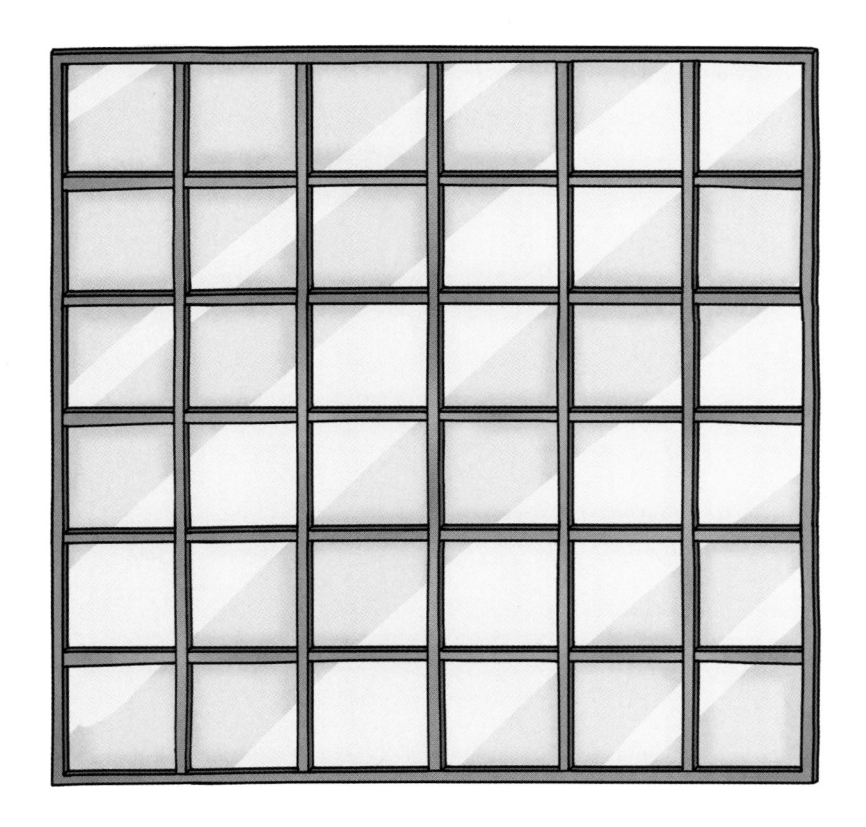

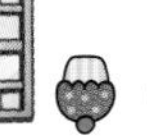

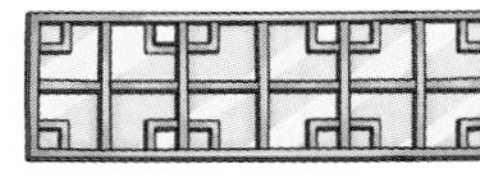

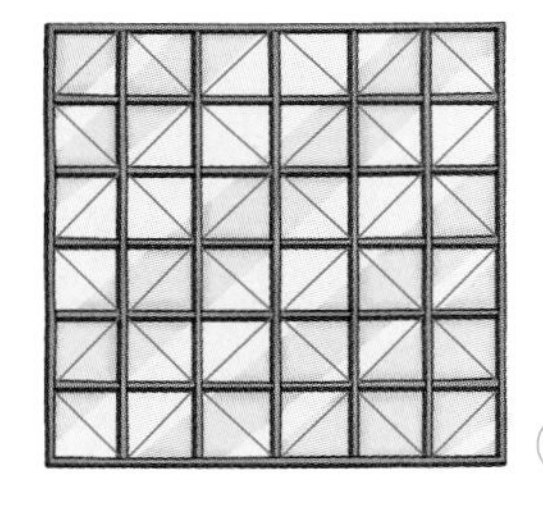

memo

모든 개념을
다 보는
해결의 법칙

개념 해결의 법칙

꼼꼼 풀이집

수학

2·2

천재교육

개념 해결의 법칙

2-2

꼼꼼 풀이집

1. 네 자리 수

STEP 1 개념 파헤치기 9쪽

1 (1) 10 (2) 1000, 천
2 (1) 1000 (2) 200
3 ㉡

개념 받아쓰기 문제

100, 1

2 (1) 900보다 100만큼 더 큰 수는 1000입니다.
(2) 800보다 200만큼 더 큰 수는 1000입니다.

3 100이 10개인 수는 1000입니다.
㉠ 900보다 10만큼 더 큰 수는 910입니다. (×)
㉡ 998보다 2만큼 더 큰 수는 1000입니다. (○)

STEP 1 개념 파헤치기 11쪽

1 (1) 4000, 사천 (2) 6000, 육천
2 (1) 8000 (2) 7000
3 (1) 5000, 오천 (2) 9000, 구천

개념 받아쓰기 문제

3000, 삼천

1 (1) 천 모형이 4개 ⇨ 4000 ⇨ 사천
(2) 천 모형이 6개 ⇨ 6000 ⇨ 육천

2 (1) 팔 천 → 8000 (2) 칠 천 → 7000

3 1000이 ■개인 수 ⇨ ■000

STEP 1 개념 파헤치기 13쪽

1 2, 5, 6, 3 / 2563
2 (1) 오천팔백이 (2) 삼천구백십사
3 (1) 2, 8, 5 (2) 7096

개념 받아쓰기 문제

오천삼백구십이

1 1000이 2개이면 2000, 100이 5개이면 500, 10이 6개이면 60, 1이 3개이면 3이므로 2563입니다.

2 (1) 5 8 0 2
오천 팔백 이

주의 오천팔백영이 또는 오천팔백영십이라고 읽지 않도록 주의합니다.

(2) 3 9 1 4
삼천 구백 십 사

주의 삼천구백일십사라고 읽지 않도록 주의합니다.

3 (1)

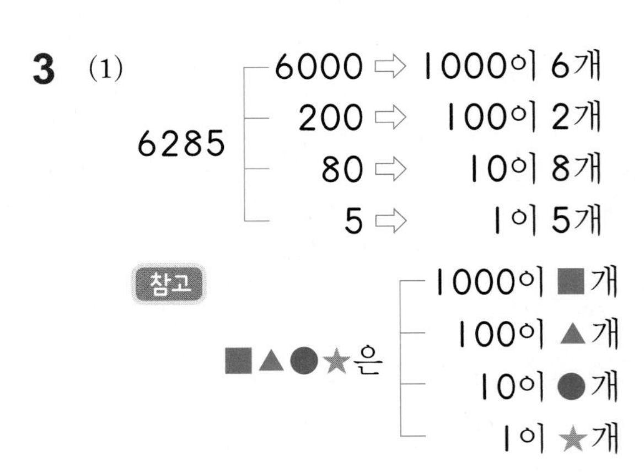

(2) 1000이 7개이면 7000, 100이 0개이면 0, 10이 9개이면 90, 1이 6개이면 6이므로 7096입니다.

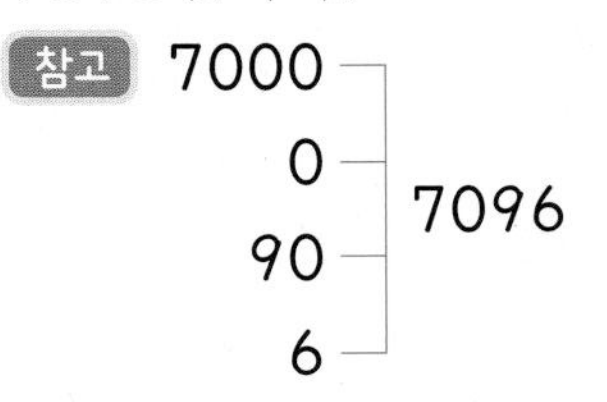

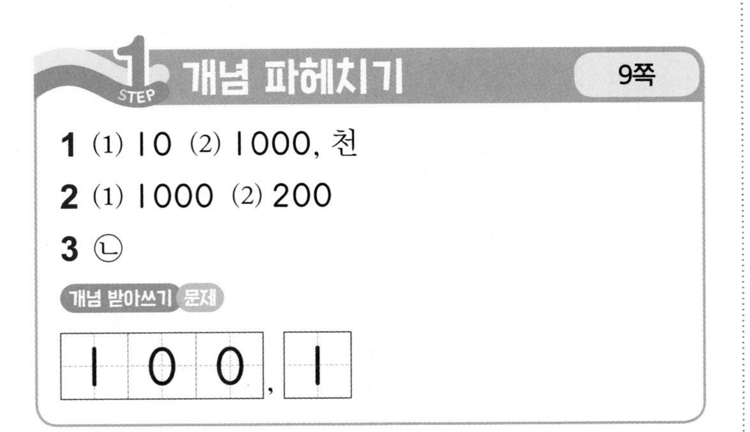

STEP 2 개념 확인하기 14~15쪽

개념1 1000, 천

1 1000, 10　　2 200

3 300원

4 (위에서부터) 100, 10

개념2 2000, 이천

5 4000, 사천　　6 (선 잇기)

7 ㉢　　8 3000원

개념3 2685, 이천육백팔십오

9 2409, 이천사백구　　10 오천오

11 8, 0, 2, 6　　12 영아

13 2800원

1 999 바로 다음 수는 1000입니다.
990에서 10칸 더 가면 1000이므로 990보다 10만큼 더 큰 수는 1000입니다.

참고 1000 ─ 999보다 1만큼 더 큰 수
─ 990보다 10만큼 더 큰 수
─ 900보다 100만큼 더 큰 수

2 백 모형 8개에 2개를 더하면 백 모형 10개, 즉 1000입니다.

3 
100이 10개이면 1000이므로 100원짜리 동전 10개를 묶으면 1000원이 되고, 남는 동전은 3개입니다.
따라서 남는 돈은 100원짜리 동전 3개인 300원입니다.

4 왕: 900보다 100만큼 더 큰 수는 1000입니다.
장화 신은 고양이: 990보다 10만큼 더 큰 수는 1000입니다.

5 1000이 4개이면 4000이라 쓰고 사천이라고 읽습니다.

참고

	쓰기	읽기
1000이 2개인 수	2000	이천
1000이 3개인 수	3000	삼천
1000이 4개인 수	4000	사천
1000이 5개인 수	5000	오천
1000이 6개인 수	6000	육천
1000이 7개인 수	7000	칠천
1000이 8개인 수	8000	팔천
1000이 9개인 수	9000	구천

6 ■000 ⇨ ■천

7 ㉠ 6000　　㉡ 6000　　㉢ 7000

8 모은 돈은 천 원짜리 지폐로 5장이므로 1000이 5개인 수입니다.
8000은 1000이 8개인 수이고 8−5=3이므로 1000이 3개인 수인 3000을 모아야 합니다.
따라서 더 모아야 하는 돈은 3000원입니다.

9 1000이 2개이면 2000, 100이 4개이면 400, 1이 9개이면 9이므로 2409입니다.
2409는 이천사백구라고 읽습니다.

10 5005 ⇨ 오천오
주의 오천영영오 또는 오천영백영십오라고 읽지 않도록 주의합니다.

11 ■▲●★은 ─ 1000이 ■개
─ 100이 ▲개
─ 10이 ●개
─ 1이 ★개

12 생각 열기 자리의 숫자가 0인 자리는 읽지 않습니다.
영아: 7080은 칠천팔십이라고 읽어.

13 천 원짜리 지폐 2장은 2000원, 100원짜리 동전 8개는 800원이므로 공책과 연필 가격은 모두 2800원입니다.

꼼꼼 풀이집

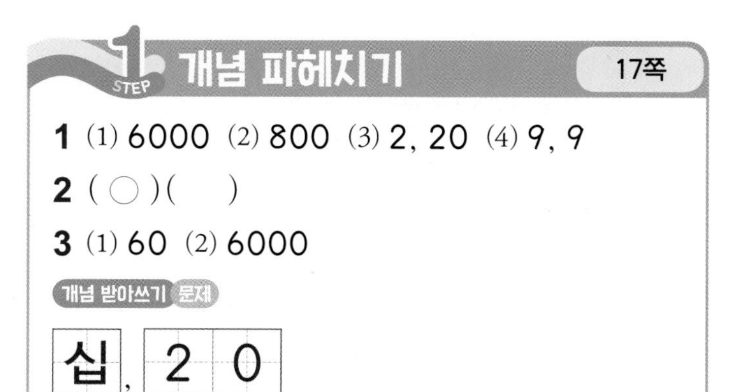

STEP 1 개념 파헤치기 17쪽

1 (1) 6000 (2) 800 (3) 2, 20 (4) 9, 9

2 (○)(　)

3 (1) 60 (2) 6000

개념 받아쓰기 문제

십, 20

1 천 백 십 일

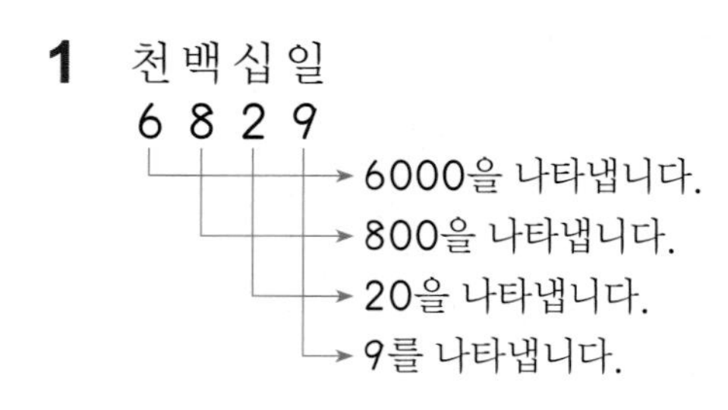

2 5317 ⇨ 숫자 3은 백의 자리 숫자이고 300을 나타냅니다.

6730 ⇨ 숫자 3은 십의 자리 숫자이고 30을 나타냅니다.

3 (1) 숫자 6은 십의 자리 숫자이므로 60을 나타냅니다.

(2) 숫자 6은 천의 자리 숫자이므로 6000을 나타냅니다.

STEP 1 개념 파헤치기 19쪽

1 (1) 천, 1 (2) 백, 십

2 3480, 3880, 3980

3 3276

개념 받아쓰기 문제

십, 1 / 일, 1

2 백의 자리 수가 1씩 커집니다.

3180－3280－3380－3480－3580－3680－3780－3880－3980

3 십의 자리 수가 1씩 커집니다.

3236－3246－3256－3266－3276

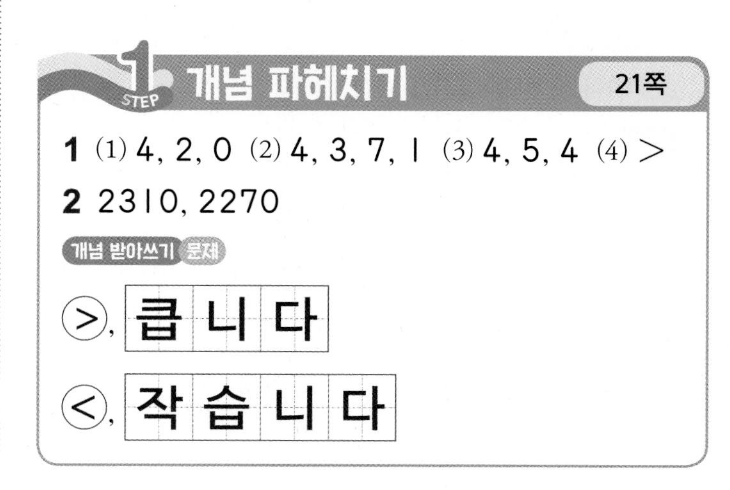

STEP 1 개념 파헤치기 21쪽

1 (1) 4, 2, 0 (2) 4, 3, 7, 1 (3) 4, 5, 4 (4) >

2 2310, 2270

개념 받아쓰기 문제

>, 큽니다

<, 작습니다

1 (4) 5420은 4371보다 큽니다.

⇨ 5420＞4371

2 천 모형 2개, 백 모형 3개, 십 모형 1개가 나타내는 수는 2310이고, 천 모형 2개, 백 모형 2개, 십 모형 7개가 나타내는 수는 2270입니다.
천 모형의 수가 2로 같고 백 모형의 수를 비교하면 3＞2이므로 2310은 2270보다 큽니다.

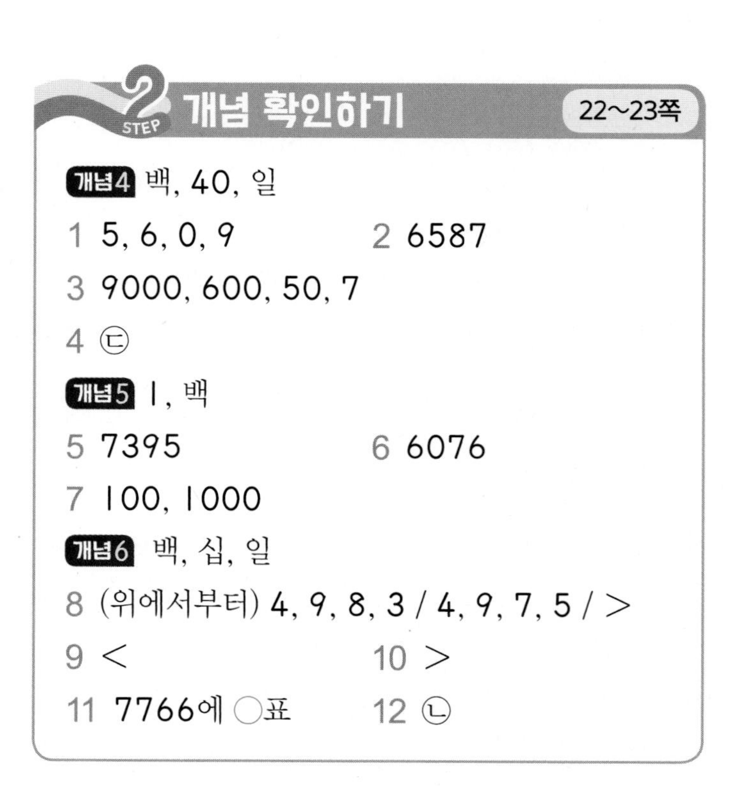

STEP 2 개념 확인하기 22~23쪽

개념4 백, 40, 일

1 5, 6, 0, 9　　2 6587

3 9000, 600, 50, 7

4 ㉢

개념5 1, 백

5 7395　　6 6076

7 100, 1000

개념6 백, 십, 일

8 (위에서부터) 4, 9, 8, 3 / 4, 9, 7, 5 / >

9 <　　10 >

11 7766에 ○표　　12 ㉡

2 4051 ⇨ 십의 자리 숫자이고 50을 나타냅니다.
6587 ⇨ 백의 자리 숫자이고 500을 나타냅니다.
5923 ⇨ 천의 자리 숫자이고 5000을 나타냅니다.

3 9657은 1000이 9개, 100이 6개, 10이 5개, 1이 7개인 수입니다.
⇨ 9657=9000+600+50+7

4 ㉠ 3754 ⇨ 700 ㉡ 2687 ⇨ 7
㉢ 7351 ⇨ 7000 ㉣ 5970 ⇨ 70
나타내는 수 중 가장 큰 수는 ㉢ 7000입니다.

5 천의 자리 수가 1씩 커지고 있습니다.
4395−5395−6395−7395−8395

6 일의 자리 수가 1씩 커지고 있습니다.
6075−6076−6077−6078−6079
참고 1씩 뛰어 세기: 일의 자리 수가 1씩 커집니다.

7 ➡는 백의 자리 수가 1씩 커지고 있으므로 100씩 뛰어 세었고, ⬇는 천의 자리 수가 1씩 커지고 있으므로 1000씩 뛰어 세었습니다.

8 4983과 4975의 천의 자리 수는 4, 백의 자리 수는 9로 각각 같고 십의 자리 수를 비교하면 8>7입니다.
따라서 4983은 4975보다 큽니다.
⇨ 4983>4975

9 5050<5150
0<1

10 9008>9005
8>5

11 천의 자리 수를 비교하면 7>6이므로 7766과 7650이 6789보다 큽니다.
⇨ 7766>7650이므로 7766이 가장 큽니다.
7>6

12 ㉠ 1000이 4개, 100이 3개, 10이 7개, 1이 9개인 수는 4379입니다.
㉡ 사천오백칠십구: 4579
⇨ 4379<4579
3<5

3 STEP 단원 마무리 평가 24~26쪽

1 10
2 5000, 오천
3 4396, 사천삼백구십육
4 7, 0, 6, 2
5 6554>5569
6 5789
7 2648, 2519
8 2519, 2648
9 80
10 가은
11 3900원
12 (1) > (2) <
13 5060
14 ㉠
15 4, 2, 5, 4, 2, 5742 ; 5742
16 십, 10, 천, 1000 ; 10, 1000
17 7890, 8860
18 7489, 7488
19 ㉠
20 5개

1 990에서 10칸 더 가면 1000이므로 990보다 10만큼 더 큰 수는 1000입니다.

2 1000이 5개이면 5000이라 쓰고 오천이라고 읽습니다.

3 1000이 4개이면 4000, 100이 3개이면 300, 10이 9개이면 90, 1이 6개이면 6이므로 4396입니다.
4396은 사천삼백구십육이라고 읽습니다.

4 ■▲●★
천의 자리 숫자 ■
백의 자리 숫자 ▲
십의 자리 숫자 ●
일의 자리 숫자 ★

5 ■는 ▲보다 큽니다. ⇨ ■>▲

6 백의 자리 수가 1씩 커져야 합니다.
5489−5589−5689−5789−5889

7 천 모형 2개, 백 모형 6개, 십 모형 4개, 일 모형 8개가 나타내는 수는 2648이고, 천 모형 2개, 백 모형 5개, 십 모형 1개, 일 모형 9개가 나타내는 수는 2519입니다.
천 모형의 수가 2로 같고 백 모형의 수를 비교하면 6>5이므로 2648은 2519보다 큽니다.

8 천 모형의 수가 2로 같고 백 모형의 수를 비교하면 5<6이므로 2519는 2648보다 작습니다.

9 숫자 8은 십의 자리 숫자이므로 80을 나타냅니다.

10 상혁: 2080은 이천팔십이라고 읽어.

11 천 원짜리 지폐 3장은 3000원, 100원짜리 동전 9개는 900원이므로 우유 가격은 3900원입니다.

12 (1) 4031>2765 (4>2) (2) 3809<3823 (0<2)

13 5030부터 10씩 커지는 수를 차례로 쓰면 5030−5040−5050−5060−5070−5080−5090입니다.
⇨ 빈 곳에 알맞은 수는 5060입니다.

14 ㉠ 9601 ⇨ 600 ㉡ 5364 ⇨ 60
㉢ 7826 ⇨ 6
나타내는 수 중 가장 큰 수는 ㉠ 600입니다.
참고 같은 숫자라도 어느 자리에 있느냐에 따라 나타내는 수가 다릅니다.

15 생각 열기 가장 큰 수를 만들려면 천 → 십 → 일의 자리 순서로 큰 수를 써야 합니다.
백의 자리에 7을 놓고 남은 수를 큰 수부터 차례로 씁니다.
서술형 가이드 □7□□에서 남은 수를 큰 수부터 차례로 천, 십, 일의 자리에 썼는지 확인합니다.

채점 기준		
	풀이 과정을 완성하여 백의 자리 숫자가 7인 가장 큰 네 자리 수를 구했음.	상
	풀이 과정을 완성했지만 일부가 틀림.	중
	풀이 과정을 완성하지 못함.	하

16 어느 자리 수가 변하는지 알아봅니다.
서술형 가이드 ➡의 수는 십의 자리 수가 1씩 커지고, ⬇의 수는 천의 자리 수가 1씩 커지는 것을 알고 있는지 확인합니다.

채점 기준		
	풀이 과정을 완성하여 ➡의 수와 ⬇의 수는 각각 얼마씩 뛰어 세었는지 구했음.	상
	풀이 과정을 완성했지만 일부가 틀림.	중
	풀이 과정을 완성하지 못함.	하

17 7850부터 10씩 뛰어 세었습니다.
7850−7860−7870−7880−7890
⇨ ♥=7890
4860부터 1000씩 뛰어 세었습니다.
4860−5860−6860−7860−8860
⇨ ★=8860

18 • 일의 자리 수가 1씩 커지므로 1씩 뛰어 센 것입니다.
7486−7487−7488−7489
⇨ ㉠=7489
• 십의 자리 수가 1씩 커지므로 10씩 뛰어 센 것입니다.
7468−7478−7488−7498
⇨ ㉡=7488

19 7489>7488 (9>8)

20 □=5일 때 8571<8573 (×)
□ 안에 들어갈 수 있는 수는 5보다 작은 수이므로 0, 1, 2, 3, 4입니다.
따라서 모두 5개입니다.

마무리 개념완성 27쪽

❶ 1000, 천
❷ 2000, 5000, 8000
❸ × ❹ ×
❺ 백, 800
❻ 8000, 8010, 8030
❼ ○ ❽ >

2. 곱셈구구

1 STEP 개념 파헤치기 31쪽

1 (1) 6 (2) 12 (3) 12

2 (1) 5 (2) 2 / 8, 10 **3** (1) 7 (2) 2 / 12, 14

개념 받아쓰기 문제

4 / 4, 6

1 (2) 2개씩 6묶음
⇨ $2+2+2+2+2+2=12$
(3) $2+2+2+2+2+2=12$
⇨ $2\times6=12$

2 (1) 딸기가 한 묶음에 2개씩 5묶음이므로 2×5입니다.
(2) 2×5는 2×4보다 2개씩 1묶음 더 많으므로 2만큼 더 큽니다.

3 (2) 2×7은 2×6보다 2개씩 1묶음 더 많으므로 2만큼 더 큽니다.

1 STEP 개념 파헤치기 33쪽

1 (1) 4 (2) 20 (3) 20

2 (1) 5 (2) 5 / 20, 25 **3** (1) 7 (2) 5 / 30, 35

개념 받아쓰기 문제

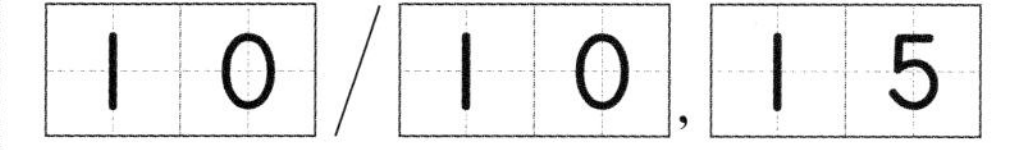

1 (2) 5개씩 4묶음
⇨ $5+5+5+5=20$
(3) $5+5+5+5=20$
⇨ $5\times4=20$

2 (2) 5×5는 5×4보다 5통씩 1묶음 더 많으므로 5만큼 더 큽니다.
참고 5×5는 5를 5번 더한 것이고
5×4는 5를 4번 더한 것이므로
5×5는 5×4보다 5만큼 더 큽니다.

3 (2) 5×7은 5×6보다 5개씩 1묶음 더 많으므로 5만큼 더 큽니다.

1 STEP 개념 파헤치기 35쪽

1 (1) 6 (2) 18 (3) 18

2 (1) 5 (2) 3 / 12, 15 **3** (1) 7 (2) 3 / 18, 21

개념 받아쓰기 문제

6 / 6, 9

1 (2) 3개씩 6접시
⇨ $3+3+3+3+3+3=18$
(3) $3+3+3+3+3+3=18$
⇨ $3\times6=18$

2 (2) 3×5는 3×4보다 3개씩 1묶음 더 많으므로 3만큼 더 큽니다.

3 (2) 3×7은 3×6보다 3개씩 1묶음 더 많으므로 3만큼 더 큽니다.

1 STEP 개념 파헤치기 37쪽

1 (1) 4 (2) 24 (3) 24

2 (1) 5 (2) 6 / 24, 30

개념 받아쓰기 문제

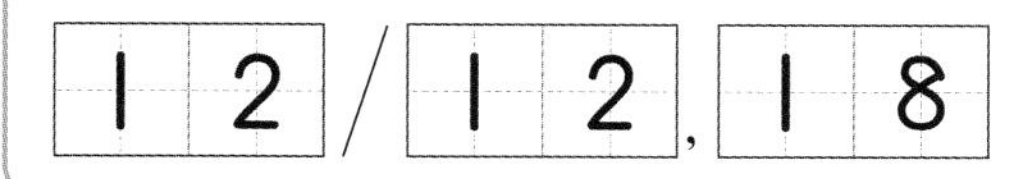

1 (1) 컵라면이 모두 4묶음 있습니다.
(2) 6개씩 4묶음
⇨ $6+6+6+6=24$
(3) $6+6+6+6=24$
⇨ $6\times4=24$

2 (1) 클립이 한 묶음에 6개씩 5묶음이므로 6×5입니다.
(2) 6×5는 6×4보다 6개씩 1묶음 더 많으므로 6만큼 더 큽니다.

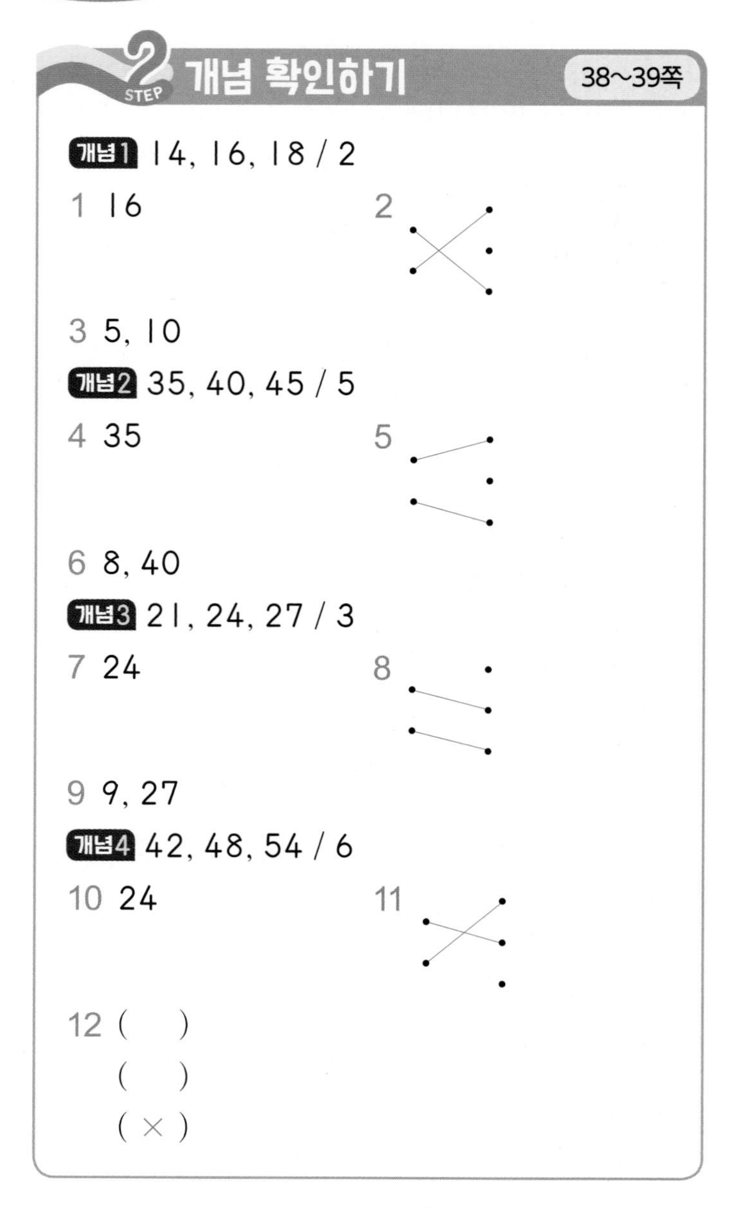

STEP 2 개념 확인하기 38~39쪽

개념1 14, 16, 18 / 2

1 16 2

3 5, 10

개념2 35, 40, 45 / 5

4 35 5

6 8, 40

개념3 21, 24, 27 / 3

7 24 8

9 9, 27

개념4 42, 48, 54 / 6

10 24 11

12 ( )
( )
(×)

1 옥수수가 한 묶음에 2개씩 8묶음 있습니다.
⇨ $2\times8=16$

2 $2\times6=12$, $2\times9=18$

3 꽃이 꽃병 하나에 2송이씩 5병입니다.
⇨ $2\times5=10$

4 스마트폰이 한 묶음에 5대씩 7묶음 있습니다.
⇨ $5\times7=35$

5 $5\times6=30$, $5\times9=45$

6 $2\times4=8$ ⇨ $5\times8=40$

7 사과가 한 묶음에 3개씩 8묶음 있습니다.
⇨ $3\times8=24$

8 $3\times7=21$, $3\times6=18$

9 $3\times3=9$ ⇨ $3\times9=27$

10 구슬이 한 묶음에 6개씩 4묶음 있습니다.
⇨ $6\times4=24$

11 $6\times6=36$, $6\times9=54$

12 생각 열기 컵이 한 묶음에 6개씩 3묶음입니다.
영아: 컵이 한 묶음에 6개씩 6묶음이 아니므로
6×6을 이용해서 구하면 안 됩니다.

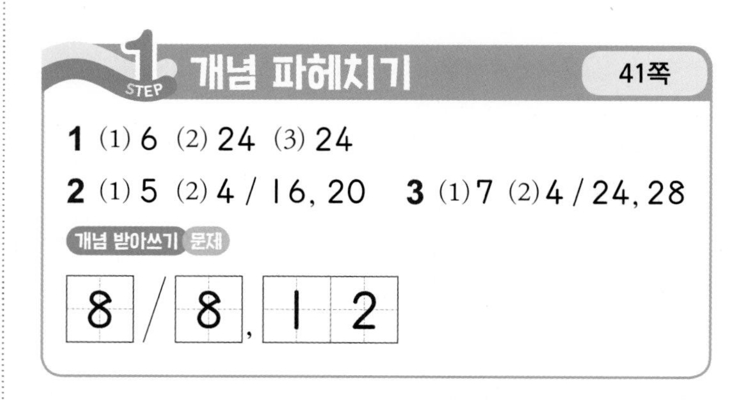

STEP 1 개념 파헤치기 41쪽

1 (1) 6 (2) 24 (3) 24

2 (1) 5 (2) 4 / 16, 20 3 (1) 7 (2) 4 / 24, 28

개념 받아쓰기 문제

8 / 8, 12

1 (1) 잠자리가 모두 6마리 있습니다.
(2) 4장씩 6마리 ⇨ $4+4+4+4+4+4=24$
(3) $4+4+4+4+4+4=24$ ⇨ $4\times6=24$

2 (1) 한 묶음에 4개씩 5묶음이므로 4×5입니다.
(2) 4×5는 4×4보다 4개씩 1묶음 더 많으므로 4만큼 더 큽니다.

3 (2) 4×7은 4×6보다 4개씩 1묶음 더 많으므로 4만큼 더 큽니다.

STEP 1 개념 파헤치기 43쪽

1 (1) 4 (2) 32 (3) 32

2 (1) 5 (2) 8 / 32, 40

개념 받아쓰기 문제

16 / 16, 24

1 (1) 배구공이 모두 4묶음 있습니다.

(2) 8개씩 4묶음

⇨ $8+8+8+8=32$

(3) $8+8+8+8=32$

⇨ $8\times4=32$

2 (1) 원이 한 묶음에 8개씩 5묶음이므로 8×5입니다.

(2) 8×5는 8×4보다 8개씩 1묶음 더 많으므로 8만큼 더 큽니다.

STEP 1 개념 파헤치기 45쪽

1 (1) 4 (2) 28 (3) 28

2 (1) 5 (2) 7 / 28, 35

개념 받아쓰기 문제

14 / 14, 21

1 (1) 야구공이 모두 4묶음 있습니다.

(2) 7개씩 4묶음

⇨ $7+7+7+7=28$

(3) $7+7+7+7=28$

⇨ $7\times4=28$

2 (1) 수박 조각이 한 묶음에 7개씩 5묶음이므로 7×5입니다.

(2) 7×5는 7×4보다 7개씩 1묶음 더 많으므로 7만큼 더 큽니다.

STEP 1 개념 파헤치기 47쪽

1 (1) 6 (2) 54 (3) 54

2 (1) 5 (2) 9 / 36, 45

개념 받아쓰기 문제

18 / 18, 27

1 (1) 방울토마토가 모두 6묶음 있습니다.

(2) 9개씩 6묶음 ⇨ $9+9+9+9+9+9=54$

참고 9를 3번 더해서 그 합을 2번 더하면 편리합니다.

$9+9+9+9+9+9=54$

$27 + 27$

(3) $9+9+9+9+9+9=54$ ⇨ $9\times6=54$

2 (1) 사각형이 한 묶음에 9개씩 5묶음이므로 9×5입니다.

(2) 9×5는 9×4보다 9개씩 1묶음 더 많으므로 9만큼 더 큽니다.

참고 ■×5는 ■×4보다 ■만큼 더 큽니다.

예 $9\times5=45$, $9\times4=36$

⇨ $45-36=9$

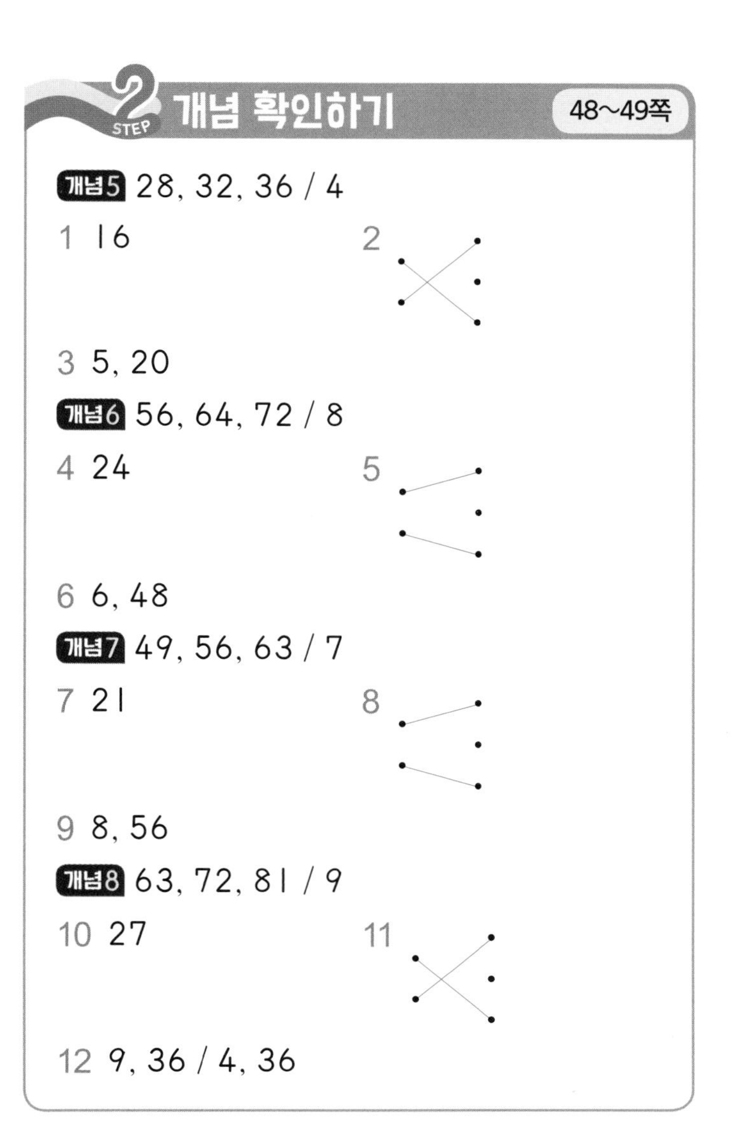

STEP 2 개념 확인하기 48~49쪽

개념5 28, 32, 36 / 4

1 16

2

3 5, 20

개념6 56, 64, 72 / 8

4 24

5

6 6, 48

개념7 49, 56, 63 / 7

7 21

8

9 8, 56

개념8 63, 72, 81 / 9

10 27

11

12 9, 36 / 4, 36

1 멜론이 한 묶음에 4통씩 4묶음 있습니다.
⇨ $4 \times 4 = 16$

2 $4 \times 6 = 24$, $4 \times 8 = 32$

3 생각 열기 라면이 4봉지씩 몇 묶음인지 세어 봅니다.
라면이 한 묶음에 4봉지씩 5묶음 있습니다.
⇨ $4 \times 5 = 20$

4 초콜릿이 한 묶음에 8개씩 3묶음 있습니다.
⇨ $8 \times 3 = 24$

5 $8 \times 5 = 40$, $8 \times 7 = 56$

6 생각 열기 탁구공이 8개씩 몇 묶음인지 세어 봅니다.
탁구공이 한 묶음에 8개씩 6묶음 있습니다.
⇨ $8 \times 6 = 48$

7 쿠키가 한 접시에 7개씩 3접시 있습니다.
⇨ $7 \times 3 = 21$

8 $7 \times 7 = 49$, $7 \times 9 = 63$

9 생각 열기 모형이 7개씩 몇 묶음인지 세어 봅니다.
모형이 7개씩 8묶음 있습니다.
⇨ $7 \times 8 = 56$

10 구슬이 한 묶음에 9개씩 3묶음 있습니다.
⇨ $9 \times 3 = 27$

11 $9 \times 6 = 54$, $9 \times 9 = 81$

12 생각 열기 4대씩 묶으면 몇 묶음이 되는지, 9대씩 묶으면 몇 묶음이 되는지 알아봅니다.
4대씩 9묶음: $4 \times 9 = 36$
9대씩 4묶음: $9 \times 4 = 36$
참고 6대씩 6묶음도 되므로 $6 \times 6 = 36$으로 구할 수도 있습니다.

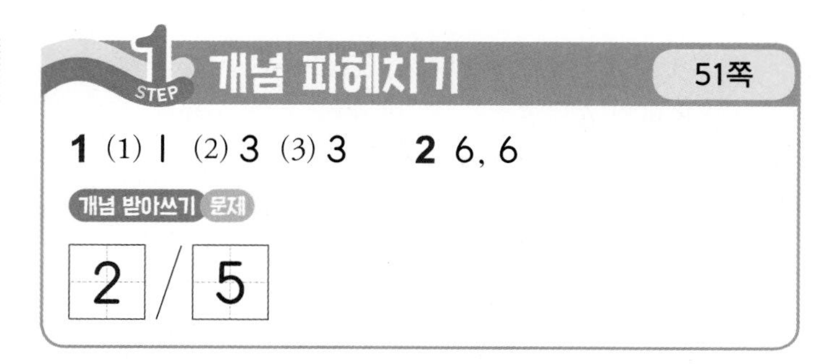

1 (1) 접시 하나에 토마토가 1개씩 담겨 있습니다.
(2) 접시 3개에 담겨 있는 토마토를 세어 보면 3개입니다.
(3) 토마토가 1개씩 접시 3개 ⇨ $1 \times 3 = 3$
참고 토마토를 하나씩 세어 보면 3개입니다.

2 생각 열기 장난감을 넣은 상자 수를 세어 봅니다.
장난감이 1개씩 상자 6개 ⇨ $1 \times 6 = 6$
참고 $1 \times ■ = ■$입니다.
$1 \times 1 = 1$, $1 \times 2 = 2$, $1 \times 3 = 3$, $1 \times 4 = 4$,
$1 \times 5 = 5$, $1 \times 6 = 6$, $1 \times 7 = 7$, $1 \times 8 = 8$,
$1 \times 9 = 9$

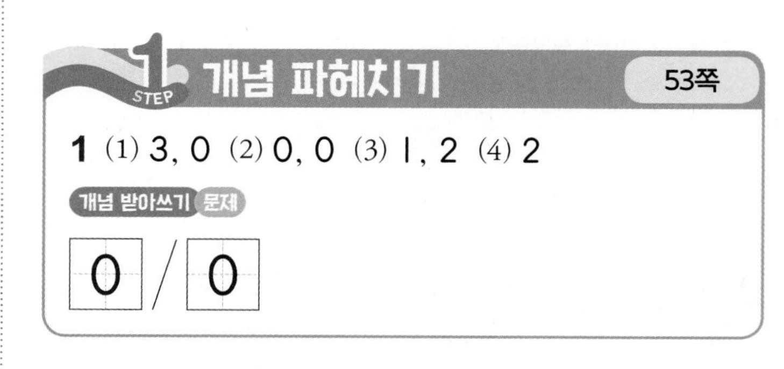

1 생각 열기 (가리키는 수)×(가리킨 횟수)로 곱셈식을 나타냅니다.
(1) 0을 3번 ⇨ $0 \times 3 = 0$
(2) 1을 0번 ⇨ $1 \times 0 = 0$
(3) 2를 1번 ⇨ $2 \times 1 = 2$
(4) 0을 가리켰을 때 얻은 점수: 0점
1을 가리켰을 때 얻은 점수: 0점
2를 가리켰을 때 얻은 점수: 2점
⇨ $0 + 0 + 2 = 2$(점)
참고 (어떤 수)$\times 0 = 0$
$0 \times$(어떤 수)$= 0$

STEP 1 개념 파헤치기 55쪽

1 3, 4, 5 2 6

3

×	1	2	3	4	5	6	7	8	9
3	3	6	9	12	15	18	21	24	27
4	4	8	12	16	20	24	28	32	36
5	5	10	15	20	25	30	35	40	45
6	6	12	18	24	30	36	42	48	54

/ 5

개념 받아쓰기 문제

7 / 5, 4

1

×	1	2	3	4	5	6	7	8	9
3	3	6	9	12	15	18	21	24	27
4	4	8	12	16	20	24	28	32	36
5	5	10	15	20	25	30	35	40	45
6	6	12	18	24	30	36	42	48	54

• 3단 곱셈구구에서는 곱이 3씩 커집니다.

3 6 9 12 15 18 21 24 27
+3 +3 +3 +3 +3 +3 +3 +3

• 4단 곱셈구구에서는 곱이 4씩 커집니다.

4 8 12 16 20 24 28 32 36
+4 +4 +4 +4 +4 +4 +4 +4

• 5단 곱셈구구에서는 곱이 5씩 커집니다.

5 10 15 20 25 30 35 40 45
+5 +5 +5 +5 +5 +5 +5 +5

2 6씩 커지는 곱셈구구는 6단입니다.

참고 6 12 18 24 30 ……
+6 +6 +6 +6

3 $5\times6=30$, $6\times5=30$

참고 곱하는 두 수의 순서를 서로 바꾸어도 곱은 같습니다.

▲×●=●×▲

STEP 1 개념 파헤치기 57쪽

1 (1) 3 (2) 접시 (3) 접시, 3, 12 (4) 12

2 3, 21, 21

개념 받아쓰기 문제

접 시 / 5, 6, 3 0

1 (1) 구하려는 것은?

⇨ 접시 3개에 담겨 있는 찐빵의 수

(2) 알고 있는 것은?

접시 하나에 담겨 있는 찐빵의 수 ⇨ 4개

찐빵이 담겨 있는 접시의 수 ⇨ 3개

(3) 구하는 방법은?

접시 하나에 담겨 있는 찐빵의 수에 찐빵이 담겨 있는 접시의 수를 곱합니다.

4×3은 4단 곱셈구구를 이용하면

$4\times3=12$입니다.

(4) 답은?

⇨ 12개

2 7×□=□

접시 수

7×3은 7단 곱셈구구를 이용하면

$7\times3=21$입니다.

STEP 2 개념 확인하기 58~59쪽

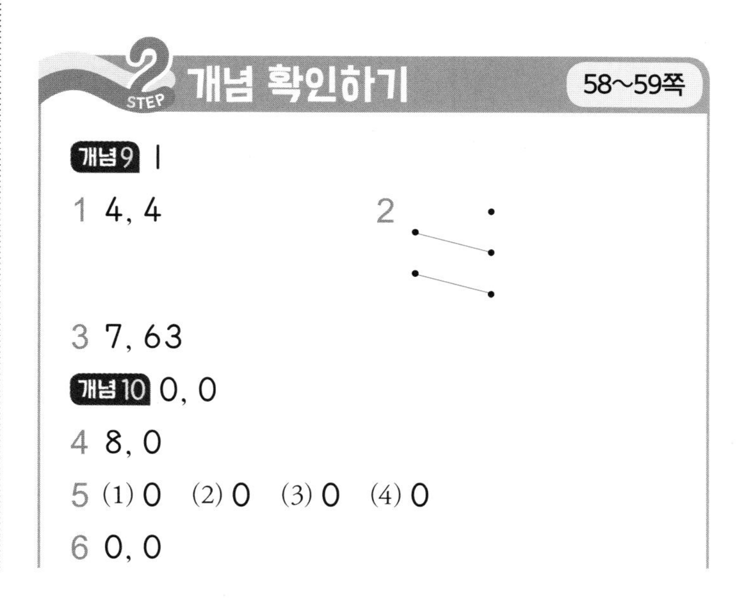

개념9 1

1 4, 4

2

3 7, 63

개념10 0, 0

4 8, 0

5 (1) 0 (2) 0 (3) 0 (4) 0

6 0, 0

개념 11 ■, 같습니다

7 (1)

×	0	1
0	0	0
1	0	1

(2)

×	2	4
2	4	8
3	6	12

8

×	3	5	7
4	12	20	28
6	18	30	42
7	21	35	49

9

×	1	2	3	4	5	6	7	8	9
5	5	10	15	20	25	30	35	40	45
8	8	16	24	32	40	48	56	64	72

10

×	4	6	7	8	9
4	16	24	28	32	36
6	24	36	42	48	54
7	28	42	49	56	63
8	32	48	56	64	72
9	36	54	63	72	81

11 4 / 6

12 (1) 9 (2) 9, 3, 27 또는 3, 9, 27 / 27

1 선물이 1개씩 상자 4개이므로 $1\times4=4$입니다.

2 생각 열기 1과 어떤 수의 곱은 어떤 수입니다.
$1\times5=5$, $1\times8=8$

3 생각 열기 1단 곱셈구구와 7단 곱셈구구를 이용합니다.
$1\times7=7$, $7\times9=63$

4 접시 하나에 담겨 있는 만두는 0개씩이고 접시는 8개입니다.
⇨ $0\times8=0$

5 생각 열기 곱하는 두 수 중 하나라도 0이면 곱은 0입니다. (어떤 수)$\times0=0$, $0\times$(어떤 수)$=0$
(1) $4\times0=0$ (2) $0\times7=0$
(3) $5\times0=0$ (4) $0\times9=0$
참고 (3) $5\times\square=0$
곱이 0이므로 곱하는 두 수 중 0이 있어야 합니다. ⇨ $\square=0$

6 □ 안에 같은 수를 써넣어서 $3\times\square$와 $\square\times6$의 값이 같으려면 두 값이 모두 0이 되어야 하므로 □ 안에 알맞은 수는 0입니다.
참고 $\square=1$일 때
$3\times1=3$, $1\times6=6$ (×)
$\square=2$일 때
$3\times2=6$, $2\times6=12$ (×)
$\square=3$일 때
$3\times3=9$, $3\times6=18$ (×)
⋮
주의 □ 안에 같은 수가 들어간다는 것에 주의합니다.
왕자: $3\times\boxed{2}=6$, 장화 신은 고양이: $\boxed{1}\times6=6$
□ 안에 다른 수가 들어가서 곱이 같을 수도 있지만 답이 아닙니다.

7 (1) $0\times0=0$, $0\times1=0$, $1\times0=0$, $1\times1=1$
(2) $2\times2=4$, $2\times4=8$, $3\times2=6$, $3\times4=12$

8
- $4\times3=12$, $4\times5=20$, $4\times7=28$
- $6\times3=18$, $6\times5=30$, $6\times7=42$
- $7\times3=21$, $7\times5=35$, $7\times7=49$

9 5단 곱셈구구와 8단 곱셈구구를 완성합니다.

10 4, 6, 7, 8, 9단 곱셈구구를 외워서 빈칸을 채웁니다.

11 $4\times9=36$, $9\times4=36$, $6\times6=36$

12 (2) 9×3은 9단 곱셈구구를 이용하면 $9\times3=27$입니다.
다른 풀이 곱하는 두 수를 바꾸어 써서 $3\times9=27$이라고 할 수도 있습니다.

3 STEP 단원 마무리 평가 60~62쪽

1 (1) 15 (2) 15　　2 3, 3

3 4, 16

4 14, 35, 42, 56, 63

5 예

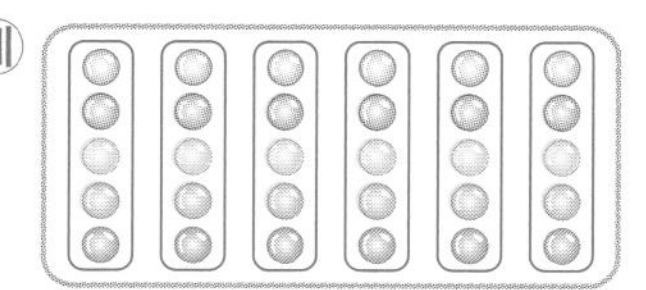

6 6, 30　　7 (1) 18 (2) 42

8 (1) 7 (2) 9　　9 (1) 1 (2) 0

10

11

12 4, 4　　13 40명

14

24	21	46	25	12
5	18	50	42	40
8	22	54	44	49
10	48	56	36	13
30	11	9	35	6

15 6, 6, 24 ; 24　　16 7, 5, 6

17 3, 9, 0, 0, 0, 0 ; 0

18 0, 0 / 2, 2

19 2, 5, 10 또는 5, 2, 10 / 3, 3, 9

20 21점

1 딸기가 한 묶음에 3개씩 5묶음 있습니다.
(1) $3+3+3+3+3=15$
(2) $3\times5=15$

2 케이크 1개씩 상자 3개 ⇨ $1\times3=3$
참고 1과 어떤 수의 곱은 항상 어떤 수 그 자신이 됩니다.
⇨ 1×(어떤 수)=(어떤 수)

3 참치 통조림이 한 묶음에 4개씩 4묶음 있습니다.
⇨ $4\times4=16$
└→묶음 수

4 $7\times2=14$, $7\times5=35$, $7\times6=42$,
$7\times8=56$, $7\times9=63$

5 구슬을 한 묶음에 5개씩 묶어 보면 6묶음이 됩니다.

6 5개씩 6묶음 ⇨ $5\times6=30$

7 (1) $2\times9=18$
(2) $6\times7=42$

8 (1) 8단 곱셈구구 중 곱이 56인 경우는 $8\times\boxed{7}=56$입니다.
(2) 6단 곱셈구구 중 곱이 54인 경우는 $\boxed{9}\times6=54$입니다.

9 (1) 5와 곱해서 5가 나오는 수는 1입니다.
⇨ $5\times1=5$
(2) 7과 곱해서 0이 나오는 수는 0입니다.
⇨ $0\times7=0$
참고 (1) (어떤 수)×1=(어떤 수)
(2) 0×(어떤 수)=0

10 • $2\times8=16$　• $9\times2=18$
• $6\times3=18$　• $4\times4=16$

11 생각 열기 3×5는 3개씩 5묶음이라는 뜻입니다.
한 묶음에 3개씩 있어야 하므로 한 묶음에 ○를 3개씩 그려 넣습니다.

12 접시 하나에 찐빵이 1개씩 담겨 있고 접시가 4개입니다.
⇨ $1\times4=4$

13 5명씩 8팀 ⇨ $5\times8=40$(명)

14 생각 열기 6단 곱셈구구를 차례로 외워 봅니다.
$6\times1=6$, $6\times2=12$, $6\times3=18$, $6\times4=24$,
$6\times5=30$, $6\times6=36$, $6\times7=42$,
$6\times8=48$, $6\times9=54$

15 서술형 가이드 (접시 하나에 담겨 있는 케이크 수)×(케이크가 담겨 있는 접시의 수)를 이용하여 곱셈식을 만들었는지 확인합니다.

채점 기준		
	풀이 과정을 완성하여 접시에 담겨 있는 케이크가 모두 몇 조각인지 구했음.	상
	풀이 과정을 완성했지만 일부가 틀림.	중
	풀이 과정을 완성하지 못함.	하

16 생각 열기 수 카드에 없는 수가 □ 안에 있으면 안 됩니다.
8×㉠=□□
㉠에 수 카드를 하나씩 넣어 봅니다.
8×5=40(×), 8×6=48(×),
8×7=56(○)

17 상혁: 1×3=3, 가은: 9×0=0
⇨ 3>0
서술형 가이드 1과 3의 곱이 9와 ㉠의 곱보다 더 크게 되도록 ㉠에 수를 넣어 가면서 알아보았는지 확인합니다.

채점 기준		
	풀이 과정을 완성하여 1과 3의 곱이 9와 ㉠의 곱보다 더 크게 되는 ㉠에 알맞은 수를 구했음.	상
	풀이 과정을 완성했지만 일부가 틀림.	중
	풀이 과정을 완성하지 못함.	하

18 ㉠ 0점 4번 ⇨ 0×4=0
㉡ 1점 2번 ⇨ 1×2=2

19 ㉢ 2점 5번 ⇨ 2×5=10
㉣ 3점 3번 ⇨ 3×3=9

20 생각 열기 ㉠, ㉡, ㉢, ㉣의 점수를 모두 더합니다.
⇨ 0+2+10+9=21(점)

마무리 개념완성 63쪽

❶ 2 ❷ 25, 30, 40, 45
❸ ○ ❹ 21, 42, 49, 56
❺ 18 ❻ ×
❼ × ❽ 같습니다에 ○표

3. 길이 재기

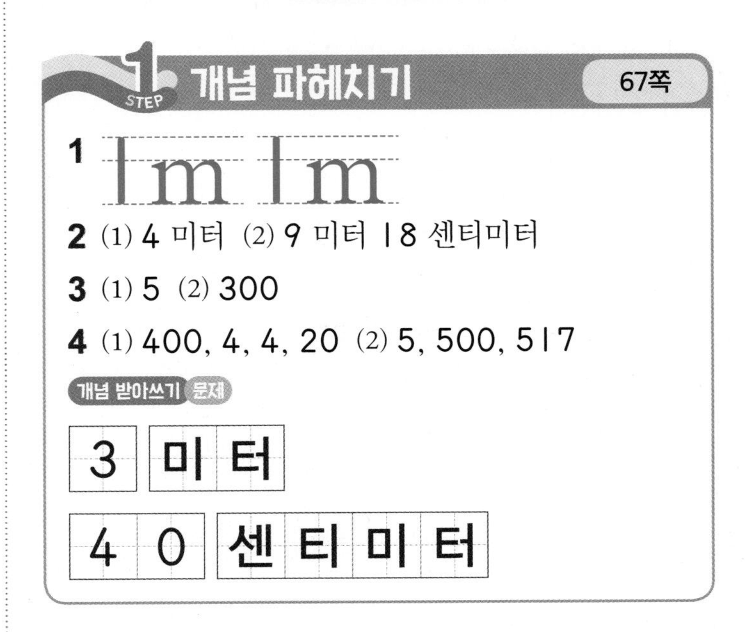
STEP 1 개념 파헤치기 67쪽

1 1m 1m
2 (1) 4 미터 (2) 9 미터 18 센티미터
3 (1) 5 (2) 300
4 (1) 400, 4, 4, 20 (2) 5, 500, 517
개념 받아쓰기 문제
3 미터
40 센티미터

2 (2) m는 미터, cm는 센티미터라고 읽습니다.

3 (1) 100 cm=1 m ⇨ 500 cm=5 m
(2) 1 m=100 cm ⇨ 3 m=300 cm

4 (1) 100 cm=1 m이므로 400 cm=4 m입니다.
(2) 1 m=100 cm이므로 5 m=500 cm입니다.

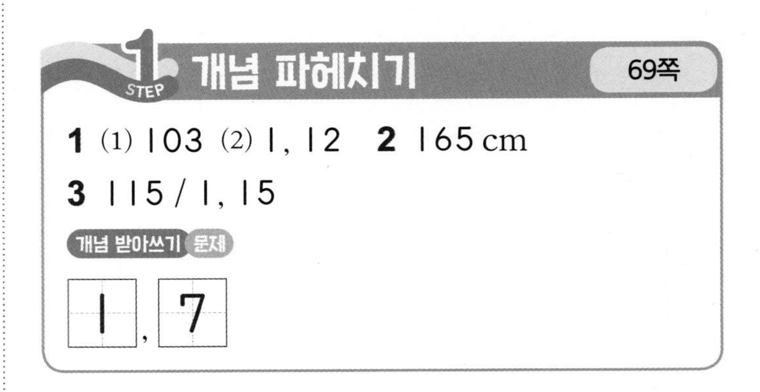
STEP 1 개념 파헤치기 69쪽

1 (1) 103 (2) 1, 12 2 165 cm
3 115 / 1, 15
개념 받아쓰기 문제
1, 7

1 (2) 112 cm=1 m 12 cm

2 눈금이 165이므로 창문에서 길이를 재고 있는 쪽의 길이는 165 cm입니다.

3 눈금이 115이므로 유진이의 키는 115 cm=1 m 15 cm입니다.

STEP 1 개념 파헤치기 71쪽

1 80 / 5, 80 **2** (1) 7, 90 (2) 3, 90
3 10, 66

개념 받아쓰기 문제

m, cm

1 3 m 20 cm+2 m 60 cm
=(3 m+2 m)+(20 cm+60 cm)
=5 m 80 cm

3
$$\begin{array}{r} 2\text{ m}\ \ \ 6\text{ cm} \\ +\ 8\text{ m}\ 60\text{ cm} \\ \hline 10\text{ m}\ 66\text{ cm} \end{array}$$

STEP 2 개념 확인하기 72~73쪽

개념1 1, 1

1 ④

2 2, 30, 200, 30, 230

3 1 m 95 cm

4 (선 잇기)

5 <

개념2 140

6 127 cm

7 0

8 138 / 1, 38

개념3 3, 90

9 8 m 98 cm

10 8 m 80 cm

11 10 m 40 cm

12
$$\begin{array}{r} 4\text{ m}\ 75\text{ cm} \\ +\ 2\text{ m}\ \ \ \ \ \ \ \ \ \ \\ \hline 6\text{ m}\ 75\text{ cm} \end{array}$$

13 32 m 60 cm

1 100 cm(100 센티미터)=1 m(1 미터)

2 1 m=100 cm를 이용합니다.

3 1 m보다 95 cm 더 긴 길이 ⇨ 1 m 95 cm

4 207 cm=200 cm+7 cm=2 m 7 cm
270 cm=200 cm+70 cm=2 m 70 cm
720 cm=700 cm+20 cm=7 m 20 cm

5 504 cm=5 m 4 cm<5 m 22 cm

6 손의 한끝을 줄자의 눈금 0에 맞추었으므로 다른 쪽 끝에 있는 줄자의 눈금을 읽습니다.
눈금이 127이므로 양팔을 벌린 길이는 127 cm입니다.

7 줄자를 사용하여 시소의 길이를 잴 때에는 시소의 한끝을 줄자의 눈금 0에 맞추고 다른 쪽 끝에 있는 줄자의 눈금을 읽습니다.

8 눈금이 138이므로 거문고의 길이는
138 cm=1 m 38 cm입니다.

9 m는 m끼리, cm는 cm끼리 더합니다.

10 316 cm=3 m 16 cm

$$⇨ \begin{array}{r} 5\text{ m}\ 64\text{ cm} \\ +\ 3\text{ m}\ 16\text{ cm} \\ \hline 8\text{ m}\ 80\text{ cm} \end{array}$$

11
$$\begin{array}{r} 6\text{ m}\ 20\text{ cm} \\ +\ 4\text{ m}\ 20\text{ cm} \\ \hline 10\text{ m}\ 40\text{ cm} \end{array}$$

12 m는 m끼리, cm는 cm끼리 더합니다.

13
$$\begin{array}{r} 16\text{ m}\ 30\text{ cm} \\ +\ 16\text{ m}\ 30\text{ cm} \\ \hline 32\text{ m}\ 60\text{ cm} \end{array}$$

STEP 1 개념 파헤치기 75쪽

1 1, 60 **2** (1) 5, 40 (2) 3, 10
3 4, 48

개념 받아쓰기 문제

m, cm

꼼꼼 풀이집

1 2 m 90 cm−1 m 30 cm
=(2 m−1 m)+(90 cm−30 cm)
=1 m 60 cm

2 (1) 6 m 50 cm−1 m 10 cm
=(6 m−1 m)+(50 cm−10 cm)
=5 m 40 cm

3

	9 m	88 cm
−	5 m	40 cm
	4 m	48 cm

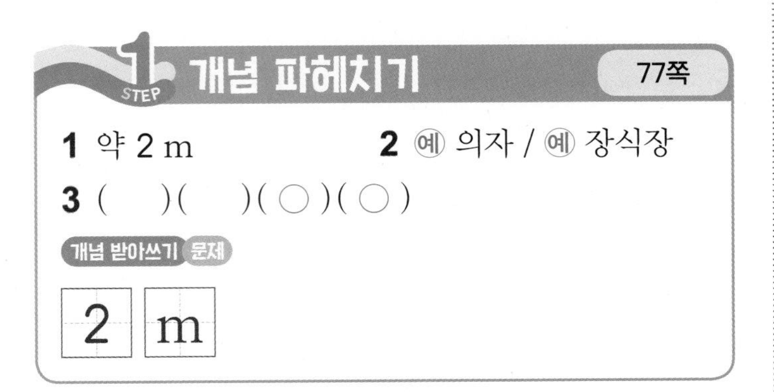

1 방문의 높이는 서우 키의 약 2배이므로 약 2 m입니다.

3 연필의 길이, 운동화의 길이는 1 m보다 짧고, 방문의 높이, 냉장고의 높이는 1 m보다 깁니다.

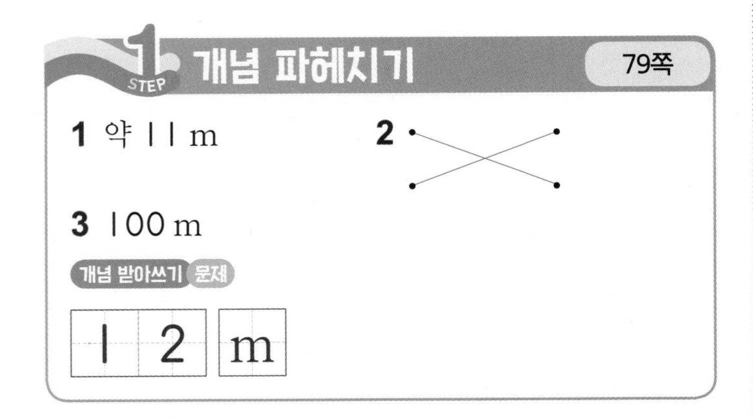

1 주어진 1 m가 11번 정도 있으므로 어림한 끈의 길이는 약 11 m입니다.

2 코끼리의 키는 1 m의 3배인 약 3 m, 수영 경기장 긴 쪽의 길이는 1 m의 50배인 약 50 m로 어림할 수 있습니다.

3 기차의 길이로 알맞은 길이는 약 100 m입니다.

STEP 2 개념 확인하기 (80~81쪽)

개념4 1, 30

1 5 m 81 cm
2 2 m 9 cm
3 34 cm
4 5, 20
5 7 m 6 cm
6 2 m 60 cm
7 ㉠
8 ㉡
9 약 3 m
10 10 m
11 (○)
( )
( )
12 소희네 모둠 ; 예 양팔을 벌린 길이가 1 m 25 cm이므로 4명이면 약 5 m, 2명이면 약 2 m 50 cm이기 때문입니다.

1 생각 열기 m는 m끼리, cm는 cm끼리 뺍니다.

	9 m	95 cm
−	4 m	14 cm
	5 m	81 cm

2 생각 열기 ■▲● cm=■ m ▲● cm
958 cm=9 m 58 cm

		9 m	58 cm
⇨	−	7 m	49 cm
		2 m	9 cm

3 서진이가 은주보다 더 멀리 뛰었으므로 서진이가 뛴 거리에서 은주가 뛴 거리를 뺍니다.

		1 m	43 cm
⇨	−	1 m	9 cm
			34 cm

4

	7	m	85	cm
−	2	m	65	cm
	5	m	20	cm

5 생각 열기 두 공룡의 몸길이를 먼저 비교합니다.
12 m 66 cm > 5 m 60 cm

		12	m	66	cm
⇨	−	5	m	60	cm
		7	m	6	cm

6 생각 열기 세 변의 길이를 먼저 비교합니다.
4 m 20 cm < 5 m < 6 m 80 cm이므로 가장 긴 변의 길이는 6 m 80 cm이고, 가장 짧은 변의 길이는 4 m 20 cm입니다.
⇨ 6 m 80 cm − 4 m 20 cm
= (6 m − 4 m) + (80 cm − 20 cm)
= 2 m 60 cm

다른 풀이 식을 세로로 써서 풀어 봅니다.

	6 m	80 cm
−	4 m	20 cm
	2 m	60 cm

7 생각 열기 몸의 부분으로 물건의 길이를 잴 때 몸의 부분의 길이가 길수록 재어 나타낸 수가 작고, 짧을수록 재어 나타낸 수가 큽니다.
가장 긴 길이인 ㉠ 양팔을 벌린 길이로 재어야 합니다.
주의 몸의 부분의 길이가 길수록 적은 횟수, 짧을수록 많은 횟수임을 헷갈리지 않도록 합니다.

8 가장 짧은 길이인 ㉡ 뼘의 길이로 재어야 합니다.

9 두 걸음이 1 m이면
↓3배 ↓3배
6걸음은 3 m입니다.

10 버스의 길이로 알맞은 길이는 약 10 m입니다.
참고 • 130 cm는 친구의 키 정도 길이이므로 버스의 길이로 알맞지 않습니다.
• 100 m는 운동장을 가로 지른 길이쯤이므로 버스의 길이로 알맞지 않습니다.

11 10 m는 1 m가 10배인 길이이므로 10 m보다 짧은 것을 찾으면 휴대 전화의 길이입니다.

12 서술형 가이드 긴 길이를 어림하는 방법을 알고 있는지 확인합니다.

채점 기준		
	양팔을 벌린 길이를 이용하여 이유를 바르게 씀.	상
	이유를 썼으나 미흡함.	중
	이유를 쓰지 못함.	하

STEP 3 단원 마무리 평가 82~84쪽

1 100
2 (1) 3 (2) 700
3 ( )(○)( )
4 3 m 62 cm / 3 미터 62 센티미터
5 1, 5
6 (1) 8 m 80 cm (2) 5 m
7 (1) 7 m 51 cm (2) 6 m 19 cm
8 12, 70
9 ③
10 예

11 8 m 25 cm
12 ㉠, ㉡, ㉢
13 136 / 1, 36
14 ㉠
15 약 1 m
16 2 m 35 cm + 4 m 23 cm = 6 m 58 cm ; 6 m 58 cm
17 15 m 42 cm
18 10 ; 10 m
19 ㉠
20 (위에서부터) 7, 22

1 100 cm를 1 m라 하므로 1 m는 1 cm를 100번 이은 것과 같습니다.

2 100 cm = 1 m

3 지우개와 신발의 길이는 cm 단위로 나타내기에 적당합니다.

4 생각 열기 ■ m ▲ cm ⇨ ■ 미터 ▲ 센티미터
3 m보다 62 cm 더 긴 길이
⇨ 3 m 62 cm
⇨ 3 미터 62 센티미터

5 $105\,cm = 1\,m\ 5\,cm$

6 (1) $6\,m\ 30\,cm + 2\,m\ 50\,cm = 8\,m\ 80\,cm$

(2) $9\,m\ 25\,cm - 4\,m\ 25\,cm = 5\,m$

0

7 생각 열기 m는 m끼리, cm는 cm끼리 계산합니다.

(1)
$$\begin{array}{rlrl} & 5\ m & 16 & cm \\ + & 2\ m & 35 & cm \\ \hline & 7\ m & 51 & cm \end{array}$$

(2)
$$\begin{array}{rlrl} & 17\ m & 48 & cm \\ - & 11\ m & 29 & cm \\ \hline & 6\ m & 19 & cm \end{array}$$

8
$$\begin{array}{rlrl} & 1\ m & 59 & cm \\ + & 11\ m & 11 & cm \\ \hline & 12\ m & 70 & cm \end{array}$$

9 ③ $4\,m\ 40\,cm = 400\,cm + 40\,cm = 440\,cm$

10 희진이의 키가 1 m이고 2 m는 1 m의 2배이므로 희진이 키의 약 2배 되는 나무를 그립니다.

11 (어미 혹등고래의 몸길이)
−(새끼 혹등고래의 몸길이)
$= 12\,m\ 75\,cm - 4\,m\ 50\,cm$
$= 8\,m\ 25\,cm$

12 몸의 부분의 길이가 짧을수록 재는 횟수는 많습니다.
따라서 길이가 짧은 것부터 차례로 쓰면 ㉠ 뼘의 길이, ㉡ 걸음의 길이, ㉢ 양팔을 벌린 길이입니다.

13 눈금이 136이므로 여진이의 키는 $136\,cm = 1\,m\ 36\,cm$입니다.

14 ㉠ $8\,m\ 40\,cm = 840\,cm$ ㉡ $804\,cm$
㉢ $90\,cm$이므로 ㉠>㉡>㉢입니다.

참고 • 단위가 다른 길이의 비교 방법
① 단위를 같게 고칩니다.
② m, cm 단위 순서로 수를 비교합니다.

15 국기 게양대의 높이는 정민이 키의 약 3배이므로 정민이의 키는 약 1 m입니다.

16 서술형 가이드 길이의 합을 구할 수 있는지 확인합니다.

채점 기준		
	식 $2\,m\ 35\,cm + 4\,m\ 23\,cm$를 쓰고 답을 바르게 구했음.	상
	식 $2\,m\ 35\,cm + 4\,m\ 23\,cm$는 썼으나 답이 틀렸음.	중
	식을 쓰지 못함.	하

17 $36\,m\ 65\,cm - 21\,m\ 23\,cm = 15\,m\ 42\,cm$

18 50 cm 50 cm
1 m

⇨ 두 걸음이 $1\,m(=100\,cm)$이므로 약 20걸음은 약 10 m입니다.

서술형 가이드 긴 길이를 어림하는 방법을 알고 있는지 확인합니다.

채점 기준		
	어림한 방법을 이해하여 완성하고 답을 바르게 구했음.	상
	어림한 방법을 이해하지 못했으나 답은 맞음.	중
	어림한 방법을 이해하지 못해 답도 틀림.	하

19 ㉠
$$\begin{array}{rl} & 2\ m\ 12\ cm \\ + & 1\ m\ 40\ cm \\ \hline & 3\ m\ 52\ cm \end{array}$$

㉡
$$\begin{array}{rl} & 5\ m\ 69\ cm \\ - & 2\ m\ 50\ cm \\ \hline & 3\ m\ 19\ cm \end{array}$$

⇨ $3\,m\ 52\,cm$ ⃝> $3\,m\ 19\,cm$

20
$$\begin{array}{rlrl} & ㉠\ m & 42 & cm \\ - & 4\ m & ㉡ & cm \\ \hline & 3\ m & 20 & cm \end{array}$$

• 42−㉡=20, ㉡=42−20, ㉡=22
• ㉠−4=3, ㉠=3+4, ㉠=7

마무리 개념완성 85쪽

❶ m, 미터 ❷ 2, 10
❸ 0 ❹ 4, 60
❺ 2, 20 ❻ ○
❼ × ❽ ○

4. 시각과 시간

1 STEP 개념 파헤치기 91쪽

1 (시계 그림)

2 (1) 2, 3, 3 (2) 2, 15

3 (1) 10 (2) 45

개념 받아쓰기 문제

11, 12, 8, 11, 40

2 짧은바늘은 2와 3 사이를 가리키고 긴바늘은 3을 가리킵니다. ⇨ 2시 15분
(짧은바늘은 2와 3 사이를 → 2시, 긴바늘은 3을 → 15분)

3 (1) 시계의 짧은바늘이 10과 11 사이를 가리키므로 10시입니다. ⇨ 10시 35분
(2) 시계의 긴바늘이 9를 가리키므로 45분입니다. ⇨ 7시 45분

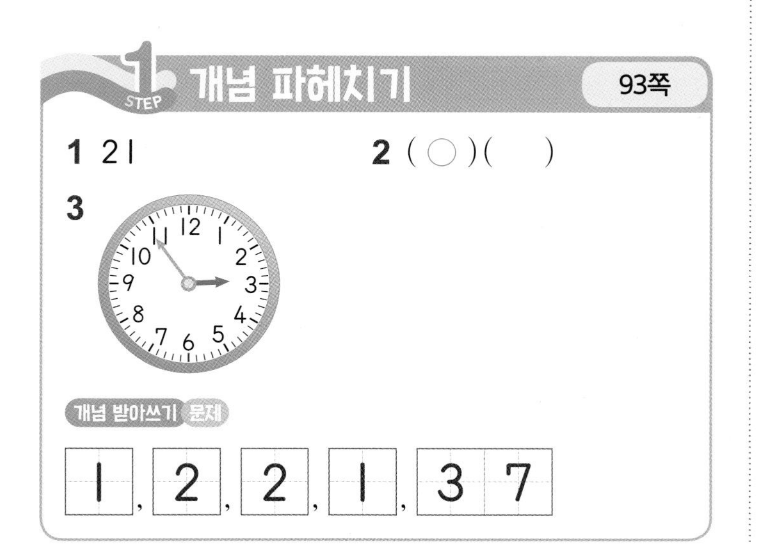

1 STEP 개념 파헤치기 93쪽

1 21　　2 (○)(　)

3 (시계 그림)

개념 받아쓰기 문제

1, 2, 2, 1, 37

3 시계의 긴바늘이 11에서 작은 눈금 1칸 덜 간 곳을 가리키도록 그립니다.

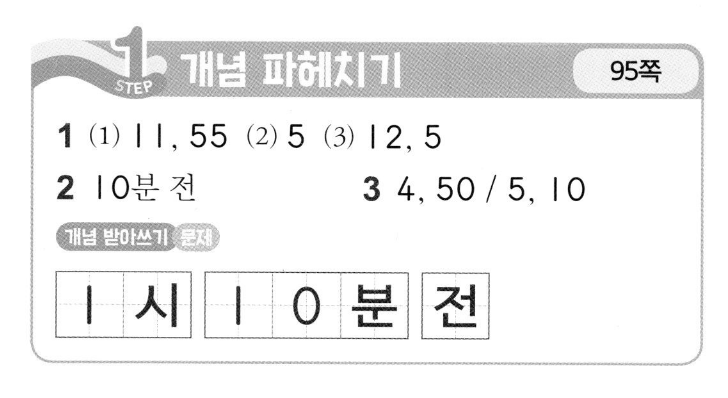

1 STEP 개념 파헤치기 95쪽

1 (1) 11, 55 (2) 5 (3) 12, 5

2 10분 전　　3 4, 50 / 5, 10

개념 받아쓰기 문제

1시 10분 전

3 4시 50분은 5시가 되기 10분 전의 시각과 같으므로 5시 10분 전입니다.

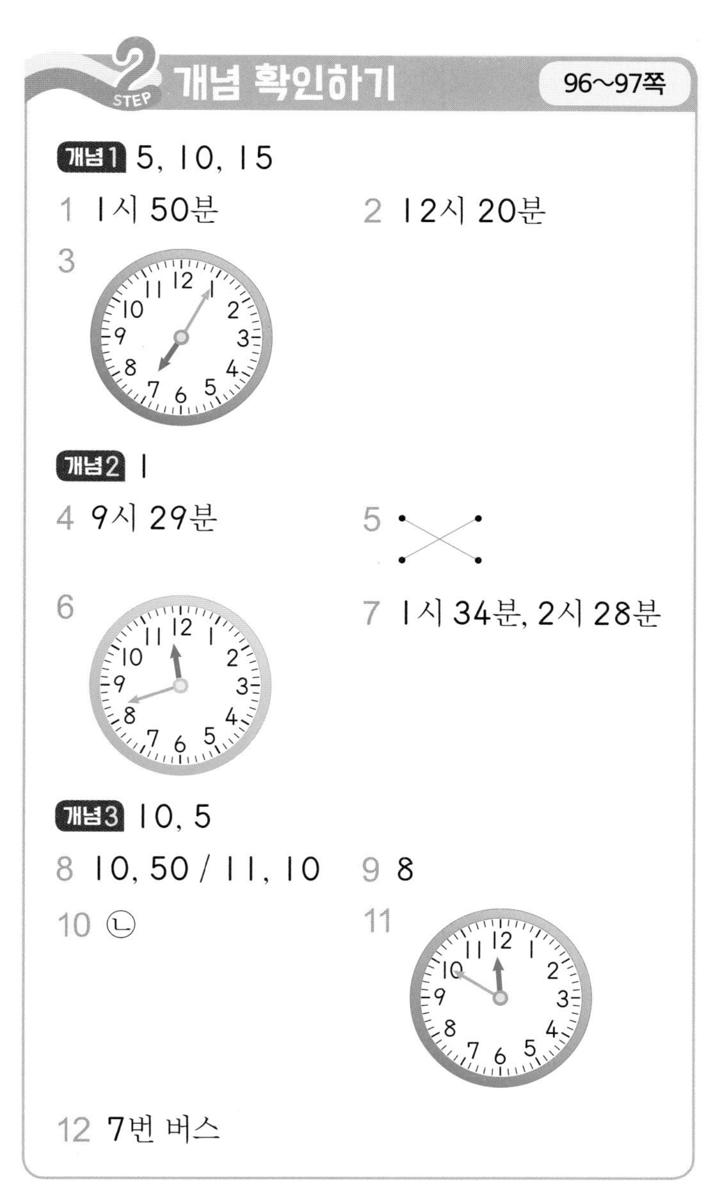

2 STEP 개념 확인하기 96~97쪽

개념1 5, 10, 15

1 1시 50분　　2 12시 20분

3 (시계 그림)

개념2 1

4 9시 29분　　5 (선 잇기)

6 (시계 그림)　　7 1시 34분, 2시 28분

개념3 10, 5

8 10, 50 / 11, 10　　9 8

10 ㉡　　11 (시계 그림)

12 7번 버스

1 시계의 짧은바늘이 1과 2 사이를 가리키고 긴바늘이 10을 가리키므로 1시 50분입니다.

2 시계의 짧은바늘이 12와 1 사이를 가리키고 긴바늘이 4를 가리키므로 12시 20분입니다.

3 전자시계가 나타내는 시각은 7시 5분입니다.
5분은 긴바늘이 숫자 1을 가리키도록 그립니다.

4 시계의 짧은바늘이 9와 10 사이를 가리키고 긴바늘이 6에서 작은 눈금 1칸 덜 간 곳을 가리키므로 9시 29분입니다.

5 6:39 ⇨ 6시 39분

3:53 ⇨ 3시 53분

시계의 짧은바늘이 3과 4 사이를 가리키고 긴바늘이 10에서 작은 눈금 3칸 더 간 곳을 가리키므로 3시 53분입니다.

시계의 짧은바늘이 6과 7 사이를 가리키고 긴바늘이 8에서 작은 눈금 1칸 덜 간 곳을 가리키므로 6시 39분입니다.

6 42분을 나타내야 하므로 긴바늘이 8에서 작은 눈금 2칸 더 간 곳을 가리키도록 그립니다.

7 시작한 시각은 시계의 짧은바늘이 1과 2 사이를 가리키고 긴바늘이 7에서 작은 눈금 1칸 덜 간 곳을 가리키므로 1시 34분입니다.
끝낸 시각은 시계의 짧은바늘이 2와 3 사이를 가리키고 긴바늘이 6에서 작은 눈금 2칸 덜 간 곳을 가리키므로 2시 28분입니다.
참고 긴바늘을 길게 그려서 작은 눈금 어디를 가리키는지 정확히 알 수 있도록 합니다.

8 10시 50분은 11시가 되기 10분 전의 시각이므로 11시 10분 전입니다.

9 9시 5분 전은 9시가 되기 5분 전의 시각이므로 8시 55분입니다.
참고 ■시 5분 전 ⇨ (■−1)시 55분
■시 10분 전 ⇨ (■−1)시 50분

10 생각 열기 2시 10분 전을 몇 시 몇 분으로 나타내 봅니다.
2시 10분 전은 2시가 되기 10분 전의 시각이므로 1시 50분입니다.
㉠ 1시 55분 ㉡ 1시 50분 ㉢ 2시 10분

11 12시 10분 전은 12시가 되기 10분 전의 시각이므로 11시 50분입니다.
따라서 긴바늘이 10을 가리키도록 그립니다.

12 생각 열기 9시 5분 전을 몇 시 몇 분으로 나타내 봅니다.
9시 5분 전은 9시가 되기 5분 전의 시각이므로 8시 55분입니다.
따라서 7번 버스가 먼저 도착합니다.

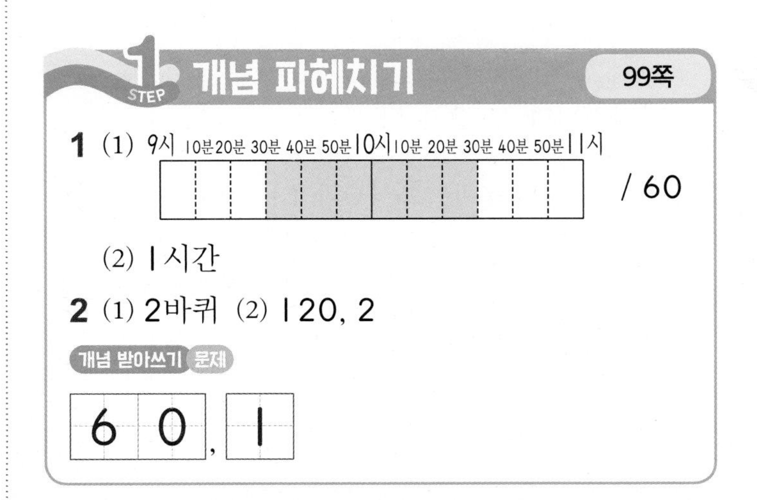

1 (1) 수영을 9시 30분에 시작하여 10시 30분에 끝냈으므로 시간 띠에 9시 30분부터 10시 30분까지 색칠합니다.
시간 띠 한 칸의 크기는 10분이고 시간 띠 6칸을 색칠했으므로 걸린 시간은 60분입니다.
(2) 60분=1시간

2 (2) 시계의 긴바늘이 12에서 2바퀴 돌면 120분이고 짧은바늘이 2에서 4로 움직이면 2시간이므로 120분은 2시간입니다.

1 STEP 개념 파헤치기 101쪽

1 (1) 7시 10분 20분 30분 40분 50분 8시 10분 20분 30분

(2) 1시간 20분

2 (1) 60, 65 (2) 60, 120 (3) 40, 1, 40

개념 받아쓰기 문제

1, 10

1 7시 —1시간→ 8시 —20분→ 8시 20분

⇨ 1시간 20분

참고 1시간 20분=60분+20분
=80분

2 (1) 1시간은 60분이므로
1시간 5분은 60분+5분=65분입니다.

(2) 1시간은 60분이므로
2시간은 60분+60분=120분입니다.

(3) 100분=60분+40분=1시간 40분

1 STEP 개념 파헤치기 103쪽

1 3, 5, 2, 10

2 잠, 아침 식사, 토요 체육 수업

3 24시간

개념 받아쓰기 문제

오전, 오후, 24

1 토요 체육 수업: 오전 9시부터 낮 12까지이므로 3시간입니다.
동물원 관람: 오후 1시부터 6시까지이므로 5시간 입니다.
휴식: 오후 8시부터 10시까지이므로 2시간입니다.
잠: 오후 10시부터 오전 8시까지이므로 10시간 입니다.

2 전날 밤 12시부터 낮 12시까지 계획한 일을 모두 씁니다.
⇨ 잠, 아침 식사, 토요 체육 수업

3 하루는 24시간입니다.

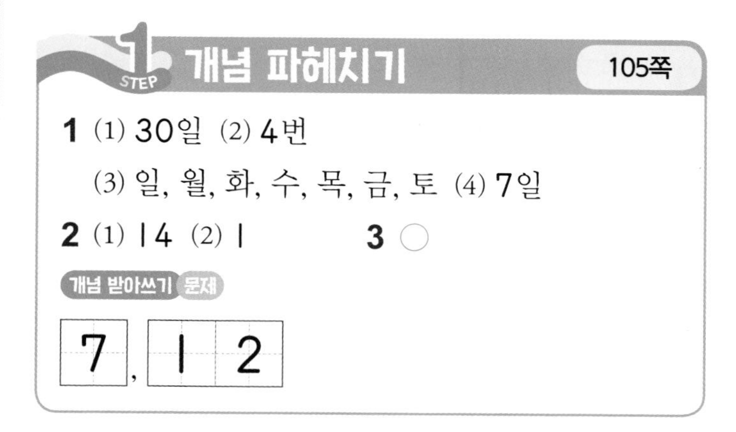

1 STEP 개념 파헤치기 105쪽

1 (1) 30일 (2) 4번
(3) 일, 월, 화, 수, 목, 금, 토 (4) 7일

2 (1) 14 (2) 1　　**3** ○

개념 받아쓰기 문제

7, 12

1 생각 열기 달력에서 같은 요일이 돌아오려면 7일이 지나야 합니다.

주의 1주일은 월, 화, 수, 목, 금, 토, 일만 해당되는 것이 아니라 목요일부터 그 다음 주 수요일까지도 1주일이며, 일요일부터 그 주의 토요일까지도 1주일입니다. 즉, 1주일은 요일의 순서와 상관없이 7일이라는 기간을 나타냅니다.

2 (1) 1주일은 7일이므로 2주일은
7일+7일=14일입니다.

(2) 1년은 12개월입니다.

3 5월과 7월은 날수가 각각 31일입니다.

참고

월	1	2	3	4	5	6
날수(일)	31	28	31	30	31	30
월	7	8	9	10	11	12
날수(일)	31	31	30	31	30	31

1, 3, 5, 7, 8, 10, 12월의 날수는 각각 31일이고,
4, 6, 9, 11월의 날수는 각각 30일입니다.

2 STEP 개념 확인하기 106~107쪽

개념4 1

1 (1) 60 (2) 1　　2 (1) 1 (2) 120

3 1시

개념5 1, 10

4 (선 잇기)

5 12시 10분 20분 30분 40분 50분 1시 10분 20분 30분 40분 50분 2시

/ 1시간 30분

개념6 오전, 오후, 24

6 오전에 ○표, 11, 16

7 오후에 ○표, 10, 16

8 10

개념7 7, 12

9

월	1	2	3	4	5	6
날수(일)	31	28	31	30	31	30
월	7	8	9	10	11	12
날수(일)	31	31	30	31	30	31

10

10월

일	월	화	수	목	금	토
1	2	3	4	5	6	7
8	9 한글날	10	11	12	13	14
15	16	17	18	19	20	21
22	23	24	25	26	27	28
29	30	31				

11 17일　　12 토요일

6 시계의 긴바늘은 '분'을 나타내며 한 바퀴를 돌면 60분이 지납니다. 시계가 오전 10시 16분을 나타내므로 긴바늘이 한 바퀴 돌았을 때 가리키는 시각은 오전 11시 16분입니다.

7 시계가 오전 10시 16분을 나타내므로 짧은바늘이 한 바퀴 돌았을 때 가리키는 시각은 오후 10시 16분입니다.

8 오후 10시 —2시간→ 밤 12시 —8시간→ 오전 8시
⇨ 10시간

10 10월의 날수는 31일입니다.

11 1주일은 7일이므로 10일+7일=17일입니다.

12 10월 31일이 화요일이므로 11월 1일은 수요일, 11월 2일은 목요일, 11월 3일은 금요일, 11월 4일은 토요일입니다.

3 STEP 단원 마무리 평가 108~110쪽

1 분에 ○표　　2 11, 35

3 25분　　4 (선 잇기)

5 (시계)　　6 (시계)

7 금요일　　8 22일

9 5시 50분, 6시 10분 전

10

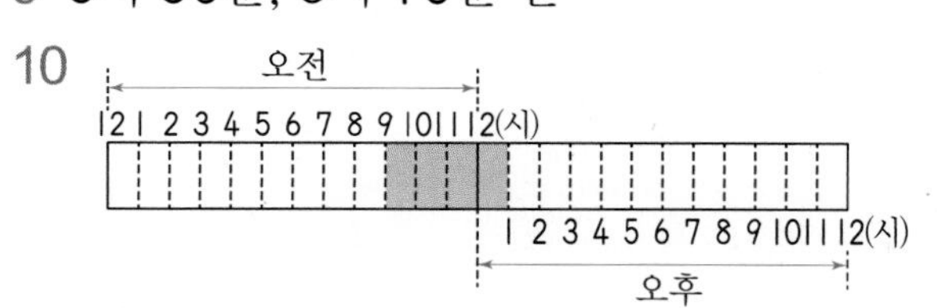

/ 4시간

11 ③　　12 서울

13

14 예 미현이는 9시 5분 전에 학교에 도착했습니다.

15 9시 50분

16 14 / 오전에 ○표 / 9

17 13 / 오후에 ○표 / 11

18 월요일　　19 5시 30분

20 5, 31 / 6, 7 / 5, 17

1 시계에서 긴바늘은 분을 나타냅니다.

2 시계의 짧은바늘이 11과 12 사이를 가리키고 긴바늘은 7을 가리키므로 11시 35분입니다.

3

긴바늘이 가리키는 숫자	1	2	3	4	5	6	......	12
분	5	10	15	20	25	30	......	0

4 시계의 짧은바늘이 7과 8 사이를 가리키고 긴바늘이 3에서 작은 눈금 1칸 덜 간 곳을 가리키므로 7시 14분입니다.

시계의 짧은바늘이 2와 3 사이를 가리키고 긴바늘이 11에서 작은 눈금 1칸 더 간 곳을 가리키므로 2시 56분입니다.

5 시계의 긴바늘이 8에서 작은 눈금 1칸 더 간 곳을 가리키도록 그립니다.

6 3시 5분 전은 3시가 되기 5분 전의 시각이므로 2시 55분입니다.
따라서 긴바늘이 11을 가리키도록 그립니다.

7 1주일은 같은 요일이 돌아오는 데 걸리는 기간이므로 1주일 후도 9월 8일과 같은 금요일입니다.

8 1주일은 7일이므로 2주일은 14일입니다.
⇨ 8일+14일=22일

9 5시 50분은 6시가 되기 10분 전의 시각과 같으므로 6시 10분 전입니다.

10 오전 9시 —3시간→ 낮 12시 —1시간→ 오후 1시
⇨ 4시간

11 ① 24시간=1일
② 3주일=21일
④ 20개월=1년 8개월
⑤ 15개월=1년 3개월

12 베이징: 9시 27분, 서울: 10시 27분, 캔버라: 11시 27분

13 • 5시 10분 전은 4시 50분이므로 긴바늘이 10을 가리키도록 그립니다.
• 5시 10분은 긴바늘이 2를 가리키도록 그립니다.

14 서술형 가이드 시계를 보고 '몇 시 몇 분 전'임을 알고 있는지 확인합니다.

채점 기준		
	시계를 보고 '9시 5분 전'임을 알고 문장을 바르게 씀.	상
	시계를 보고 '9시 5분 전'임을 알고 있으나 문장이 미흡함.	중
	시계를 보고 '9시 5분 전'임을 알지 못함.	하

15 9시 —40분→ 9시 40분 —10분→ 9시 50분

16 시계의 짧은바늘이 한 바퀴 돌면 12시간이 지납니다. 따라서 13일 오후 9시에서 12시간 후는 14일 오전 9시입니다.

17 시계의 긴바늘이 한 바퀴 돌면 1시간이 지납니다. 따라서 13일 오후 9시에서 2시간 후는 13일 오후 11시입니다.

18 1시간 55분=60분+55분=115분
115분>100분>90분이므로 공부를 가장 오래 해야 하는 요일은 월요일입니다.

19 6시 40분 —1시간 전→ 5시 40분
5시 40분 —10분 전→ 5시 30분

20 준범: 5월은 31일까지 있으므로 준범이의 생일은 5월 31일입니다.
준한: 1주일은 7일이므로 준한이의 생일은 6월 7일입니다.
제인: 1주일이 7일이므로 2주일은 14일입니다.
⇨ 31일−14일=17일

마무리 개념완성 111쪽

❶ 15, 35, 50 ❷ 1
❸ × ❹ ○
❺ 1, 20 ❻ ×
❼ 7, 21 ❽ 4, 6, 9, 11

5. 표와 그래프

STEP 1 개념 파헤치기 115쪽

1 (1) 홍철, 예은 / 영수 / 지영, 찬희
(2) (위에서부터) ~~////~~, ~~////~~, ~~////~~ / 3, 2, 3
(3) 표에 ○표

개념 받아쓰기 문제

합계

1 (1) 배우고 싶은 악기별로 학생을 분류하여 이름을 씁니다.
(2) 자료를 하나씩 셀 때마다 / 표시를 하면 모든 자료를 빠뜨리지 않고 셀 수 있습니다.

STEP 1 개념 파헤치기 117쪽

1 (   )(○)
2 (위에서부터) 창・체 / 2, 1

개념 받아쓰기 문제

3, 학생

1 생각 열기 무엇을 조사하느냐에 따라 조사하는 방법이 달라집니다. 따라서 조사하는 것을 먼저 정한 뒤(㉡) 알맞은 조사 방법을 생각해야 합니다.(㉣)
조사하는 것 정하기(㉡) ⇨ 조사하는 방법 생각하기(㉣) ⇨ 자료를 조사하기(㉠) ⇨ 조사한 자료를 표로 나타내기(㉢)

2 생각 열기 같은 과목끼리 같은 표시를 하며 세어 봅니다.

찬주네 모둠 학생들이 좋아하는 과목

이름	찬주	지성	보영	지원	건수	정만
과목	국어	국어	국어	수학	창・체	수학

⇨ 국어: 3명, 수학: 2명, 창・체: 1명

참고 과목별로 각각 다르게 표시를 하면서 수를 세면 모든 자료를 빠뜨리지 않고 셀 수 있습니다.

STEP 1 개념 파헤치기 119쪽

1 (1) 학생 수
(2) 경휘네 모둠 학생들이 좋아하는 꽃별 학생 수

3	○		
2	○	○	
1	○	○	○
학생 수(명) / 꽃	(꽃)	(꽃)	(꽃)

(3) ○

개념 받아쓰기 문제

그래프

1 (3) (2)의 그래프를 보면 좋아하는 꽃별 학생 수만큼 ○가 그려져 있습니다.
따라서 그래프로 나타내면 경휘네 모둠에서 가장 많은 학생들이 좋아하는 꽃은 ○의 수가 가장 많은 장미인 것을 한눈에 알아볼 수 있습니다.

STEP 2 개념 확인하기 120~121쪽

개념 1 자료에 ○표, 표에 ○표

1 수빈, 연희 2 8명
3 (위에서부터) ~~////~~, ~~////~~, ~~////~~, ~~////~~ / 2, 2, 1, 3, 8
4 예 (위에서부터) 눈썰매장, 영화관 / 7, 4
5 예 (위에서부터) 3권, 4권 / 1, 1
6 (1) 7, 7 (2) 예 (위에서부터) 7, 8 / 1, 2, 1
7 색깔, 학생 수 8 ㉡, ㉣
9 정미가 한 달 동안 읽은 종류별 책 수

만화책	○	○	○	
동화책	○	○	○	○
위인전	○			
종류 / 책 수(권)	1	2	3	4

10 예 정미가 한 달 동안 가장 많이 읽은 책의 종류를 한눈에 알아볼 수 있습니다.

1 수빈이네 모둠 학생들이 좋아하는 장난감

인형 수빈	블록 은지	게임기 현정	로봇 재경
로봇 유진	블록 인기	로봇 병희	인형 연희

자료에서 인형을 좋아하는 학생을 찾으면 수빈이와 연희입니다.

2 조사한 전체 학생의 수를 세어 보면 8명입니다.

3 수빈이네 모둠 학생들이 좋아하는 장난감

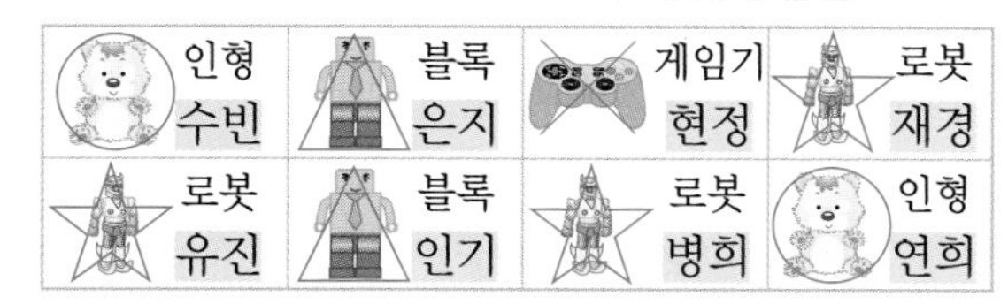

인형 수빈	블록 은지	게임기 현정	로봇 재경
로봇 유진	블록 인기	로봇 병희	인형 연희

같은 장난감끼리 같은 표시를 하며 셉니다.
합계: $2+2+1+3=8$(명)

4 조사한 항목을 모두 표에 나타내야 합니다.
참고 자료를 표로 나타낼 때 조사한 항목을 쓰는 순서는 정해져 있지 않습니다. 눈썰매장을 먼저 써도 되고 영화관을 먼저 써도 됩니다.

5 희재네 모둠 학생들이 한 달 동안 읽은 책 수

이름	희재	태영	재한	성민	제훈	미아
책 수	1권	4권	3권	2권	1권	2권

1권: 희재, 제훈 ⇨ 2명
2권: 성민, 미아 ⇨ 2명
3권: 재한 ⇨ 1명
4권: 태영 ⇨ 1명

6 (1) 도민우: ㄷ, ㅗ, ㅁ, ㅣ, ㄴ, ㅇ, ㅜ ⇨ 7개
도은이: ㄷ, ㅗ, ㅇ, ㅡ, ㄴ, ㅇ, ㅣ ⇨ 7개

9 주의 ○는 왼쪽에서 오른쪽으로 한 칸에 1개씩 빈 칸 없이 그려야 합니다.

10 서술형 가이드 그래프로 나타냈을 때의 편리한 점을 알고 설명할 수 있는지 확인합니다.

채점 기준		
	그래프로 나타냈을 때의 편리한 점을 알고 바르게 설명함.	상
	그래프로 나타냈을 때의 편리한 점을 알고 설명했으나 미흡함.	중
	그래프로 나타냈을 때의 편리한 점을 알지 못함.	하

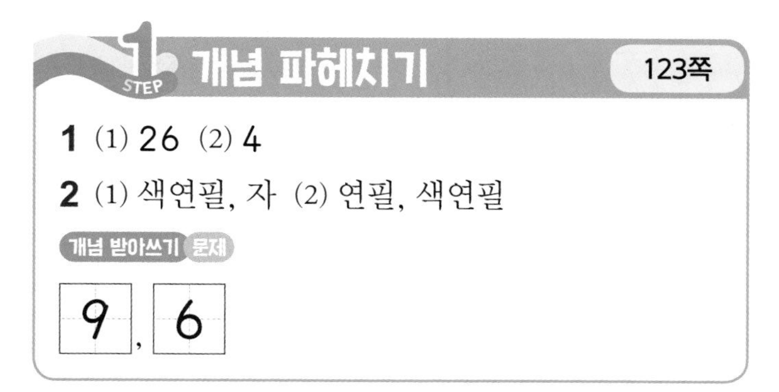

1 STEP 개념 파헤치기 123쪽

1 (1) 26 (2) 4
2 (1) 색연필, 자 (2) 연필, 색연필
개념 받아쓰기 문제
9, 6

1 (1) 표에서 합계를 보면 26명입니다.
(2) 표에서 동물원 칸을 보면 4명입니다.

2 (1) 그래프에서 ○의 수가 학용품의 수입니다.
○가 가장 많은 학용품을 찾으면 색연필이고, ○가 가장 적은 학용품을 찾으면 자입니다.
(2) 준서의 필통 속 학용품의 종류별 수

4			○	
3	○		○	
2	○	○	○	
1	○	○	○	○
수(개) / 학용품	연필	지우개	색연필	자

↑ 2개보다 많은 것

○가 2개보다 많은 학용품은 연필과 색연필입니다.

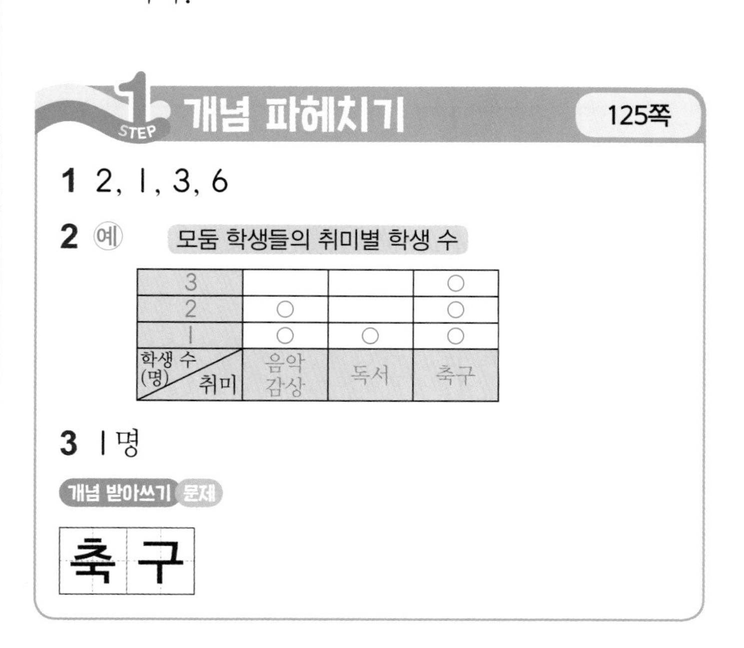

1 STEP 개념 파헤치기 125쪽

1 2, 1, 3, 6
2 예 모둠 학생들의 취미별 학생 수

3			○
2	○		○
1	○	○	○
학생 수(명) / 취미	음악 감상	독서	축구

3 1명
개념 받아쓰기 문제
축구

1 자료를 보고 취미별 학생 수를 세어 표로 나타냅니다.

3 표를 보면 모둠 학생들 중 취미가 독서인 학생은 1명입니다.

STEP 2 개념 확인하기 126~127쪽

개념4 표, 그래프

1 5, 3
2 21명
3 우유, 3명
4 콜라, 주스에 ○표
5 ㉡
6 그래프에 ○표
7 (1) 현서네 모둠 학생들이 좋아하는 음식별 학생 수

4		○		
3	○	○		
2	○	○	○	
1	○	○	○	○
학생 수(명) / 음식	피자	치킨	햄버거	파스타

(2) 치킨

8 4가지

9 예 나리네 모둠 학생들의 성씨별 학생 수

성씨	박씨	김씨	이씨	최씨	합계
학생 수(명)	2	4	3	1	10

10 예 나리네 모둠 학생들의 성씨별 학생 수

최씨	×				
이씨	×	×	×		
김씨	×	×	×	×	
박씨	×	×			
성씨 / 학생 수(명)	1	2	3	4	5

11 3, 최씨

1 표에서 사이다를 좋아하는 학생 수를 찾습니다.
⇨ 5명
표에서 우유를 좋아하는 학생 수를 찾습니다.
⇨ 3명

2 **생각 열기** 조사한 전체 학생 수 ⇨ 합계
표에서 합계가 21명입니다.
참고 좋아하는 음료수별 학생 수를 모두 더하면 합계가 됩니다.
(콜라를 좋아하는 학생 수)
+(사이다를 좋아하는 학생 수)
+(우유를 좋아하는 학생 수)
+(주스를 좋아하는 학생 수)
$=7+5+3+6=21$(명)

3 **생각 열기** 표의 학생 수를 비교합니다.
표를 보면 우유를 좋아하는 학생이 3명으로 가장 적습니다.
참고 가장 많은 학생들이 좋아하는 음료수는 콜라이고 7명이 좋아합니다.

4 ○가 5개보다 많은 음료수는 콜라와 주스입니다.

5 ㉡ 누가 어떤 음료수를 좋아하는지는 조사한 자료를 봐야 알 수 있습니다.
㉢ 좋아하는 음료수별 학생 수만큼 그래프에 ○로 표시한 것이므로 그래프에서 ○가 가장 많은 음료수를 찾으면 됩니다.
참고 ㉠ 아성이네 반 학생들이 좋아하는 음료수의 종류는 콜라, 사이다, 우유, 주스입니다.
㉢ 가장 많은 학생들이 좋아하는 음료수는 콜라입니다.

6 가장 많은 것과 가장 적은 것을 한눈에 알아보기 편리한 것은 그래프입니다.

7 (1) 좋아하는 음식별 학생 수만큼 ○를 아래에서 위로 한 칸에 1개씩 빈칸 없이 그립니다.
(2) 가장 많은 학생들이 좋아하는 음식은 ○가 가장 많은 치킨입니다.

8 자료를 보면 나리네 모둠 학생들의 성씨는 박씨, 김씨, 이씨, 최씨 4가지가 있으므로 4가지로 분류할 수 있습니다.

9 박씨: 박나리, 박초아 ⇨ 2명
김씨: 김미라, 김지민, 김주미, 김해주 ⇨ 4명
이씨: 이근우, 이가현, 이인희 ⇨ 3명
최씨: 최영하 ⇨ 1명
합계: $2+4+3+1=10$(명)

10 **생각 열기** 가로에 학생 수, 세로에 성씨를 나타냅니다.
성씨별 학생 수만큼 ×를 왼쪽에서 오른쪽으로 한 칸에 1개씩 빈칸 없이 그립니다.

11 표를 보면 이씨는 3명입니다. 그래프를 보면 가장 적은 성씨는 ×가 가장 적은 최씨입니다.

3 STEP 단원 마무리 평가 128~130쪽

1 3

2 1반 학생들이 소풍 가고 싶은 장소별 학생 수

7	○			
6	○	○		
5	○	○		
4	○	○		○
3	○	○	○	○
2	○	○	○	○
1	○	○	○	○
학생 수(명) / 장소	아쿠아리움	공원	동물원	미술관

3 공원
4 20명
5 아쿠아리움
6 표에 ○표
7 그래프에 ○표
8 4가지
9 혈액형에 ○표
10 7, 5, 6, 3
11 7명
12 2
13 학용품, 학생 수
14 지우개
15 3명
16 3번

17 예 장애물을 넘은 횟수

5		○		
4		○	○	
3	○	○	○	
2	○	○	○	
1	○	○	○	○
횟수(번) / 이름	진주	종민	하수	민주

18 예 장애물을 가장 많이 넘은 사람은 종민입니다.

19 아빠
20 4, 2

1 동물원으로 소풍 가고 싶어 하는 학생:
서영, 솔지, 선형 ⇨ 3명

2 소풍 가고 싶은 장소별 학생 수만큼 ○를 아래에서 위로 한 칸에 1개씩 빈칸 없이 그립니다.

3 자료에서 민홍이가 소풍 가고 싶은 장소를 찾으면 공원입니다.

4 표에서 합계가 20명입니다.

5 ○가 가장 많은 장소를 찾으면 아쿠아리움입니다.

6 표의 합계를 보면 조사한 자료의 전체 수를 알 수 있습니다.

7 그래프를 보면 가장 많은 것과 가장 적은 것을 한눈에 알 수 있습니다.

8 봄, 여름, 가을, 겨울 ⇨ 4가지

9 **생각 열기** 항목이 일정하게 정해져 있는 경우 손 들어 조사하기에 적당합니다.
혈액형은 A형, B형, O형, AB형 4가지 경우만 있기 때문에 선생님이 혈액형을 말하고 학생들이 손을 드는 방법으로 조사할 수 있습니다.
참고 좋아하는 연예인, 좋아하는 음식, 부모님의 직업은 여러 가지가 있기 때문에 위와 같은 방법으로 조사하기 어렵습니다.

10 칠판에 적힌 좋아하는 계절별 이름의 수를 세어 표로 나타냅니다.

11 10의 표를 보면 봄을 좋아하는 학생은 7명입니다.
참고 여름을 좋아하는 학생 수: 5명
가을을 좋아하는 학생 수: 6명
겨울을 좋아하는 학생 수: 3명

12 **생각 열기** 합계는 조사한 전체 학생 수입니다.
(AB형인 학생 수)
=(전체 학생 수)−(A형인 학생 수)
−(B형인 학생 수)−(O형인 학생 수)
=20−9−4−5=2(명)

13 그래프의 가로에는 학용품, 세로에는 학생 수를 나타냈습니다.

14 ○가 가장 많은 학용품을 찾으면 지우개입니다.

15 **생각 열기** ○의 수를 비교하여 가장 많거나 가장 적은 학생들이 필요한 학용품을 각각 찾습니다.
가장 많은 학생들이 필요한 학용품: 지우개
가장 적은 학생이 필요한 학용품: 자
⇨ 지우개와 자의 ○ 수의 차는 3개이므로 학생 수의 차는 3명입니다.

16 생각 열기 진주의 ○표의 수를 세어 봅니다.
진주는 ○표가 3개이므로 장애물을 3번 넘었습니다.

17 • 진주: ○표가 3개이므로 장애물을 3번 넘었습니다.
• 종민: ○표가 5개이므로 장애물을 5번 넘었습니다.
• 하수: ○표가 4개이므로 장애물을 4번 넘었습니다.
• 민주: ○표가 1개이므로 장애물을 1번 넘었습니다.
⇨ ○, ×, / 중 한 가지를 선택하여 장애물을 넘은 횟수만큼 아래에서 위로 한 칸에 1개씩 빈칸 없이 그립니다.

18 서술형 가이드 그래프를 보고 알 수 있는 내용을 찾아 설명할 수 있는지 확인합니다.

채점 기준		
	그래프를 보고 알 수 있는 내용을 바르게 썼음.	상
	그래프를 보고 알 수 있는 내용을 썼으나 미흡함.	중
	그래프를 보고 알 수 있는 내용을 쓰지 못함.	하

19 생각 열기 달력에 표시된 내용과 표의 내용을 비교해 봅니다.
달력에는 아빠가 3일 산책을 시켰고 표에는 4일이라고 적혀 있으므로 11월 18일에 강아지를 산책시킨 사람은 아빠입니다.

20 표를 보면 선지가 강아지를 산책시킨 날수는 4일이므로 $6-4=2$(일) 더 산책시키면 됩니다.

마무리 개념완성 131쪽

❶ 2

❷ 예

밭에서 뽑은 채소별 수

4		○	
3	○	○	
2	○	○	○
1	○	○	○
수(개) / 채소	당근	무	배추

❸ 표에 ○표　❹ ○

❺ 무, 배추

6. 규칙 찾기

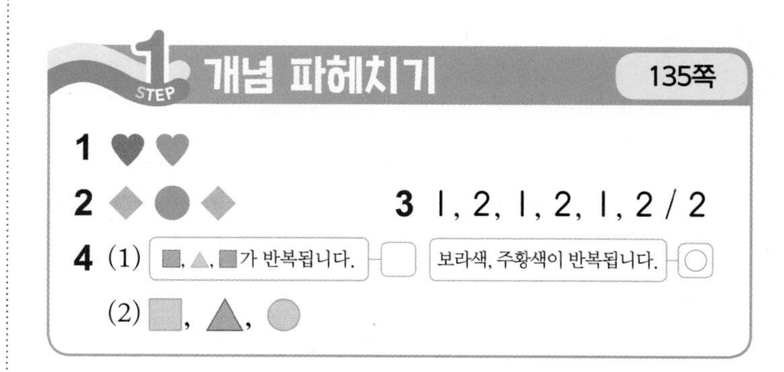

1 초록색, 보라색이 반복되는 규칙이 있습니다.
2 ●, ◆가 반복되는 규칙이 있습니다.
3 ●는 1, ◆는 2로 바꾸어 나타내면 1, 2가 반복되는 규칙입니다.
4 □, △, ○가 반복되고 보라색, 주황색이 반복됩니다.

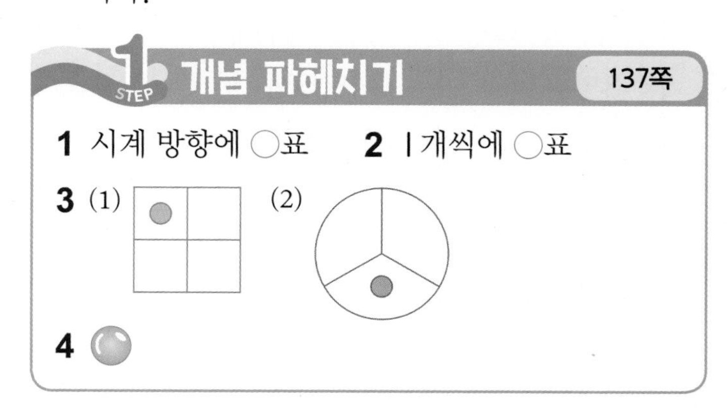

1 빨간색으로 색칠된 부분이 시계 방향으로 한 칸씩 돌아가고 있습니다.
2 주황색과 초록색이 1개씩 늘어나며 반복되고 있습니다.
3 (1) ●이 시계 방향으로 옮겨지는 규칙입니다.
(2) ●이 시계 반대 방향으로 옮겨지는 규칙입니다.
4 보라색, 파란색이 1개씩 늘어나며 반복되고 있습니다. 마지막에 보라색 5개가 있으므로 그 다음은 파란색 6개를 놓아야 합니다.

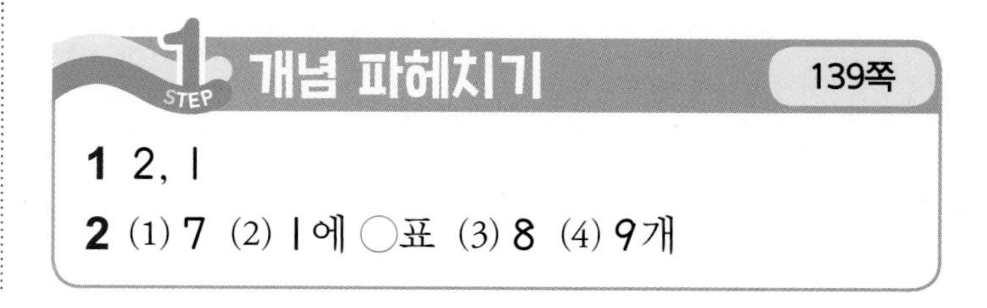

1 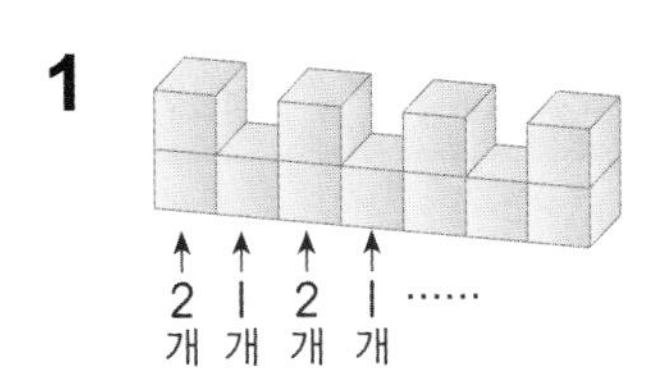

2 (1) 1층에 5개, 2층에 2개 쌓았으므로 쌓은 쌓기나무는 $5+2=7$(개)입니다.
(2) 쌓기나무가 1층에 1개씩 늘어나는 규칙이 있습니다.
(3) 세 번째 모양에 쌓은 쌓기나무가 7개이고 쌓기나무가 1층에 1개씩 늘어나는 규칙이 있습니다. 따라서 네 번째 모양에 쌓을 쌓기나무는 모두 $7+1=8$(개)입니다.
(4) 네 번째 모양에 쌓을 쌓기나무보다 1개 더 많으므로 모두 $8+1=9$(개)입니다.

STEP 2 개념 확인하기 140~141쪽

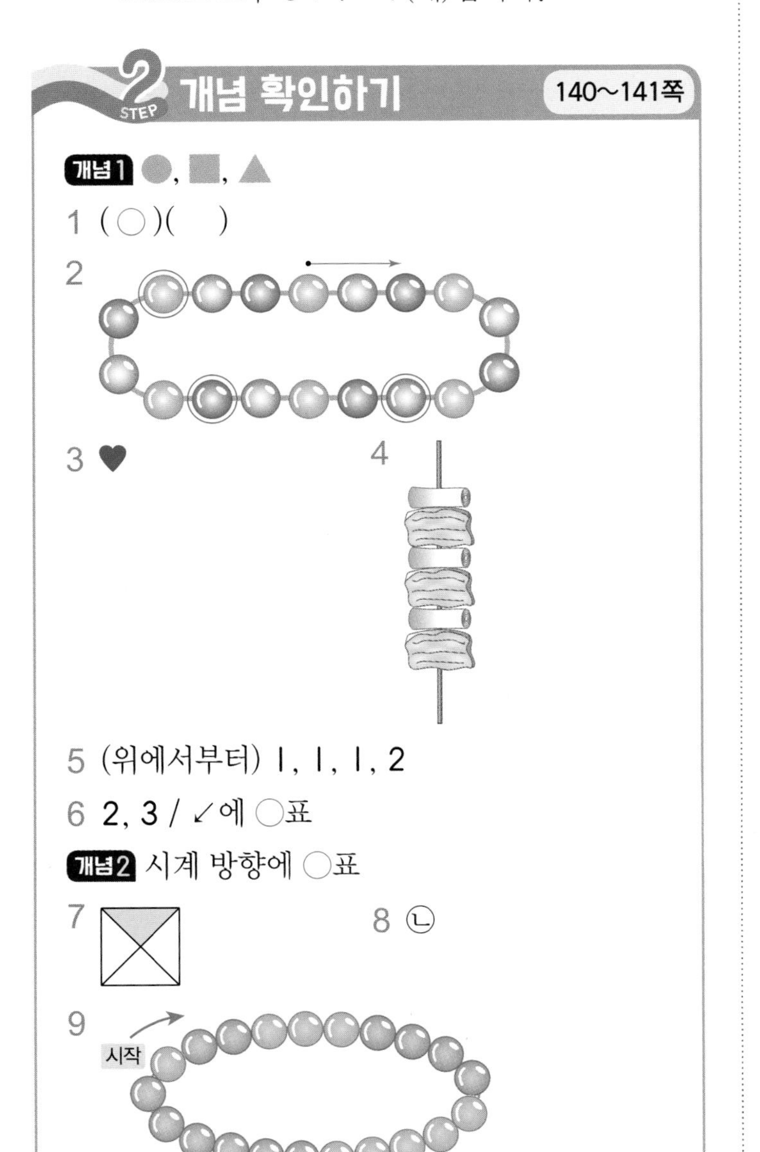

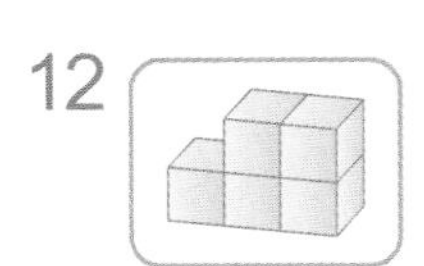

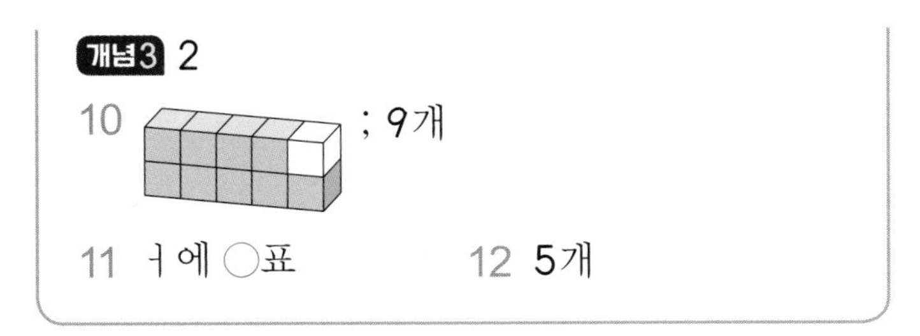

2 빨간색, 파란색, 초록색이 반복되는 규칙입니다.

3 파란색, 보라색이 반복되고 ♡, ○, ♡가 반복되는 규칙이 있습니다.

4 닭고기와 파를 번갈아 끼우는 규칙이 있습니다.

6 • 1, 2, 3이 반복되는 규칙이 있습니다.
• ↙ 방향으로 같은 숫자가 반복되는 규칙이 있습니다.

7 시계 방향으로 색칠되는 칸을 한 칸씩 옮기는 규칙이 있습니다.

8 모양이 시계 반대 방향으로 돌아가고 있습니다.

9 빨간색, 초록색이 1개씩 늘어나며 반복됩니다.
⇨ 빨간색 5개 다음이므로 초록색 6개를 색칠합니다.

10 세 번째 쌓기나무의 왼쪽에 2층으로 쌓기나무를 더 놓습니다.

11 쌓은 모양을 살펴봅니다.

12
첫 번째 모양과 두 번째 모양을 번갈아 놓는 규칙입니다.
따라서 □ 안에 놓을 모양은 두 번째 모양이므로 쌓기나무는 5개입니다.

STEP 1 개념 파헤치기 143쪽

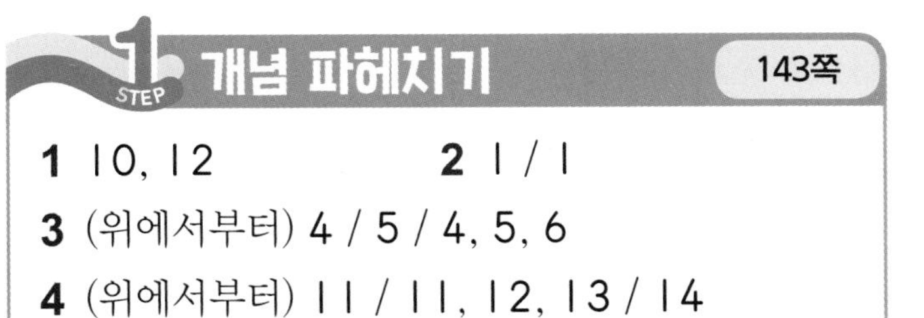

1 10, 12
2 1 / 1
3 (위에서부터) 4 / 5 / 4, 5, 6
4 (위에서부터) 11 / 11, 12, 13 / 14

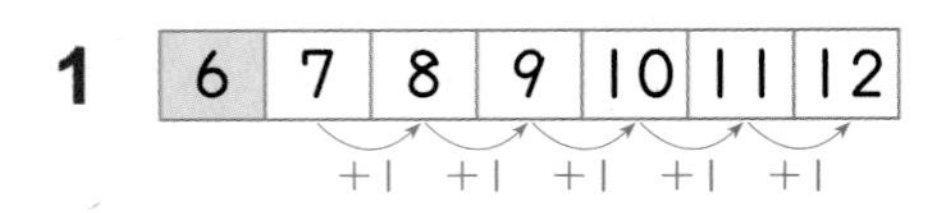

1 | 6 | 7 | 8 | 9 | 10 | 11 | 12 |
+1 +1 +1 +1 +1

2 • 오른쪽으로 갈수록 1씩 커지는 규칙이 있습니다.

3 4 5 6 7 8
+1 +1 +1 +1 +1

• 아래쪽으로 내려갈수록 1씩 커지는 규칙이 있습니다.

4 5 6 7 8 9
+1 +1 +1 +1 +1

STEP 1 개념 파헤치기 145쪽

1 20, 25, 30 2 2 / 3
3 (위에서부터) 6, 8 / 12 / 16
4 (위에서부터) 42 / 48, 56, 64

1 오른쪽으로 갈수록 5씩 커지는 규칙이 있습니다.

| 5 | 5 | 10 | 15 | 20 | 25 | 30 |
+5 +5 +5 +5 +5

2 • 오른쪽으로 갈수록 2씩 커지는 규칙이 있습니다.

2 4 6 8 10 12
+2 +2 +2 +2 +2

• 아래쪽으로 내려갈수록 3씩 커지는 규칙이 있습니다.

3 6 9 12 15 18
+3 +3 +3 +3 +3

3 • 2 4 6 8
+2 +2 +2
• 3 6 9 12
+3 +3 +3
• 4 8 12 16
+4 +4 +4

4 • 35 42 49 56
+7 +7 +7
• 40 48 56 64
+8 +8 +8

STEP 1 개념 파헤치기 147쪽

1 초록색 2 1씩
3 7 4 6

1 신호등은 빨간색, 초록색의 순서로 등의 색깔이 바뀌는 규칙이 있습니다.

2 1 2 3 4
+1 +1 +1
⇨ 오른쪽으로 갈수록 1씩 커지는 규칙이 있습니다.

3 7, 14, 21, 28은 각각 7×1, 7×2, 7×3, 7×4로 7단 곱셈구구입니다.

4 3 9 15 21 27 ⇨ 6씩 커집니다.
+6 +6 +6 +6

STEP 2 개념 확인하기 148~149쪽

개념4 1
1 1씩 2 2씩
3 (위에서부터) 7 / 10, 12
4 7, 9
개념5 5
5 진서 6 (위에서부터) 36, 24
7 (위에서부터) 20, 25
개념6 1 / 5
8 1에 ○표 9 병아리
10 예 위쪽으로 올라갈수록 3씩 커지는 규칙이 있습니다.
11 20번

1 파란색으로 칠해진 수에는 오른쪽으로 갈수록 1씩 커지는 규칙이 있습니다.

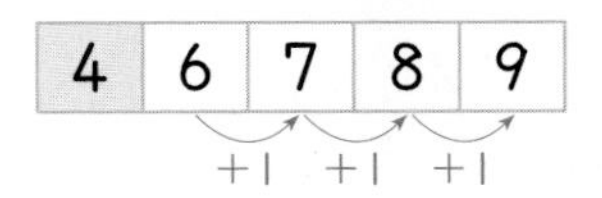

2 초록색 점선에 놓인 수는 2씩 커지는 규칙이 있습니다.

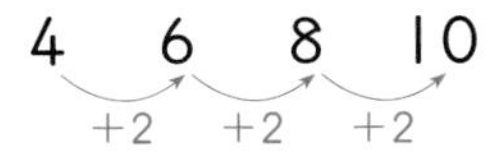

3

+	1	3	5	7
2	3	5	7	9
3	4	6	8	10
4	5	7	9	11
5	6	8	10	12

빈칸이 있는 세로줄의 수는 아래쪽으로 내려갈수록 1씩 커지는 규칙이 있습니다.

4 1씩 커집니다.

5	6	7
6	7	8
7		9

5 • 빨간색으로 칠해진 수에는 아래쪽으로 내려갈수록 3씩 커지는 규칙이 있습니다. ⇨ 진서(◯)
• 2, 4단 곱셈구구에 있는 수는 모두 짝수이지만 3, 5단 곱셈구구에 있는 수는 짝수, 홀수가 반복됩니다. ⇨ 은표(×)

6

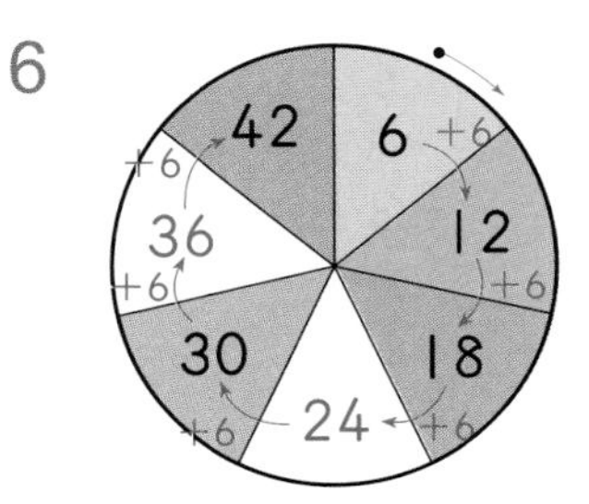

6부터 시계 방향으로 6씩 커지는 규칙이 있습니다.
⇨ 18+6=24, 30+6=36

7

9	12	15	→ 3씩 커집니다.
12	16	20	→ 4씩 커집니다.
15	20	25	→ 5씩 커집니다.

8 5 4 3 2 1 (−1 −1 −1 −1)
⇨ 1씩 작아지는 규칙이 있습니다.

10 서술형 가이드 전자계산기 숫자 버튼에서 규칙을 찾아 바르게 설명할 수 있는지 확인합니다.

채점 기준		
	규칙을 찾아 바르게 설명함.	상
	규칙을 찾아 설명하였으나 미흡함.	중
	규칙을 찾지 못함.	하

11

아래쪽으로 내려갈수록 의자 번호가 7씩 커지는 규칙이 있습니다.
⇨ 다 열 여섯째 자리: 6 13 20 (+7 +7)

3 STEP 단원 마무리 평가 150~152쪽

1 ★에 ◯표
2 (위에서부터) 9 / 8, 9
3 커지는에 ◯표
4 1씩
5 ◆
6~7

×	2	3	4	5
2	4	6	8	10
3	6	9	12	15
4	8	12	16	20
5	10	15	20	25

8 명환
9

1	2	2	1
2	2	1	2
2	1	2	2

10 ㉡
11 ③
12 (그림)
13 (그림)
14 2씩
15 ㉣
16 예 ↘ 방향으로 갈수록 4씩 커집니다.
17 계산기
18 23일
19 예 쌓기나무가 오른쪽으로 2층, 3층으로 쌓이고 있습니다.
20 3, 1, 4, 4, 10 / 10개

1 주황색, 파란색, 파란색이 반복되는 규칙이 있습니다.

2 오른쪽으로 갈수록 1씩 커지는 규칙이 있습니다.

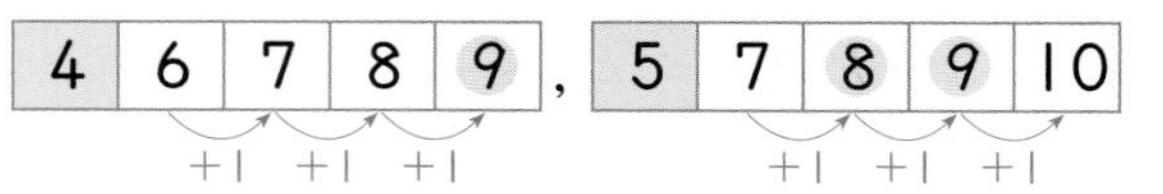

3 6, 7, 8, 9로 1씩 커지는 규칙이 있습니다.

4 5 6 7 8 (+1 +1 +1)
⇨ 아래쪽으로 내려갈수록 1씩 커지는 규칙이 있습니다.

5 ◇, ○, ◇가 반복되고 초록색과 빨간색이 반복되는 규칙이 있습니다.

7 빨간색으로 색칠한 곳은 4씩 커지는 규칙이 있습니다.

8 영애: 4 6 8 10 (+2 +2 +2)

10 1, 2, 2가 반복되는 규칙이 있습니다.

11 (쌓기나무 모양), (쌓기나무 모양), (쌓기나무 모양)이 반복되는 규칙이 있습니다.

⇨ 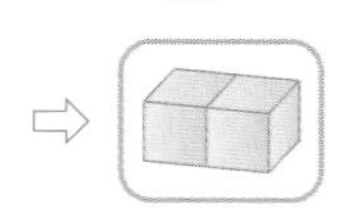

12 시계 반대 방향으로 색칠되는 칸을 한 칸씩 옮기는 규칙이 있습니다.

13 → 방향으로 같은 모양이 반복되고 빨간색, 파란색, 보라색이 반복되는 규칙이 있으므로 □ 안에 들어갈 무늬는 파란색 사탕, 파란색 초콜릿입니다.

14

3	4	6	8	10	12

(+2 +2 +2 +2)
⇨ 오른쪽으로 갈수록 2씩 커지는 규칙이 있습니다.

15 ㉠ $1+9=10$ ㉡ $5+5=10$
㉢ $7+3=10$ ㉣ $7+7=14$

16 서술형 가이드 초록색 점선에 놓인 수에서 규칙을 찾아 바르게 설명할 수 있는지 확인합니다.

채점 기준		
	규칙을 찾아 바르게 설명함.	상
	규칙을 찾아 설명하였으나 미흡함.	중
	규칙을 찾지 못함.	하

17 • 시계: 시계 방향으로 1부터 12까지 1씩 커집니다.
• 계산기: 위쪽으로 올라갈수록 3씩 커집니다.
• 저울: 시계 방향으로 1부터 15까지 1씩 커집니다.

18 토요일은 7일마다 반복되는 규칙이 있습니다.
2 9 16 23 ⇨ 23일
(+7 +7 +7)

19 서술형 가이드 쌓기나무를 쌓은 모양에서 규칙을 찾아 바르게 설명할 수 있는지 확인합니다.

채점 기준		
	쌓기나무를 쌓은 위치와 수를 이용하여 쌓은 규칙을 바르게 설명함.	상
	쌓기나무를 쌓은 위치와 수를 이용하여 쌓은 규칙을 설명하였으나 미흡함.	중
	쌓은 규칙을 설명하지 못함.	하

참고 계단 모양으로 쌓은 것입니다.

20 (3층으로 쌓은 상자의 수)$=3+2+1=6$(개)
(3: 1층, 2: 2층, 1: 3층)
(4층으로 쌓은 상자의 수)$=4+3+2+1$
(4: 1층, 3: 2층, 2: 3층, 1: 4층)
$=10$(개)

참고 ■층으로 쌓은 상자의 수는 1부터 ■까지의 합입니다.
⇨ ■+……+3+2+1

마무리 개념완성 153쪽

❶ 빨간, 노란, 초록 ❷ 2, 3, 1, 2, 3
❸ ㅏ에 ○표 ❹ 1
❺ 3 ❻ 1, 7

1. 네 자리 수

1. 몇천 알아보기 2쪽

01 5000, 오천
02 8000, 팔천
03 4000, 사천
04 7000, 칠천
05 9000, 구천

2. 네 자리 수 읽기 3쪽

01 오천이백팔십
02 삼천육백이십오
03 이천팔십칠
04 사천이백구십일
05 육천이백삼십이
06 천백사십삼
07 이천구
08 칠천백
09 구천이십육
10 팔천이백십사
11 이천백삼십
12 오천십

3. 네 자리 수 쓰기 4쪽

01 3254
02 5002
03 6340
04 9080
05 2105
06 8237
07 1026
08 4500
09 7078
10 2569
11 3043
12 1921

4. 네 자리 수의 각 자리 숫자가 나타내는 수 5쪽

01 300
02 3000
03 30
04 300
05 3000
06 80
07 800
08 8
09 8000
10 80

5. 뛰어 세기 6쪽

01 8000, 9000
02 6180, 6280
03 4425, 5425
04 7313, 7323
05 9996, 9997
06 3251, 3351

5. 뛰어 세기 7쪽

07 2800, 2900
08 9426, 9436
09 3050, 4050
10 2149, 2150
11 9039, 9139
12 6008, 6009
13 8862, 8872, 8882
14 3200, 4200, 6200

6. 수의 크기 비교하기 8쪽

01 <
02 >
03 <
04 <
05 <
06 >
07 <
08 >
09 <
10 >
11 <
12 <

6. 수의 크기 비교하기 9쪽

13 4030에 ○표, 1985에 △표
14 6000에 ○표, 4982에 △표
15 1934에 ○표, 1555에 △표
16 8104에 ○표, 3092에 △표
17 4084에 ○표, 2984에 △표
18 5928에 ○표, 1483에 △표
19 2863에 ○표, 2628에 △표

2. 곱셈구구

1. 2단 곱셈구구 10쪽

01 8
02 14
03 18
04 2
05 6
06 12
07 10
08 2
09 2
10 8
11 5
12 2
13 2
14 9

2. 5단 곱셈구구 11쪽

01 30
02 10
03 20
04 25
05 45
06 5
07 40
08 5
09 9
10 6
11 7
12 5
13 5
14 3

3. 3단 곱셈구구 12쪽

01 18
02 15
03 6
04 21
05 27
06 3
07 24
08 3
09 4
10 3
11 9
12 6
13 3
14 3

4. 6단 곱셈구구 13쪽

01 12
02 36
03 24
04 42
05 6
06 54
07 18
08 4
09 1
10 6
11 2
12 6
13 6
14 8

5. 4단 곱셈구구 14쪽

01 28
02 12
03 20
04 8
05 24
06 36
07 32
08 1
09 4
10 4
11 9
12 4
13 4
14 3

6. 8단 곱셈구구 15쪽

01 24
02 56
03 32
04 16
05 8
06 48
07 40
08 9
09 8
10 8
11 5
12 8
13 8
14 1

7. 7단 곱셈구구 16쪽

01 35
02 14
03 56
04 28
05 49
06 7
07 63
08 4
09 9
10 7
11 5
12 7
13 3
14 7

8. 9단 곱셈구구 17쪽

01 18
02 54
03 36
04 81
05 9
06 45
07 63
08 1
09 4
10 5
11 8
12 9
13 9
14 9

9. 1단 곱셈구구 18쪽

01 3
02 9
03 2
04 6
05 5
06 8
07 4
08 6
09 1
10 5
11 7
12 1
13 1
14 8

10. 0의 곱 19쪽

01 0
02 0
03 0
04 0
05 0
06 0
07 0
08 0
09 0
10 0
11 0
12 0
13 0
14 0

11. 곱셈표 만들기 20쪽

01 8단
02 2단, 4단, 6단, 8단
03 8×3, 4×6, 6×4

3. 길이 재기

1. 100 cm와 1 m의 관계 21쪽

01 100
02 500
03 720
04 315
05 805
06 1040
07 2007
08 3
09 1, 50
10 2, 40
11 4, 8
12 10, 20
13 9, 3
14 10, 8

2. 길이의 합 22쪽

01 3, 50
02 5, 42
03 7, 50
04 3, 80
05 9, 35
06 8, 60
07 7, 37

2. 길이의 합 23쪽

08 3, 23
09 4, 71
10 7, 34
11 8, 24
12 9, 25
13 7, 68
14 7, 13
15 8, 88
16 7, 53
17 24, 67

3. 길이의 차 24쪽

01 3, 50
02 2, 30
03 6, 14
04 5, 10
05 2, 13
06 4, 18
07 3, 15

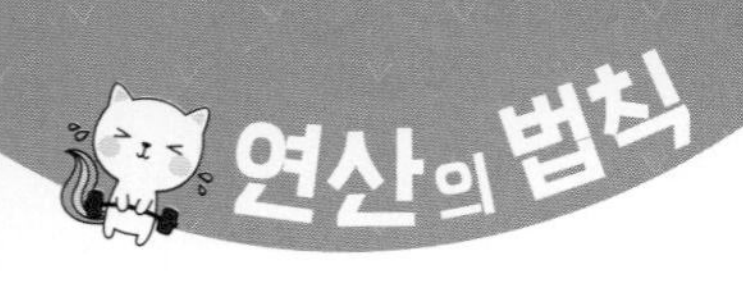

3. 길이의 차 25쪽

08 5, 30
09 5, 25
10 1, 4
11 1, 35
12 4, 5
13 6, 30
14 1, 50
15 4, 15
16 1, 45
17 5, 16

4. 시각과 시간

1. 몇 시 몇 분 읽기(1) 26쪽

01 25
02 40
03 10
04 35
05 4, 55
06 6, 20
07 2, 45
08 10, 15

2. 몇 시 몇 분 읽기(2) 27쪽

01 37
02 13
03 44
04 56
05 8, 29
06 2, 48
07 5, 34
08 9, 17

3. 여러 가지 방법으로 시각 읽기 28쪽

01 55 ; 8, 5
02 5, 50 ; 6, 10
03 9, 45 ; 10, 15
04 4, 55 ; 5, 5
05 10
06 9, 5
07 6, 15
08 55
09 9, 50
10 5, 45

4. 1시간 알아보기 29쪽

01 70
02 120
03 140
04 170
05 245
06 190
07 300
08 1, 30
09 3
10 2, 20
11 1, 55
12 4, 10
13 5, 10
14 3, 20

5. 걸린 시간 알아보기 30쪽

01 35
02 40
03 45
04 1, 20
05 1, 45
06 2, 30

6. 하루의 시간 알아보기 31쪽

01 48
02 29
03 82
04 56
05 35
06 75
07 96
08 1, 6
09 1, 1
10 1, 16
11 1, 8
12 2, 2
13 3
14 4, 2

7. 달력 알아보기 32쪽

01 14
02 10
03 21
04 28
05 2, 1
06 2, 6
07 8
08 12
09 24
10 17
11 2, 6
12 2, 4
13 5
14 3, 6

참 잘했어요

수학의 모든 개념 문제를 풀 정도로
실력이 성장한 것을 축하하며
이 상장을 드립니다.

이름 ______________________

날짜 ________ 년 _____ 월 _____ 일

배움으로 행복한 내일을 꿈꾸는

천재교육 커뮤니티 안내

교재 안내부터 구매까지 한 번에!

천재교육 홈페이지

자사가 발행하는 참고서, 교과서에 대한 소개는 물론
도서 구매도 할 수 있습니다. 회원에게 지급되는 별을 모아
다양한 상품 응모에도 도전해 보세요!

다양한 교육 꿀팁에 깜짝 이벤트는 덤!

천재교육 인스타그램

천재교육의 새롭고 중요한 소식을 가장 먼저 접하고 싶다면?
천재교육 인스타그램 팔로우가 필수!
깜짝 이벤트도 수시로 진행되니 놓치지 마세요!

수업이 편리해지는

천재교육 ACA 사이트

오직 선생님만을 위한, 천재교육 모든 교재에 대한 정보가 담긴
아카 사이트에서는 다양한 수업자료 및 부가 자료는 물론
시험 출제에 필요한 문제도 다운로드하실 수 있습니다.

https://aca.chunjae.co.kr

천재교육을 사랑하는 샘들의 모임

천사샘

학원 강사, 공부방 선생님이시라면 누구나 가입할 수 있는 천사샘!
교재 개발 및 평가를 통해 교재 검토진으로 참여할 수 있는 기회는 물론
다양한 교사용 교재 증정 이벤트가 선생님을 기다립니다.

아이와 함께 성장하는 학부모들의 모임공간

튠맘 학습연구소

튠맘 학습연구소는 초·중등 학부모를 대상으로 다양한 이벤트와 함께
교재 리뷰 및 학습 정보를 제공하는 네이버 카페입니다.
초등학생, 중학생 자녀를 둔 학부모님이라면 튠맘 학습연구소로 오세요!

연산의 법칙

2-2

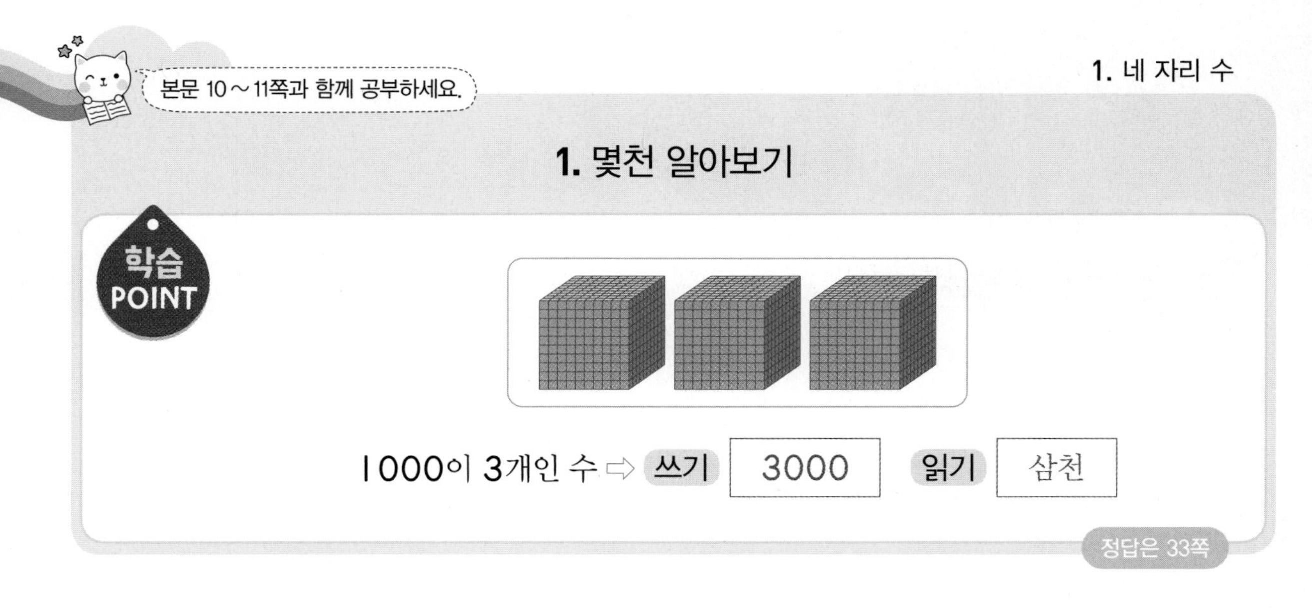

[01 ~ 05] 그림이 나타내는 수를 쓰고 읽어 보시오.

01

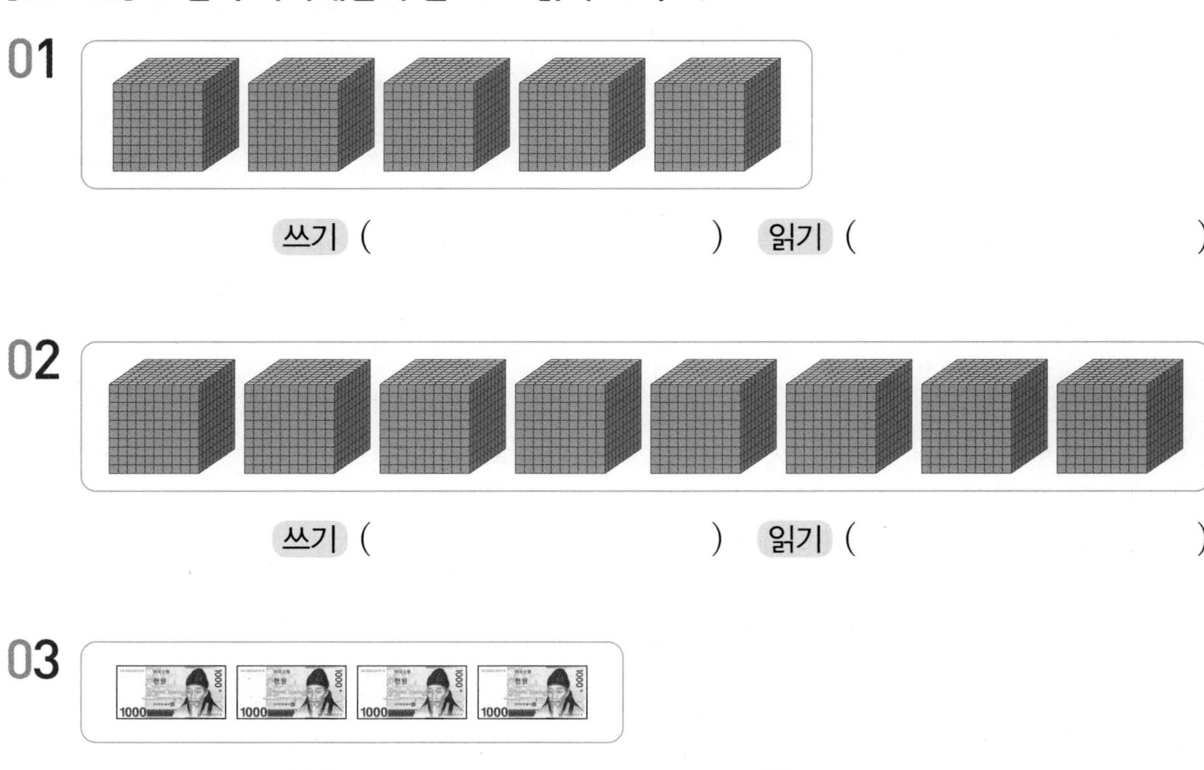

쓰기 (　　　　　　　　) 읽기 (　　　　　　　　)

02

쓰기 (　　　　　　　　) 읽기 (　　　　　　　　)

03

쓰기 (　　　　　　　　) 읽기 (　　　　　　　　)

04

쓰기 (　　　　　　　　) 읽기 (　　　　　　　　)

05

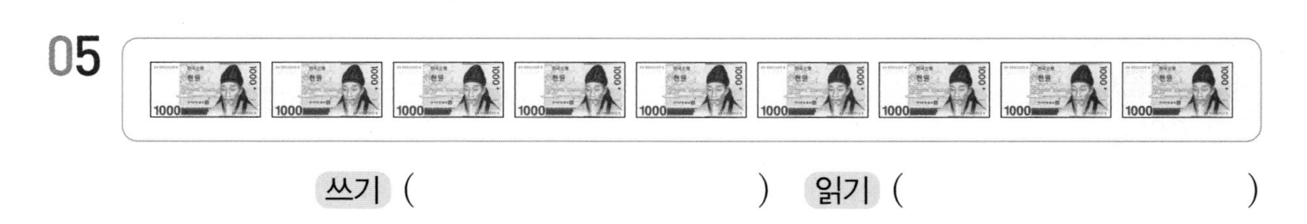

쓰기 (　　　　　　　　) 읽기 (　　　　　　　　)

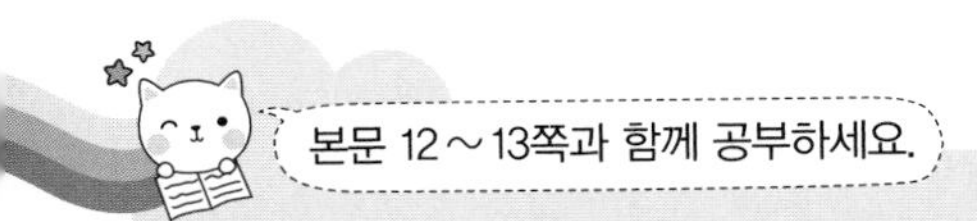

2. 네 자리 수 읽기

수를 읽을 때에는 자리 숫자와 자릿값을 함께 읽습니다.

이때 숫자 0 은 읽지 않고 일의 자리는 숫자만 읽습니다.

예 3092 읽기 삼천구십이 (○),
삼천영구십이(×), 삼영구이(×), 삼천구십이일(×)

정답은 33쪽

[01～12] 수를 읽어 보시오.

01 5280

(　　　　　　　　　　)

02 3625

(　　　　　　　　　　)

03 2087

(　　　　　　　　　　)

04 4291

(　　　　　　　　　　)

05 6232

(　　　　　　　　　　)

06 1143

(　　　　　　　　　　)

07 2009

(　　　　　　　　　　)

08 7100

(　　　　　　　　　　)

09 9026

(　　　　　　　　　　)

10 8214

(　　　　　　　　　　)

11 2130

(　　　　　　　　　　)

12 5010

(　　　　　　　　　　)

3. 네 자리 수 쓰기

수를 쓸 때에는 높은 자리 숫자부터 차례로 씁니다.

이때 읽지 않은 자리에는 숫자 0 을 씁니다.

예 오천삼백 쓰기 5300 (○), 5000300(×), 53(×), 513100(×)

정답은 33쪽

[01 ~ 12] 수로 써 보시오.

01 삼천이백오십사

( )

07 천이십육

( )

02 오천이

( )

08 사천오백

( )

03 육천삼백사십

( )

09 칠천칠십팔

( )

04 구천팔십

( )

10 이천오백육십구

( )

05 이천백오

( )

11 삼천사십삼

( )

06 팔천이백삼십칠

( )

12 천구백이십일

( )

본문 16~17쪽과 함께 공부하세요.

4. 네 자리 수의 각 자리 숫자가 나타내는 수

학습 POINT

7246에서 7은 [천]의 자리 숫자이고 7000을 나타냅니다.

2는 [백]의 자리 숫자이고 200을 나타냅니다.

4는 [십]의 자리 숫자이고 40을 나타냅니다.

6은 [일]의 자리 숫자이고 6을 나타냅니다.

7246=7000+200+40+6

정답은 33쪽

[01~05] 밑줄 친 숫자 3이 나타내는 수는 얼마입니까?

01 2391

(　　　　　　　　)

02 3918

(　　　　　　　　)

03 8732

(　　　　　　　　)

04 9357

(　　　　　　　　)

05 3764

(　　　　　　　　)

[06~10] 밑줄 친 숫자 8이 나타내는 수는 얼마입니까?

06 3981

(　　　　　　　　)

07 2847

(　　　　　　　　)

08 9328

(　　　　　　　　)

09 8409

(　　　　　　　　)

10 5186

(　　　　　　　　)

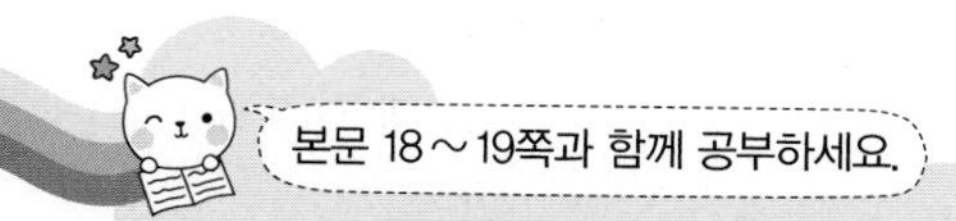

5. 뛰어 세기

• 1000씩 뛰어 세면 천 의 자리 수가 1씩 커지고 백, 십, 일의 자리 수는 변하지 않습니다.

2000－3000－4000－5000－6000－7000

• 10씩 뛰어 세면 십 의 자리 수가 1씩 커지고 천, 백, 일의 자리 수는 변하지 않습니다.

3930－3940－3950－3960－3970－3980

정답은 33쪽

[01 ~ 06] 뛰어 세려고 합니다. 빈 곳에 알맞은 수를 써넣으시오.

01 4000 － 5000 － 6000 － 7000 － ☐ － ☐

02 5780 － 5880 － 5980 － 6080 － ☐ － ☐

03 1425 － 2425 － 3425 － ☐ － ☐ － 6425

04 7273 － 7283 － 7293 － 7303 － ☐ － ☐

05 9994 － 9995 － ☐ － ☐ － 9998 － 9999

06 3051 － 3151 － ☐ － ☐ － 3451 － 3551

[07~14] 뛰어 세려고 합니다. 빈 곳에 알맞은 수를 써넣으시오.

07 | 2700 | | | 3000 | 3100 | 3200 |
|---|---|---|---|---|---|

08 | 9416 | | | 9446 | 9456 | 9466 |
|---|---|---|---|---|---|

09 | 1050 | 2050 | | | 5050 | 6050 |
|---|---|---|---|---|---|

10 | 2147 | 2148 | | | 2151 | 2152 |
|---|---|---|---|---|---|

11 | | | 9239 | 9339 | 9439 | 9539 |
|---|---|---|---|---|---|

12 | | | 6010 | 6011 | 6012 | 6013 |
|---|---|---|---|---|---|

13 | | | | 8892 | 8902 | 8912 |
|---|---|---|---|---|---|

14 | | | 5200 | | 7200 | 8200 |
|---|---|---|---|---|---|

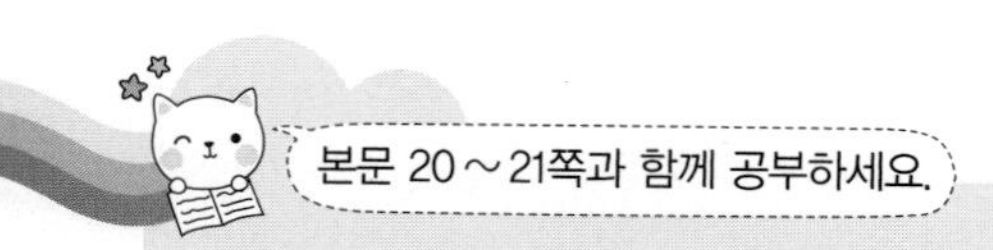

6. 수의 크기 비교하기

방법 천의 자리부터 비교하고 천의 자리 수가 같으면 백의 자리, 백의 자리 수가 같으면 십의 자리, 십의 자리 수가 같으면 일의 자리 수를 비교합니다.

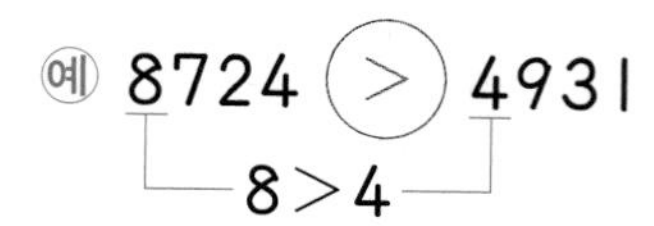

3280 < 3293

8<9

정답은 33쪽

[01~12] 두 수의 크기를 비교하여 ○ 안에 > 또는 <를 알맞게 써넣으시오.

01 3029 ○ 3947

02 4917 ○ 1000

03 5211 ○ 5293

04 8229 ○ 9000

05 3829 ○ 3882

06 7191 ○ 7002

07 2000 ○ 3000

08 4002 ○ 3298

09 3929 ○ 5317

10 1030 ○ 1029

11 6922 ○ 6923

12 6000 ○ 8933

[13~19] 가장 큰 수에 ○표, 가장 작은 수에 △표 하시오.

13 3286 4030 1985

14 5231 4982 6000

15 1740 1934 1555

16 8104 3092 3981

17 4028 4084 2984

18 1483 5928 3123

19 2863 2628 2837

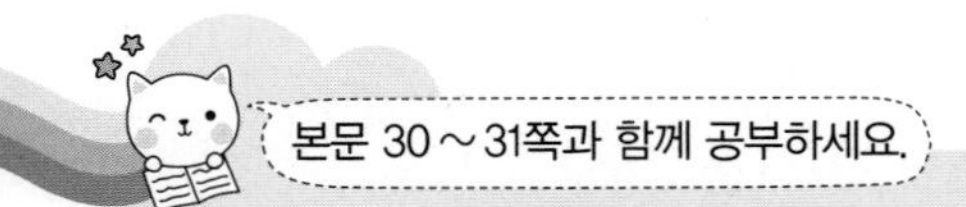

1. 2단 곱셈구구

×	1	2	3	4	5	6	7	8	9
2	2	4	6	8	10	12	14	16	18

⇨ 2단 곱셈구구에서 곱하는 수가 1씩 커지면 곱은 [2]씩 커집니다.

정답은 34쪽

[01～14] □ 안에 알맞은 수를 써넣으시오.

01 $2\times4=\square$

02 $2\times7=\square$

03 $2\times9=\square$

04 $2\times1=\square$

05 $2\times3=\square$

06 $2\times6=\square$

07 $2\times5=\square$

08 $2\times\square=4$

09 $\square\times1=2$

10 $2\times\square=16$

11 $2\times\square=10$

12 $\square\times7=14$

13 $\square\times3=6$

14 $2\times\square=18$

본문 32～33쪽과 함께 공부하세요.

2. 5단 곱셈구구

학습 POINT

×	1	2	3	4	5	6	7	8	9
5	5	10	15	20	25	30	35	40	45

⇨ 5단 곱셈구구에서 곱하는 수가 1씩 커지면 곱은 5 씩 커집니다.

정답은 34쪽

[01～14] □ 안에 알맞은 수를 써넣으시오.

01 $5\times6=\square$

02 $5\times2=\square$

03 $5\times4=\square$

04 $5\times5=\square$

05 $5\times9=\square$

06 $5\times1=\square$

07 $5\times8=\square$

08 $\square\times1=5$

09 $5\times\square=45$

10 $5\times\square=30$

11 $5\times\square=35$

12 $\square\times4=20$

13 $\square\times2=10$

14 $5\times\square=15$

본문 34～35쪽과 함께 공부하세요.

3. 3단 곱셈구구

학습 POINT

×	1	2	3	4	5	6	7	8	9
3	3	6	9	12	15	18	21	24	27

⇨ 3단 곱셈구구에서 곱하는 수가 1씩 커지면 곱은 [3]씩 커집니다.

정답은 34쪽

[01 ~ 14] □ 안에 알맞은 수를 써넣으시오.

01 $3 \times 6 = \square$

02 $3 \times 5 = \square$

03 $3 \times 2 = \square$

04 $3 \times 7 = \square$

05 $3 \times 9 = \square$

06 $3 \times 1 = \square$

07 $3 \times 8 = \square$

08 $\square \times 1 = 3$

09 $3 \times \square = 12$

10 $3 \times \square = 9$

11 $3 \times \square = 27$

12 $3 \times \square = 18$

13 $\square \times 8 = 24$

14 $\square \times 7 = 21$

4. 6단 곱셈구구

×	1	2	3	4	5	6	7	8	9
6	6	12	18	24	30	36	42	48	54

⇨ 6단 곱셈구구에서 곱하는 수가 1씩 커지면 곱은 [6]씩 커집니다.

정답은 34쪽

[01～14] □ 안에 알맞은 수를 써넣으시오.

01 6×2=□

02 6×6=□

03 6×4=□

04 6×7=□

05 6×1=□

06 6×9=□

07 6×3=□

08 6×□=24

09 6×□=6

10 □×5=30

11 6×□=12

12 □×7=42

13 □×9=54

14 6×□=48

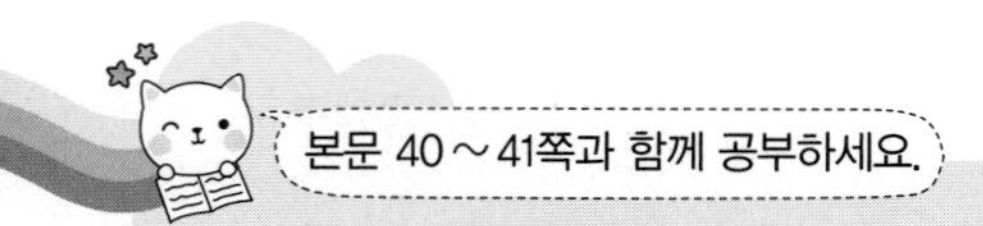

5. 4단 곱셈구구

×	1	2	3	4	5	6	7	8	9
4	4	8	12	16	20	24	28	32	36

⇨ 4단 곱셈구구에서 곱하는 수가 1씩 커지면 곱은 4 씩 커집니다.

정답은 34쪽

[01～14] □ 안에 알맞은 수를 써넣으시오.

01 4×7=□

02 4×3=□

03 4×5=□

04 4×2=□

05 4×6=□

06 4×9=□

07 4×8=□

08 4×□=4

09 □×5=20

10 4×□=16

11 4×□=36

12 □×7=28

13 □×2=8

14 4×□=12

본문 42～43쪽과 함께 공부하세요.

6. 8단 곱셈구구

학습 POINT

×	1	2	3	4	5	6	7	8	9
8	8	16	24	32	40	48	56	64	72

⇨ 8단 곱셈구구에서 곱하는 수가 1씩 커지면 곱은 [8]씩 커집니다.

정답은 34쪽

[01～14] □ 안에 알맞은 수를 써넣으시오.

01 $8 \times 3 = \square$

02 $8 \times 7 = \square$

03 $8 \times 4 = \square$

04 $8 \times 2 = \square$

05 $8 \times 1 = \square$

06 $8 \times 6 = \square$

07 $8 \times 5 = \square$

08 $8 \times \square = 72$

09 $\square \times 2 = 16$

10 $\square \times 3 = 24$

11 $8 \times \square = 40$

12 $\square \times 7 = 56$

13 $8 \times \square = 64$

14 $8 \times \square = 8$

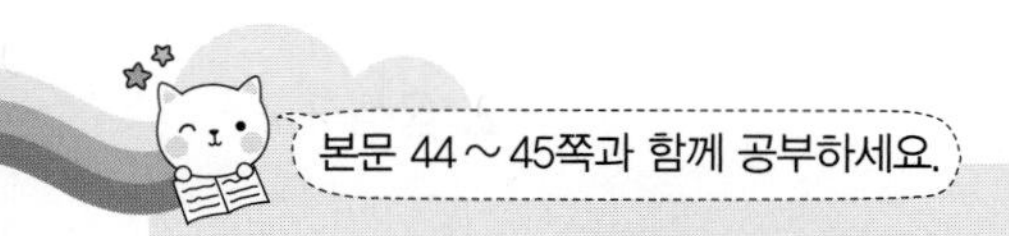

7. 7단 곱셈구구

×	1	2	3	4	5	6	7	8	9
7	7	14	21	28	35	42	49	56	63

⇨ 7단 곱셈구구에서 곱하는 수가 1씩 커지면 곱은 [7] 씩 커집니다.

정답은 34쪽

[01 ~ 14] □ 안에 알맞은 수를 써넣으시오.

01 $7 \times 5 = \square$

02 $7 \times 2 = \square$

03 $7 \times 8 = \square$

04 $7 \times 4 = \square$

05 $7 \times 7 = \square$

06 $7 \times 1 = \square$

07 $7 \times 9 = \square$

08 $7 \times \square = 28$

09 $7 \times \square = 63$

10 $\square \times 1 = 7$

11 $7 \times \square = 35$

12 $\square \times 6 = 42$

13 $7 \times \square = 21$

14 $\square \times 2 = 14$

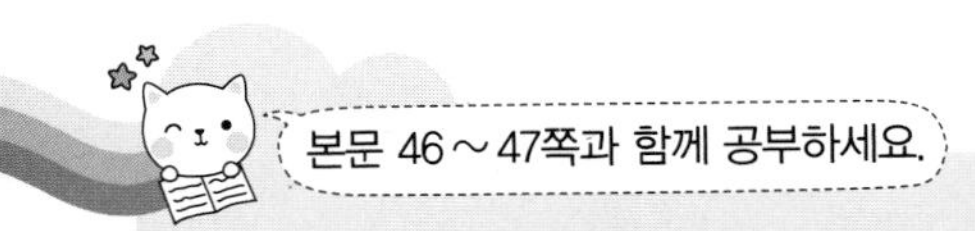

8. 9단 곱셈구구

×	1	2	3	4	5	6	7	8	9
9	9	18	27	36	45	54	63	72	81

⇨ 9단 곱셈구구에서 곱하는 수가 1씩 커지면 곱은 9 씩 커집니다.

정답은 35쪽

[01～14] □ 안에 알맞은 수를 써넣으시오.

01 $9\times2=\square$

02 $9\times6=\square$

03 $9\times4=\square$

04 $9\times9=\square$

05 $9\times1=\square$

06 $9\times5=\square$

07 $9\times7=\square$

08 $9\times\square=9$

09 $9\times\square=36$

10 $9\times\square=45$

11 $9\times\square=72$

12 $\square\times7=63$

13 $\square\times3=27$

14 $\square\times2=18$

9. 1단 곱셈구구

×	1	2	3	4	5	6	7	8	9
1	1	2	3	4	5	6	7	8	9

⇨ [1] × (어떤 수) = (어떤 수)

정답은 35쪽

[01 ~ 14] □ 안에 알맞은 수를 써넣으시오.

01 1 × 3 = □

02 1 × 9 = □

03 1 × 2 = □

04 1 × 6 = □

05 1 × 5 = □

06 1 × 8 = □

07 1 × 4 = □

08 1 × □ = 6

09 □ × 1 = 1

10 1 × □ = 5

11 1 × □ = 7

12 □ × 9 = 9

13 □ × 3 = 3

14 1 × □ = 8

본문 52～53쪽과 함께 공부하세요.

10. 0의 곱

학습 POINT

- 0과 어떤 수의 곱은 항상 0 입니다.
- 어떤 수와 0의 곱은 항상 0 입니다.

$0\times$(어떤 수)$=0$ (어떤 수)$\times 0=0$

정답은 35쪽

[01～14] □ 안에 알맞은 수를 써넣으시오.

01 $0\times 1=$□

02 $0\times 5=$□

03 $0\times 2=$□

04 $0\times 4=$□

05 $0\times 9=$□

06 $0\times 7=$□

07 $0\times 6=$□

08 $3\times 0=$□

09 $8\times 0=$□

10 $1\times 0=$□

11 $5\times 0=$□

12 $7\times 0=$□

13 $2\times 0=$□

14 $9\times 0=$□

본문 54～55쪽과 함께 공부하세요.

11. 곱셈표 만들기

학습 POINT

×	1	2	3	4	5	6	7	8	9
2	2	4	6	8	10	12	14	16	18
5	5	10	15	20	25	30	35	40	45
7	7	14	21	28	35	42	49	56	63

- 7씩 커지는 곱셈구구는 7단입니다.
- 곱이 짝수인 곱셈구구는 [2] 단입니다.
- 곱셈표에서 5 × 7과 곱이 같은 곱셈구구는 7 × 5입니다.

정답은 35쪽

[01 ~ 03] 곱셈표를 보고 물음에 답하시오.

×	1	2	3	4	5	6	7	8	9
1	1	2	3	4	5	6	7	8	9
2	2	4	6	8	10	12	14	16	18
3	3	6	9	12	15	18	21	24	27
4	4	8	12	16	20	24	28	32	36
5	5	10	15	20	25	30	35	40	45
6	6	12	18	24	30	36	42	48	54
7	7	14	21	28	35	42	49	56	63
8	8	16	24	32	40	48	56	64	72
9	9	18	27	36	45	54	63	72	81

01 8씩 커지는 곱셈구구는 몇 단입니까? (　　　　　　　)

02 곱이 짝수인 곱셈구구는 몇 단인지 모두 써 보시오. (　　　　　　　)

03 곱셈표에서 3 × 8과 곱이 같은 곱셈구구를 모두 써 보시오.

(　　　　　　　)

본문 66～67쪽과 함께 공부하세요.

1. 100 cm와 1 m의 관계

학습 POINT

100 cm는 [1 m]와 같습니다. 1 m는 1 미터라고 읽습니다.

100 cm=1 m

정답은 35쪽

[01 ~ 14] □ 안에 알맞은 수를 써넣으시오.

01 1 m=□ cm

08 300 cm=□ m

02 5 m=□ cm

09 150 cm=□ m □ cm

03 7 m 20 cm=□ cm

10 240 cm=□ m □ cm

04 3 m 15 cm=□ cm

11 408 cm=□ m □ cm

05 8 m 5 cm=□ cm

12 1020 cm=□ m □ cm

06 10 m 40 cm=□ cm

13 903 cm=□ m □ cm

07 20 m 7 cm=□ cm

14 1008 cm=□ m □ cm

2. 길이의 합

m는 m끼리, cm는 cm끼리 더하여 구합니다.

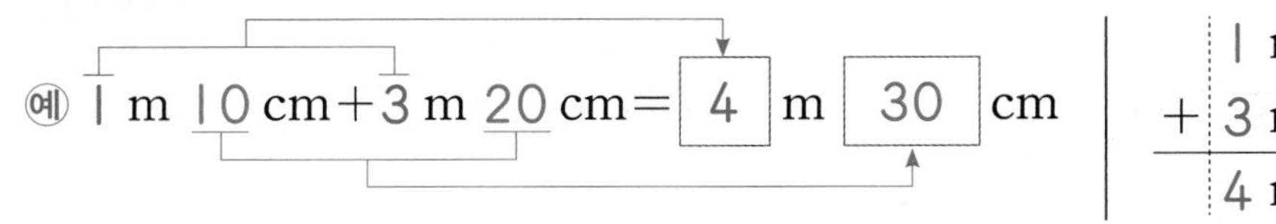

	1 m	10 cm
+	3 m	20 cm
	4 m	30 cm

정답은 35쪽

[01～07] 길이의 합을 구하시오.

01 1 m 30 cm+2 m 20 cm=☐ m ☐ cm

02 4 m 12 cm+1 m 30 cm=☐ m ☐ cm

03 5 m 10 cm+2 m 40 cm=☐ m ☐ cm

04 2 m 30 cm+1 m 50 cm=☐ m ☐ cm

05 1 m 15 cm+8 m 20 cm=☐ m ☐ cm

06 3 m 45 cm+5 m 15 cm=☐ m ☐ cm

07 6 m 7 cm+1 m 30 cm=☐ m ☐ cm

[08~17] 길이의 합을 구하시오.

08
$$\begin{array}{rrrr} & 2\text{ m} & 13\text{ cm} \\ + & 1\text{ m} & 10\text{ cm} \\ \hline & \square\text{ m} & \square\text{ cm} \end{array}$$

09
$$\begin{array}{rrrr} & 3\text{ m} & 50\text{ cm} \\ + & 1\text{ m} & 21\text{ cm} \\ \hline & \square\text{ m} & \square\text{ cm} \end{array}$$

10
$$\begin{array}{rrrr} & 4\text{ m} & 12\text{ cm} \\ + & 3\text{ m} & 22\text{ cm} \\ \hline & \square\text{ m} & \square\text{ cm} \end{array}$$

11
$$\begin{array}{rrrr} & 5\text{ m} & 8\text{ cm} \\ + & 3\text{ m} & 16\text{ cm} \\ \hline & \square\text{ m} & \square\text{ cm} \end{array}$$

12
$$\begin{array}{rrrr} & 6\text{ m} & 10\text{ cm} \\ + & 3\text{ m} & 15\text{ cm} \\ \hline & \square\text{ m} & \square\text{ cm} \end{array}$$

13
$$\begin{array}{rrrr} & & 15\text{ cm} \\ + & 7\text{ m} & 53\text{ cm} \\ \hline & \square\text{ m} & \square\text{ cm} \end{array}$$

14
$$\begin{array}{rrrr} & 4\text{ m} & 2\text{ cm} \\ + & 3\text{ m} & 11\text{ cm} \\ \hline & \square\text{ m} & \square\text{ cm} \end{array}$$

15
$$\begin{array}{rrrr} & 7\text{ m} & 13\text{ cm} \\ + & 1\text{ m} & 75\text{ cm} \\ \hline & \square\text{ m} & \square\text{ cm} \end{array}$$

16
$$\begin{array}{rrrr} & 6\text{ m} & 3\text{ cm} \\ + & 1\text{ m} & 50\text{ cm} \\ \hline & \square\text{ m} & \square\text{ cm} \end{array}$$

17
$$\begin{array}{rrrr} & 20\text{ m} & 62\text{ cm} \\ + & 4\text{ m} & 5\text{ cm} \\ \hline & \square\text{ m} & \square\text{ cm} \end{array}$$

3. 길이의 차

m는 m끼리, cm는 cm끼리 빼서 구합니다.

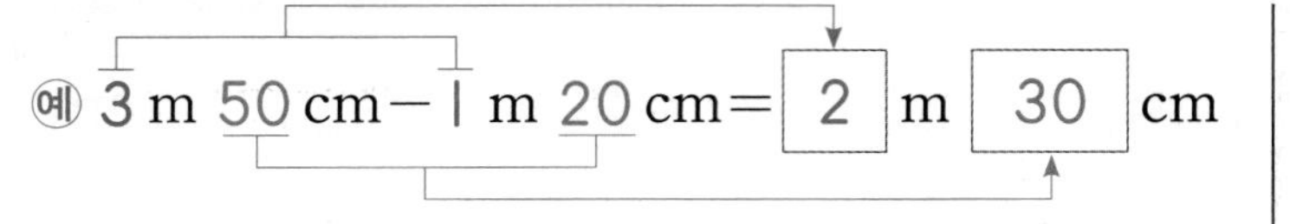

	3 m	50 cm
−	1 m	20 cm
	2 m	30 cm

정답은 35쪽

[01~07] 길이의 차를 구하시오.

01 5 m 60 cm − 2 m 10 cm = ☐ m ☐ cm

02 3 m 75 cm − 1 m 45 cm = ☐ m ☐ cm

03 8 m 18 cm − 2 m 4 cm = ☐ m ☐ cm

04 7 m 30 cm − 2 m 20 cm = ☐ m ☐ cm

05 6 m 55 cm − 4 m 42 cm = ☐ m ☐ cm

06 9 m 27 cm − 5 m 9 cm = ☐ m ☐ cm

07 10 m 50 cm − 7 m 35 cm = ☐ m ☐ cm

[08~17] 길이의 차를 구하시오.

08

$$\begin{array}{r} 6\text{ m }\ 40\text{ cm} \\ -\ 1\text{ m }\ 10\text{ cm} \\ \hline \square\text{ m }\ \square\text{ cm} \end{array}$$

09

$$\begin{array}{r} 5\text{ m }\ 65\text{ cm} \\ -\ \qquad 40\text{ cm} \\ \hline \square\text{ m }\ \square\text{ cm} \end{array}$$

10

$$\begin{array}{r} 9\text{ m }\ 12\text{ cm} \\ -\ 8\text{ m }\ 8\text{ cm} \\ \hline \square\text{ m }\ \square\text{ cm} \end{array}$$

11

$$\begin{array}{r} 4\text{ m }\ 75\text{ cm} \\ -\ 3\text{ m }\ 40\text{ cm} \\ \hline \square\text{ m }\ \square\text{ cm} \end{array}$$

12

$$\begin{array}{r} 6\text{ m }\ 10\text{ cm} \\ -\ 2\text{ m }\ 5\text{ cm} \\ \hline \square\text{ m }\ \square\text{ cm} \end{array}$$

13

$$\begin{array}{r} 8\text{ m }\ 66\text{ cm} \\ -\ 2\text{ m }\ 36\text{ cm} \\ \hline \square\text{ m }\ \square\text{ cm} \end{array}$$

14

$$\begin{array}{r} 2\text{ m }\ 75\text{ cm} \\ -\ 1\text{ m }\ 25\text{ cm} \\ \hline \square\text{ m }\ \square\text{ cm} \end{array}$$

15

$$\begin{array}{r} 5\text{ m }\ 53\text{ cm} \\ -\ 1\text{ m }\ 38\text{ cm} \\ \hline \square\text{ m }\ \square\text{ cm} \end{array}$$

16

$$\begin{array}{r} 6\text{ m }\ 70\text{ cm} \\ -\ 5\text{ m }\ 25\text{ cm} \\ \hline \square\text{ m }\ \square\text{ cm} \end{array}$$

17

$$\begin{array}{r} 9\text{ m }\ 27\text{ cm} \\ -\ 4\text{ m }\ 11\text{ cm} \\ \hline \square\text{ m }\ \square\text{ cm} \end{array}$$

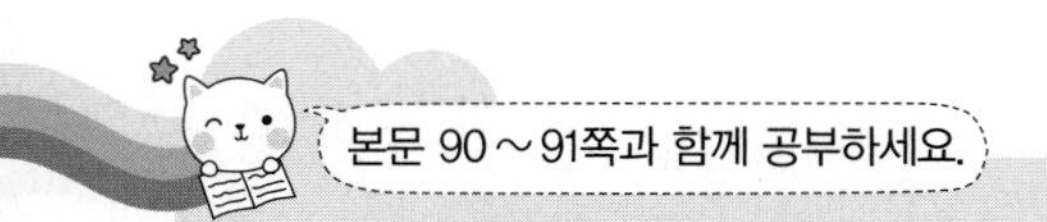

1. 몇 시 몇 분 읽기(1)

시계의 긴바늘이 가리키는 숫자가 1이면 5분, 2이면 10분, 3이면 15분……을 나타냅니다.

긴바늘이 가리키는 숫자	1	2	3	4	5	6	7	8	9	10	11	12
분	5	10	15	20	25	30	35	40	45	50	55	0

정답은 36쪽

[01~08] 시각을 쓰시오.

01  9시 □분

02  3시 □분

03  8시 □분

04  5시 □분

05  □시 □분

06  □시 □분

07  □시 □분

08  □시 □분

2. 몇 시 몇 분 읽기(2)

시계에서 긴바늘이 가리키는 작은 눈금 한 칸은 1분 을 나타냅니다.

예

짧은바늘이 1과 2 사이를 가리키고,
긴바늘이 3에서 작은 눈금으로 1칸 더 간 곳을 가리키므로
1시 16분입니다.

정답은 36쪽

[01~08] 시각을 쓰시오.

01  3시 □분

05  □시 □분

02  6시 □분

06  □시 □분

03  11시 □분

07  □시 □분

04  4시 □분

08  □시 □분

3. 여러 가지 방법으로 시각 읽기

같은 시각을 두 가지 방법으로 읽을 수 있습니다.

몇 시 몇 분	몇 시 몇 분 전
■시 55분	(■+1)시 [5] 분 전
■시 50분	(■+1)시 [10] 분 전

정답은 36쪽

[01~04] 시각을 써 보시오.

01

7시 □분

□시 □분 전

02

□시 □분

□시 □분 전

03

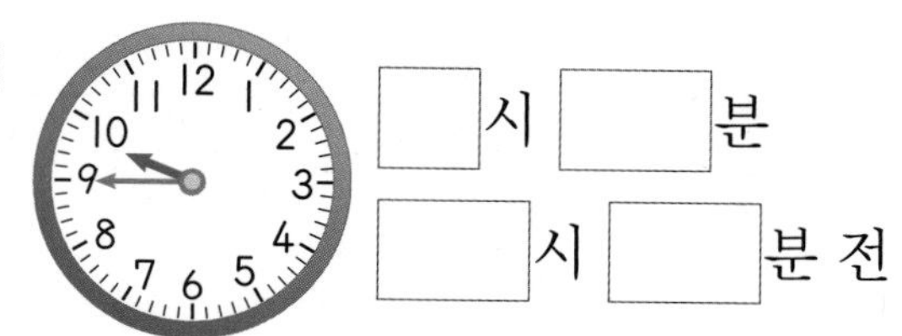

□시 □분

□시 □분 전

04

□시 □분

□시 □분 전

[05~10] □ 안에 알맞은 수를 써넣으시오.

05 1시 50분은 2시 □분 전과 같습니다.

06 8시 55분은 □시 □분 전과 같습니다.

07 5시 45분은 □시 □분 전과 같습니다.

08 3시 5분 전은 2시 □분과 같습니다.

09 10시 10분 전은 □시 □분과 같습니다.

10 6시 15분 전은 □시 □분과 같습니다.

본문 98 ~ 101쪽과 함께 공부하세요.

4. 1시간 알아보기

학습 POINT

- 시계의 긴바늘이 한 바퀴 도는 데 60분의 시간이 걸립니다.
- 60분은 [1] 시간입니다.

60분 = 1시간

정답은 36쪽

[01 ~ 14] □ 안에 알맞은 수를 써넣으시오.

01 1시간 10분 = □분

02 2시간 = □분

03 2시간 20분 = □분

04 2시간 50분 = □분

05 4시간 5분 = □분

06 3시간 10분 = □분

07 5시간 = □분

08 90분 = □시간 □분

09 180분 = □시간

10 140분 = □시간 □분

11 115분 = □시간 □분

12 250분 = □시간 □분

13 310분 = □시간 □분

14 200분 = □시간 □분

본문 100～101쪽과 함께 공부하세요.

5. 걸린 시간 알아보기

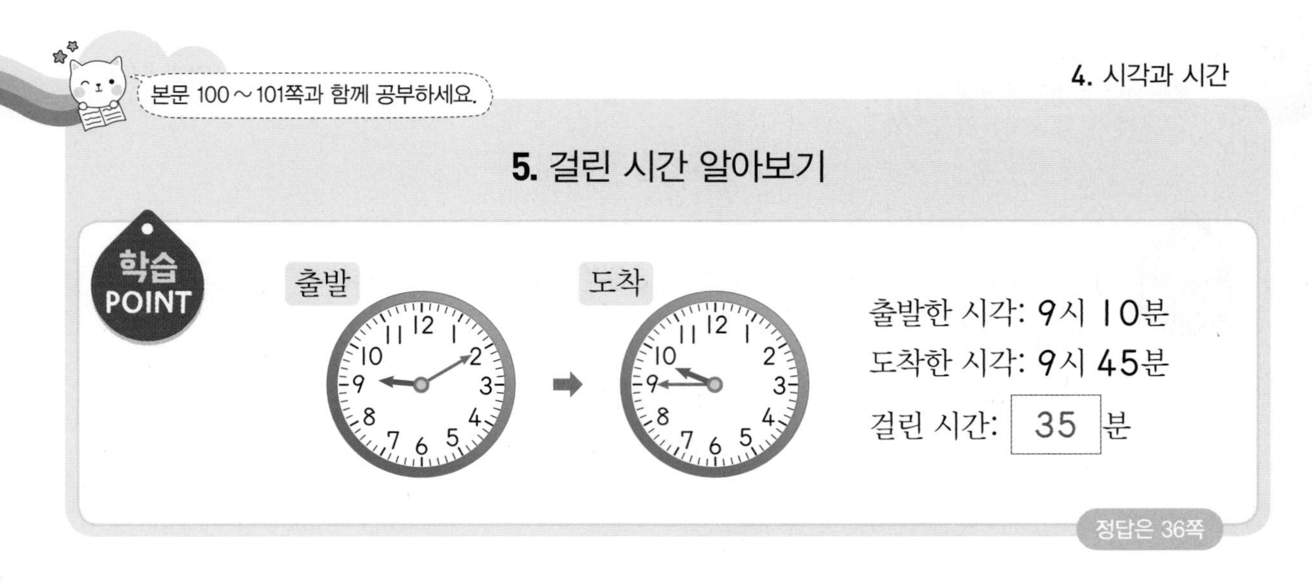

[01~06] 어떤 일을 시작한 시각과 끝낸 시각입니다. 이 일을 하는 데 걸린 시간을 구하시오.

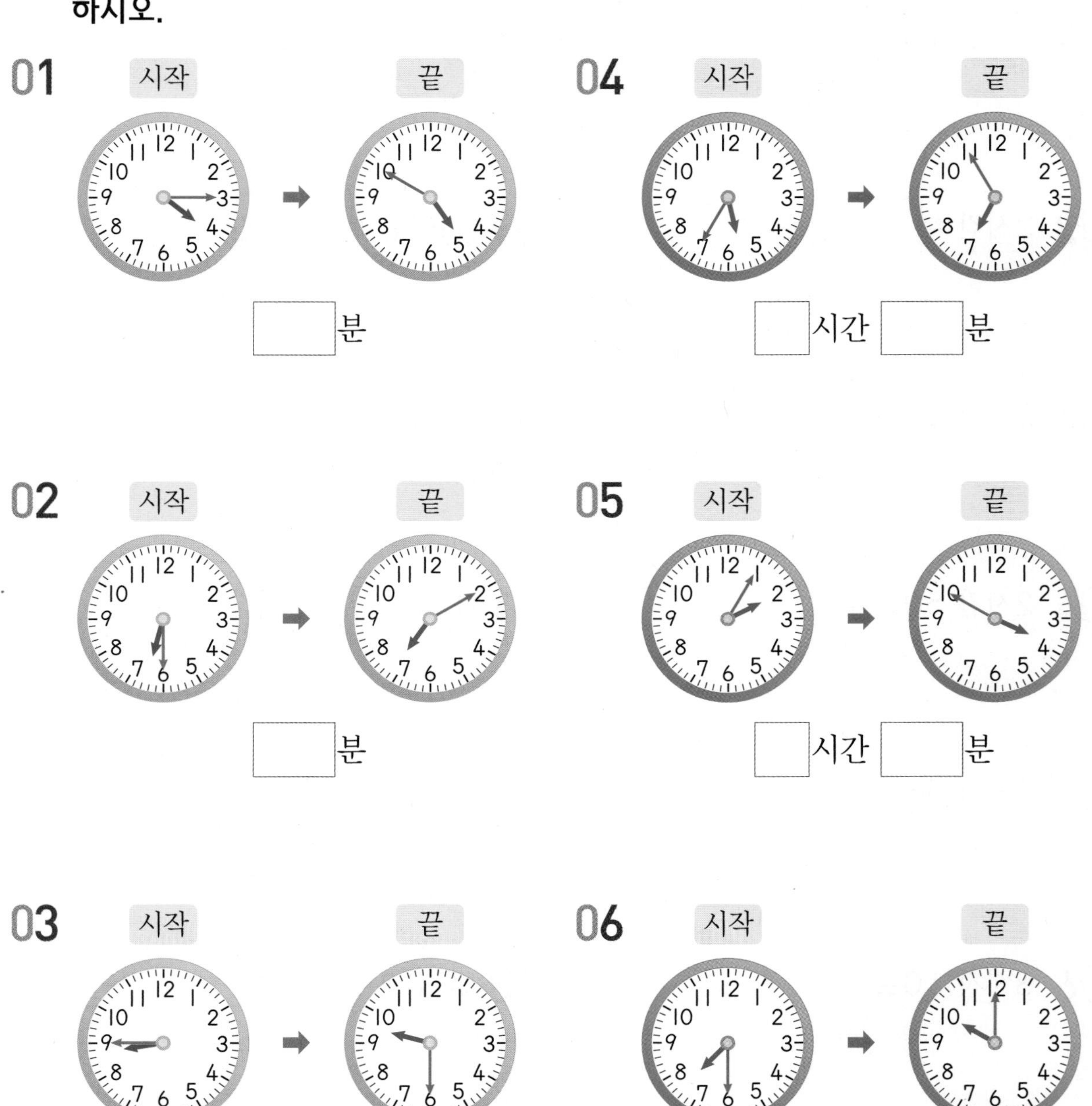

본문 102~103쪽과 함께 공부하세요.

6. 하루의 시간 알아보기

학습 POINT

- 하루는 [24] 시간입니다.

1일=24시간

- 전날 밤 12시부터 낮 12시까지를 [오전]이라 하고 낮 12시부터 밤 12시까지를 [오후]라고 합니다.

정답은 36쪽

[01~14] □ 안에 알맞은 수를 써넣으시오.

01 2일=□시간

02 1일 5시간=□시간

03 3일 10시간=□시간

04 2일 8시간=□시간

05 1일 11시간=□시간

06 3일 3시간=□시간

07 4일=□시간

08 30시간=□일 □시간

09 25시간=□일 □시간

10 40시간=□일 □시간

11 32시간=□일 □시간

12 50시간=□일 □시간

13 72시간=□일

14 98시간=□일 □시간

7. 달력 알아보기

- 1주일은 [7] 일입니다.
- 1년은 [12] 개월입니다.

1주일=7일　　1년=12개월

정답은 36쪽

[01~14] □ 안에 알맞은 수를 써넣으시오.

01 2주일=□일

02 1주일 3일=□일

03 3주일=□일

04 4주일=□일

05 15일=□주일 □일

06 20일=□주일 □일

07 56일=□주일

08 1년=□개월

09 2년=□개월

10 1년 5개월=□개월

11 30개월=□년 □개월

12 28개월=□년 □개월

13 60개월=□년

14 42개월=□년 □개월